集成电路科学与工程系列教材

U0663147

半导体物理学习题集及详解

（第2版）

商世广　金　蕾　编著

电子工业出版社.

Publishing House of Electronics Industry

北京·BEIJING

内 容 简 介

本书结合"半导体物理学"本科教学和复习考研的实际需求,收集、整理、融合大量往届考研真题、期末试题,给出了详细的参考答案。本书共 12 章,涵盖名词解释、填空题、选择题、简答题、计算题和证明题六种题型,涉及面广、内容丰富、代表性强,为掌握半导体物理学的基本理论知识奠定坚实的基础。

本书可作为高等院校电子科学与技术、微电子科学与工程、集成电路设计与集成系统等相关专业本科生的学习参考书,也可作为报考相关专业硕士研究生的复习参考资料。

图书在版编目(CIP)数据

半导体物理学习题集及详解 / 商世广,金蕾编著.
2 版. -- 北京:电子工业出版社,2025. 4. -- ISBN
978-7-121-50029-9

Ⅰ. O47

中国国家版本馆 CIP 数据核字第 2025SD8926 号

责任编辑:凌 毅

印   刷:三河市华成印务有限公司
装   订:三河市华成印务有限公司
出版发行:电子工业出版社
         北京市海淀区万寿路 173 信箱   邮编 100036
开   本:787×1 092 1/16 印张:13 字数:350 千字
版   次:2020 年 4 月第 1 版
         2025 年 4 月第 2 版
印   次:2025 年 4 月第 1 次印刷
定   价:49.90 元

前　言

　　"半导体物理学"是高等院校电子科学与技术、微电子科学与工程、集成电路设计与集成系统、电子封装技术、光电信息科学与工程及电子信息工程等专业本科生必修的一门专业基础课程,也是相关专业硕士研究生入学考试的专业课程之一。

　　本书共 12 章,涵盖名词解释、填空题、选择题、简答题、计算题和证明题六种题型,涉及面广、内容丰富;大部分习题来自知名高等院校(研究院所)的往届考研真题,通过整理、归纳和融合,习题具有代表性、综合性;内容涵盖概念、理论和方法,由浅到深、循序渐进。通过本书的学习,可逐步加深学生对"半导体物理学"课程内容的理解,培养学生提出问题、分析问题和解决问题的能力。本书标有★的题目,可扫描图书封底的二维码访问增值资源。

　　本书的第 1、2、3、4、9、10、11、12 章由商世广编写,第 5、6、7、8 章由金蕾编写。参加收集资料工作的还有高浪、张文倩、王睿、张永超、马锦涛、贾苇和魏佳蕊等硕士研究生。本书习题主要来源于西安交通大学、西安电子科技大学、西北大学、电子科技大学、中国科学院大学 *、中国科学院半导体研究所、北京工业大学、浙江大学、东南大学等高等院校(研究院所)的往届考研真题,在此对编制试卷的作者表示诚挚的感谢。在本书编写过程中,还引用了少量互联网上的试题,在此向这些机构和作者表示衷心的感谢。对于共享资料没有标明出处及对某些资料进行加工、修改后引用到本书的,我们在此郑重声明,其著作权属于原作者,并在此向原作者表示真诚的谢意。

　　由于作者水平有限,书中难免存在一些不足之处,恳请有关专家和读者批评指正。

编著者

2025 年 3 月

---

　　* 注:中国科学院大学的前身是中国科学院研究生院,2012 年 6 月更名为中国科学院大学。本书为了读者理解方便,统一采用中国科学院大学。

目　录

第1章　半导体中的电子状态

1.1　名词解释

单电子近似　金刚石结构　极性半导体　简约布里渊区(Brillouin zone)　电子共有化运动
能带　禁带宽度　电子　空穴　绝缘体能带结构　本征激发　有效质量、纵向有效质量与横
向有效质量　等能面　直接能带结构和间接能带结构　宽禁带半导体材料

1.2　填空题

1. 金刚石结构和闪锌矿结构都属于_____晶系,用晶向指数[mnp]来表示晶向,其
中 m、n、p 分别是_____,而用晶面指数(又称密勒指数)(hkl)表示不同的晶面,其中 h、k、
l 分别是_____,在立方晶系中晶向指数和晶面指数相同的晶向和晶面之间是_____
的。分别用＜mnp＞和{hkl}来表示同类晶向和同类晶面,在立方晶系中＜111＞表示
_____个同类晶向,而{100}表示_____个同类晶面。

2. 就晶体结构而言,硅(Si)、锗(Ge)等元素半导体具有_____结构,而砷化镓
(GaAs)、锑化铟(InSb)等Ⅲ-Ⅴ族化合物半导体属于_____结构。在Ⅲ-Ⅴ族化合物半导
体的化学键中,起主要作用的是_____,但是由于Ⅲ族和Ⅴ族原子的_____有一定差
别,结合的性质具有不同程度的_____。

3. 在半导体晶体中,由于电子的共有化运动导致电子不再属于某一个原子而是在晶体中
做共有化运动,分裂的每个能带称为_____,其相互之间因没有能级称为_____。

4. 晶体中电子能量允许的区间称为允带,允带中电子的能量是_____。由于允带的
宽度通常为_____左右,然而能级又靠得很近,所以每个能带中的能级_____,称
为_____。

5. 恒定势场(设为零)中自由电子的状态表达式为_____,孤立原子中电子能量的表
达式为_____。

6. 半导体中电子能量随波矢 k 而变化,能量 $E(k)$ 在波矢 k 等于_____处出现不连
续,从而把 k 空间分割成若干个相等的布里渊区。一维晶体 N 个原子组成的第一布里渊区,k
的范围是_____。一个布里渊区对应了一个_____,布里渊区中 k 的取值
是_____。

7. 在波函数 $\psi_k(x) = u_k(x) e^{ikx}$ 中,$u_k(x)$ 是一个与晶格常数_____的函数,说明晶体
中电子在_____出现的概率是相同的,称为晶体中电子的_____运动。

8. 自由电子在空间各点出现的概率是_____,状态是_____;晶体中电子在
_____势场中运动,称为_____近似,一维情况下晶体中电子薛定谔方程的解是
_____,称为_____,晶体中电子在各点出现的概率是_____,其概率具有
_____性质;电子可以在整个晶体中运动,这种运动称为电子的_____运动。

9. 半导体的导电能力介于_____和_____之间,元素半导体硅具有金刚石结构,沿硅晶体不同方向或平面,其_____性质和_____性质往往是不同的,称为晶体的_____。

10. 晶体中允带之间有禁带,禁带宽度的大小是区别导体、半导体和绝缘体的重要标志,通常绝缘体的禁带宽度在_____ eV 以上,室温下半导体硅和砷化镓的禁带宽度分别为_____ eV 和_____ eV,禁带宽度随温度的升高是_____的。

11. 为了便于描述外力作用下晶体中电子状态的变化,引入有效质量的概念,有效质量概括了_____的作用,使外力和晶体中电子的_____直接联系起来。电子有效质量在能量极小值附近是_____值,而在能量极大值附近是_____值,这种变化反映了_____的作用结果。

12. 有效质量是将晶体中_____作用概括在其中,有效质量的引入,使得在处理晶体的电子在_____问题时,可以不涉及半导体内部势场的作用。

13. 有效质量概括的是粒子在晶体内部势场作用下的质量,电子有效质量为_____,空穴有效质量为_____。

14. 电子有效质量是_____的,等能面是_____,由于晶体的对称性,等能面不止一个而是_____个。硅的价带简并是指_____,由于价带简并空穴具有_____种不同的有效质量。

15. 若某半导体导带最小值附近一维方向上的能量近似为 $E = E_0 - E_1 \cos a(k - k_0)$,其中 k_0 是最小能量的 k 值,则 $k = k_0$ 时电子有效质量为_____。

16. 空穴是一个_____概念,它带有_____电荷,其共有化运动速度就是_____;空穴的有效质量是一个_____,它与价带顶附近的电子有效质量_____,引入空穴概念就可以把_____用价带的少量空穴加以描述,本征半导体的导电机构是_____。

17. 空穴是等效概念,是_____等效描述。因价带是简并的,空穴有效质量有_____两种。硅中空穴的等能面是_____,表明空穴有效质量是_____的,但在工程中用_____加以近似。

18. 在晶体倒格子中,第一布里渊区又称为_____,元素半导体硅的导带电子极小值附近具有_____等能面,表明电子的 m_n^* 是_____的。化合物半导体锑化铟导带电子具有_____等能面,重空穴带极大值偏离_____。

19. 回旋共振实验可测量_____,对各向同性 m_n^*,回旋频率 ω_c 与 m_n^* 的关系为_____,而对各向异性的 m_n^*,ω_c 与 m_n^* 关系保持_____,但其中 m_n^* 应该用_____加以代替。在 n 型硅回旋共振实验中,当改变_____方向时,出现了吸收峰的数量不等,表明硅中电子的 m_n^* 是_____的。

20. 回旋共振实验表明,在 k 空间中,硅导带底附近的_____是沿_____方向的,它的_____轴与该方向重合,在第一布里渊区中共有_____个;如果磁感应强度 B 沿[100]方向,随其频率的变化能观测到_____个吸收峰,对应的有效质量 $m_{n1}^* = $_____,$m_{n2}^* = $_____。

21. n 型硅的实验结果指出,当磁感应强度 B 相对于晶轴有不同取向时,可以得到为数不等的吸收峰:若 B 沿[111]晶轴方向,只能观察到_____个吸收峰;若 B 沿[110]晶轴方向,可以观察到_____个吸收峰;若 B 沿[100]晶轴方向,能观察到_____个吸收峰;若 B 对晶轴为任意取向,可以观察到____个吸收峰。

22. 具有球形等能面的 $E(k)$-k 关系,其电子有效质量 m_n^* 是_____的;而具有非球形等能面时,其电子有效质量 m_n^* 一定是_____的,锑化铟导带底电子有效质量 m_n^* 是_____的。

23. 若晶体电子 $E(k)$-k 关系具有旋转椭球等能面,沿旋转轴方向的有效质量称为_____,沿另外两个半长轴方向的有效质量称为_____。

24. 硅和锗的价带空穴 $E(k)$-k 关系所构成的等能面是扭曲面,考虑自旋价带是_____简并的,所谓价带简并是指_____,因此空穴具有_____种有效质量,分别指_____。

25. 硅、锗晶体的价带是简并的,对于同一个波矢 k,$E(k)$ 可以有两个值;在 $k=0$ 处,轻空穴和重空穴对应的两个能带极大值相重合,等能面近似为_____,表明空穴的有效质量是_____的。

26. 导带极小值和价带极大值位于_____的半导体称为直接带隙半导体,如_____材料和_____材料,硅材料属于_____,价带极大值则位于_____。硅的价带是_____的,包括一个_____带和一个_____带及一个_____第三带。

27. 硅的导带极小值位于布里渊区的_____,根据晶体的对称性共有_____个等价能谷。

28. 在第一布里渊区内,锗的导带底在_____方向,价带顶位于_____;砷化镓的导带底位于_____。

1.3　选择题

1. 具有金刚石结构的半导体材料为(　　)。
A. 硅　　　　　　B. 锗　　　　　　C. 砷化镓　　　　　　D. 氧化锌(ZnO)

2. 具有闪锌矿结构的半导体材料为(　　)。
A. 硅　　　　　　B. 锗　　　　　　C. 砷化镓　　　　　　D. 磷化铟(InP)

3. 电子在晶体中的共有化运动指的是(　　)。
A. 电子在晶体中各处出现的概率相同
B. 电子在晶胞中各点出现的概率相同
C. 电子在晶体各元胞对应点出现的概率相同
D. 电子在晶体各元胞对应点有相同的相位

4. 砷化镓的导带极值位于布里渊区的(　　)。
A. 中心　　　　　　　　　　　　B. <111>方向近边界处
C. <100>方向近边界处　　　　　D. <110>方向近边界处

★5. 一维周期势场中电子的波函数 $\psi_k(x)$ 应当满足布洛赫定理,若晶格常数为 a,电子的波函数为 $\psi_k(x)=\sin\frac{\pi}{a}x$,电子在此状态的波矢 k 是(　　)。

　A. $k=\frac{1}{a}$　　B. $k=\frac{\pi}{2a}$　　C. $k=\frac{2}{a}$　　D. $k=\frac{(2n+1)\pi}{a}(n=0,\pm1,\pm2,\pm3,\cdots)$

6. 与半导体比较，绝缘体的价带电子激发到导带所需的能量（　　）。

A. 比半导体的大　　　　　B. 比半导体的小　　　　　C. 与半导体的相等

7. 重空穴指的是（　　）。

A. 质量较大的原子组成的半导体中的空穴

B. 价带顶附近曲率半径较大的等能面上的空穴

C. 价带顶附近曲率半径较小的等能面上的空穴

D. 自旋-轨道耦合分裂出来的能带上的空穴

8. 固体能带结构是指（　　）。

A. 固体中电子能量状态的结构　　　　　B. 固体中电子能量与波矢 k 的关系

C. 固体中杂质原子的电子能态结构

9. 等能面是指（　　）。

A. k 空间中能量相同的各点构成的封闭曲面

B. k 空间中一定 k 值处的能量面

C. k 空间极值点附近 k 值一定的能量

10. 空穴的正确概念是（　　）。

A. 半导体中带一个正电荷，质量为正的粒子

B. 半导体中晶格空位的抽象描述

C. 价带中未被电子占据状态的等价描述

11. 高纯度半导体就是（　　）。

A. 对光透明的宽禁带半导体　　　　　　　B. 电阻率很高的补偿半导体

C. 温度很低的半导体　　　　　　　　　　D. 杂质、缺陷浓度很低的半导体

12. 下面正确的说法是（　　）。

A. 球形等能面的中心或旋转椭球等能面的中心位置是通过回旋共振实验得到的

B. 回旋共振实验中回旋频率 $\omega_c = qB/m_n^*$，实验中通过固定 B 测出 ω_c

C. n 型硅，当 B 分别沿 $[100]$、$[110]$、$[111]$ 方向时，可观察到 2 个、2 个和 1 个吸收峰

D. n 型硅，当 B 分别沿 $[100]$、$[110]$、$[111]$ 方向时，可观察到 2 个、2 个和 3 个吸收峰

E. n 型硅，当 B 分别沿 $[100]$、$[110]$、$[111]$ 方向时，可观察到 2 个、3 个和 2 个吸收峰

13. 对于 Ⅲ-Ⅴ 族化合物半导体，随着平均原子序数的增大，（　　）。

A. 禁带宽度增大

B. 禁带宽度变小

C. 最低的导带极值从布里渊区中心移向边界

D. 最低的导带极值在布里渊区中心不变

1.4 简答题

1. 简述半导体能带论。

2. 请画出一个共价四面体结构的示意图，并由此计算共价键之间的夹角是多少。一个金刚石结构晶胞是由几个共价四面体组成的？画出一个金刚石结构中这几个共价四面体之间的相对位置关系，简述金刚石结构晶胞的特点。

3. 比较金刚石结构与闪锌矿结构，哪些重要半导体材料属于这种结构？物理性能方面有

什么异同点？

4. 什么是晶体？举例说明常见半导体晶格结构有哪些。硅晶体的原子间距大约是多少？试估算硅晶体的原子密度。（苏州大学 2010 年考研真题）

★5. 硅、砷化镓两种半导体的能带结构、解理面有何不同？为什么？（北京工业大学 2018 年考研真题）

6. 对于金刚石结构，其化学腐蚀速度沿 <111>、<100>、<110> 晶向依次变快，为什么？（北京工业大学 2015 年考研真题）

7. 在周期性势场中运动的电子具有哪些一般属性？

8. 根据单电子近似理论写出一维晶体中电子薛定谔方程，晶体中电子薛定谔方程的特解的形式是怎样的？特点是什么？（西安电子科技大学 2015 年考研真题）

9. 从能带理论出发，分析金属、绝缘体和半导体在导电性能方面的差异。（西安电子科技大学 2007 年考研真题）

10. 简述半导体中有效质量的意义和性质，砷化镓导带最低能谷中电子有效质量 m_{n1}^* 和次能谷中电子有效质量 m_{n2}^* 哪个大？为什么？（西安交通大学 2004 年、北京工业大学 2010 年考研真题）

★11. 简述有效质量与能带结构的关系，为什么空穴有效质量大于电子有效质量？

12. 为什么半导体满带中的少量空状态可以用带有正电荷和具有一定质量的空穴来描述？导电的实质是什么？

13. 某晶体中电子的 $E(k)$-k 关系如图 1-1 所示，在外电场的作用下，a、b、c 三个能带中的电子可以获得较大的速度，哪个能带的电子有效质量的数值最小？如果 a、b 能带为满带、c 能带为空带，在外界的作用下，b 能带少量电子跃迁进入 c 能带，那么 b 能带中空穴有效质量 m_p^* 和 c 能带中电子有效质量 m_n^* 在数值上是否相等？为什么？（西安电子科技大学 2007 年、北京工业大学 2017 年考研真题）

14. 简述回旋共振实验，该实验有什么主要用途？（中国科学院大学 2016 年考研真题）

15. 在如图 1-2 所示空穴能量与波矢关系坐标上画出轻、重空穴带，由此说明硅半导体中的空穴一般指的是重空穴。（中国科学院大学 2002 年考研真题）

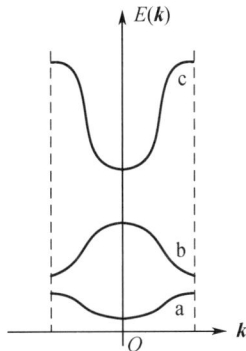

图 1-1　题 1.4-13 图　　　　　图 1-2　题 1.4-15 图

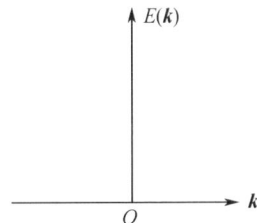

16. 怎样测量半导体禁带宽度？禁带宽度与温度有何关系？（苏州大学 2010 年考研真题）

17. 画出硅、锗和砷化镓的简约布里渊区图，导带底电子位于简约布里渊区的位置；简述第一布里渊区内，导带底、价带顶的位置以及导带底的数目和能隙的大小。

1.5 计算题

1. 晶格常数为 0.25nm 的一维晶格,当外加 10^2V/m、10^7V/m 的电场时,试分别计算电子自能带底运动到能带顶所需的时间。

2. 设某半导体 $E(\boldsymbol{k})$-$\boldsymbol{k}$ 关系为 $E(\boldsymbol{k})=E_1+\dfrac{3\hbar^2}{m_0}(k_x^2+k_y^2+k_z^2)$,$m_0$ 为电子惯性质量。求:

(1) 导带中电子有效质量;

(2) 导带底电子的运动速度;

(3) 施主杂质能级的电离能(设该半导体的相对介电常数为 1.6,氢原子基态中电子的电离能 $E_0=13.6\text{eV}$)。(中国科学院大学 2018 年考研真题)

3. 设晶格常数为 a 的一维晶格,导带极小值附近的能量 $E_\text{c}(k)=\hbar^2k^2/3m_0+\hbar^2(k-k_1)^2/m_0$,价带极大值附近的能量 $E_\text{v}(k)=\hbar^2k_1^2/6m_0-3\hbar^2k^2/m_0$,其中 m_0 为电子惯性质量,$k_1=a/2$,试求:

(1) 禁带宽度;

(2) 价带顶电子跃迁到导带底时准动量的变化。(东南大学 2006 年考研真题)

4. 已知一维系统电子的能带为

$$E(k)=\frac{\hbar^2}{m_0 a^2}\left(\cos ka-\frac{1}{8}\cos 2ka-\frac{7}{8}\right)$$

其中,a 为晶格常数,m_0 为电子惯性质量,$\hbar$ 为简约普朗克常量。试求:

(1) 能带的宽度;

(2) 能带底部和能带顶部附近的电子有效质量。(华东师范大学 2004 年考研真题)

5. 平面六方晶格如图 1-3 所示,其矢量为

$$\boldsymbol{a}_1=\frac{a}{2}\boldsymbol{i}+\frac{\sqrt{3}a}{2}\boldsymbol{j} \qquad \boldsymbol{a}_2=-\frac{a}{2}\boldsymbol{i}+\frac{\sqrt{3}a}{2}\boldsymbol{j}$$

式中,a 为六边形两个平行对边间的距离。

(1) 求倒格子基矢;

(2) 证明倒格子原胞的面积等于正格子原胞面积的倒数[不考虑 $(2\pi)^2$ 因子];

(3) 画出此晶格的第一布里渊区。(中国科学院大学 2007 年考研真题)

6. 如图 1-4 所示,设硅中电子的纵向有效质量为 m_1,横向有效质量为 m_t,如果外加电场 $\boldsymbol{E}$ 沿 $[100]$ 方向,求出沿长轴 $[100]$ 方向和 $[001]$ 方向的能谷中的电子加速度;如果外加电场 $\boldsymbol{E}$ 沿 $[110]$ 方向,求出沿长轴 $[100]$ 方向的能谷中电子的加速度与电场之间的夹角。(西安电子科技大学 2015 年考研真题)

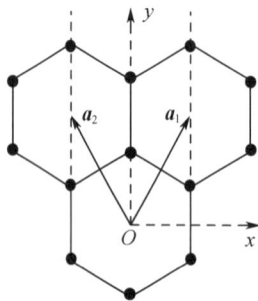

图 1-3　题 1.5-5 图

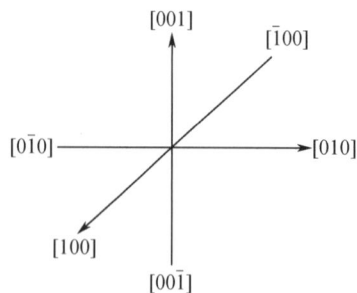

图 1-4　题 1.5-6 图

★7. 某一半导体材料价带中电子的 $E(k)$-k 关系为

$$E(k) = -4.02 \times 10^{-37} \cdot k^2$$

其中,能量零点取在价带顶。此时若 $k = 1 \times 10^6 \, \mathrm{m}^{-1}$ 处电子被激发到导带,而在该处产生一个空穴。试求此空穴的有效质量、准动量、共有化运动速度和能量。(中国科学院半导体研究所 2001 年考研真题)

8. 锗价带简并,其价带顶电子能量表达式为

$$E_{1,2}(k) = E_{\mathrm{v}}(0) - \frac{h^2}{8\pi^2 m_0}\{Ak^2 \pm [B^2 k^4 + C^2 (k_z^2 k_y^2 + k_y^2 k_z^2 + k_z^2 k_x^2)]^{1/2}\}$$

式中,常数 $A = 13.1, B = 8.3, C = 12.5$。试求[111]方向轻、重空穴的有效质量。(中国科学院半导体研究所 1998 年、中国科学院大学 2004 年考研真题)

9. n 型半导体样品导带极小值附近具有旋转椭球等能面,如图 1-5 所示,已知沿 k_1 和 k_2 两个方向上的纵、横有效质量之比为 $m_1/m_t = 3$,现有一与长半轴夹角为 $\pi/6$ 的电场 E 作用于该样品,如果样品的平均自由时间各向同性,求该电场作用下样品中的电流方向。(西安电子科技大学 2007 年考研真题)

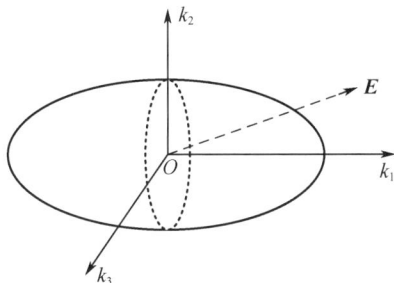

图 1-5   题 1.5-9 图

1.6   证明题

1. 如果 m_0 是电子惯性质量,m_n^* 是电子有效质量,f_L 表示晶格势场对电子的作用力,证明 f_L 与外电场力 f_e 的关系为 $f_L = (m_0/m_n^* - 1) f_e$。(西安电子科技大学 2010 年考研真题)

2. 请在一维晶体中利用周期性边界条件(波恩-卡曼循环边界条件),证明在布里渊区中波矢 k 的取值是不连续的。(西安电子科技大学 2015 年考研真题)

第 1 章习题答案及详解

1.1   名词解释

单电子近似:即假设每个电子在周期性排列且固定不动的原子核势场及其他电子的平均势场中运动,该势场是具有与晶格同周期的周期性势场。

金刚石结构:金刚石结构的晶体学原胞是立方对称的晶胞,硅、锗均属于金刚石结构,是由两个同类原子各自组成的面心立方晶胞沿体对角线互相位移 1/4 的空间对角线长度套构而成

的,每个原子和周围 4 个最近邻原子组成 4 个共价键,它们之间具有相同的夹角 109°28′,通过 4 个共价键组成正四面体结构。

极性半导体: 在共价性化合物半导体中,结合的性质具有不同程度的离子性,常称这类半导体为极性半导体。

简约布里渊区: 对于给定的晶体,利用倒格矢的定义,求出所对应的倒格子基矢,作所有倒格子基矢的垂直平分面,这些垂直平分面所围成完整的最小体积就是第一布里渊区,也称为晶体倒格子点阵的魏格纳-塞兹原胞,又称简约布里渊区。

电子共有化运动: 原子组成晶体后,由于电子壳层的交叠,电子不再完全局限在某一个原子上,可以由一个原子转移到相邻的原子上去,因而,电子将可以在整个晶体中运动。这种运动称为电子共有化运动。

能带: 当 N 个原子相互靠近结合成晶体后,每个电子都要受到周围原子势场的作用,其结果是每个 N 度简并的能级都分裂成 N 个彼此相距很近的能级,这 N 个能级组成一个能带;这时电子不再属于某个原子而是在晶体中做共有化运动,分裂的每个能带都称为允带,允带间因没有能级而称为禁带。

禁带宽度: 在一定温度下,共价键上的电子依靠热激发,获得能量脱离共价键成为在晶体中自由运动的准自由电子。脱离共价键所需的最低能量就是禁带宽度。

电子: 电子是带负电的亚原子粒子,可以是自由的,不属于任何原子,也可以被原子核束缚,定向运动形成电流。

空穴: 通常把价带中空着的状态看成带正电的粒子,称为空穴。它是为简便描述价带(未填满)的电流而引进的一个假想粒子,具有正的有效质量。

绝缘体能带结构: 导带和价带之间的带宽比较大,价带电子难以激发跃迁到导带,导带成为电子空带,而价带成为电子满带,电子在导带和价带中都不能迁移。

本征激发: 当半导体温度 $T>0\text{K}$ 时,电子吸收能量,从价带激发到导带,产生一个自由电子和自由空穴,这一过程称为本征激发。

有效质量、纵向有效质量与横向有效质量: 有效质量并不代表真正的质量,而是代表能带中电子受外力时外力与加速度的一个比例系数,其概括了半导体内部势场的作用。若等能面是各向异性的旋转椭球面,椭球长轴方向的有效质量为纵向有效质量,其他两个轴方向的有效质量相等,为横向有效质量。

等能面: 当 $E(k)$ 为某一确定值时,对应于许多组不同的 (k_x,k_y,k_z),将这些组不同的 (k_x,k_y,k_z) 连接起来构成一个封闭面,在这个面上的能值均等值,简称等能面。

直接能带结构和间接能带结构: 在能带结构中,导带底和价带顶的极值对应的波矢 k 若相同,就为直接能带结构;若不同,则为间接能带结构。

宽禁带半导体材料: 一般把禁带宽度大于或等于 2.3eV 的半导体材料归类为宽禁带半导体材料,主要包括碳化硅、金刚石、Ⅱ族氧化物、Ⅱ族硫化合物、Ⅱ族硒化合物、Ⅲ族氮化合物以及这些材料的合金。

1.2 填空题

1. 立方 过原点的位矢在三个坐标轴上投影的互质整数 不过原点的晶面在三个坐标轴上截距倒数的互质整数 互相垂直 8 6

2. 金刚石 闪锌矿 共价键 电负性 离子性

3. 允带　禁带

4. 不连续的　1eV　基本上可视为连续的　准连续的

5. $\psi(x)=Ae^{ikx}$　$E(k)=\dfrac{\hbar^2 k^2}{2m_0}$

6. $n\pi/a$　$(-\pi/a, \pi/a)$　允带　N 个

7. 同周期　晶胞内的对应点　共有化

8. 相等的　自由运动　周期性排列且固定不动的原子核势场及其他电子的平均　单电子　$\psi_k(x)=u_k(x)e^{ikx}$　布洛赫函数　不相等的　晶格同周期　共有化

9. 导体　绝缘体　电学　热学　各向异性

10. 6　1.12　1.43　减小

11. 半导体内部势场　运动规律　正　负　半导体内部原子及其他电子的势场

12. 内部势场　外电场力下的运动规律

13. $m_n^*=\dfrac{\hbar^2}{\dfrac{\mathrm{d}^2 E}{\mathrm{d}k^2}}$　$m_p^*=-m_n^*$

14. 各向异性　旋转椭球　6　价带顶位于 $k=0$，即布里渊区的中心，能带是简并的　3

15. $m_n^*=\dfrac{\hbar^2}{a^2 E_1}$

16. 假想　正　电子共有化运动速度　正值　大小相等、符号相反　价带中大量电子对电流的贡献　导带上电子参与导电、价带上空穴也参与导电

17. 价带中未被电子占据状态的　重空穴和轻空穴　扭曲面（呈瘪球形）　各向异性球面

18. 简约布里渊区　椭球状　各向异性　球形　布里渊区中心

19. 有效质量　$\omega_c=qB/m_n^*$　$\omega_c=qB/m_n^*$　$m_n^*=\left(\dfrac{m_x^*\alpha^2+m_y^*\beta^2+m_z^*\gamma^2}{m_x^* m_y^* m_z^*}\right)^{-1/2}$，其中 α、β 和 γ 分别为磁感应强度与三个坐标轴的方向余弦　磁感应强度　各向异性

20. 等能面　[100]　椭球长　6　2　m_t　$\sqrt{m_l m_t}$

21. 1　2　2　3

22. 各向同性　各向异性　各向同性

23. 纵向有效质量　横向有效质量

24. 6 度　在波矢 $k=0$ 处，两个能带的极大值重合　3　$(m_p)_h$、$(m_p)_l$、$(m_p)_3$

25. 扭曲面　各向异性

26. 相同波矢位置　砷化镓　锑化铟　间接带隙半导体　布里渊区中心 $k=0$ 处　简并重空穴　轻空穴　自旋-轨道耦合

27. <100>方向布里渊区的中心到布里渊区边界的 0.85 倍处　6

28. <111>方向布里渊区的边界　波矢 $k=0$　波矢 $k=0$

1.3　选择题

1. AB　2. CD　3. C　4. A　5. D　6. A　7. B　8. A　9. A　10. C　11. D　12. C　13. B

1.4 简答题

1.【答】半导体能带论是用单电子近似法研究晶体中电子状态的理论。它把晶体中每个电子的运动看成独立地在一个等效势场中的运动,对于晶体中的电子而言,等效势场是指周期性排列且固定不动的原子核势场及其他电子的平均势场,该势场是具有与晶格同周期的周期性势场。

2.【答】共价四面体结构如图 1-6 所示。

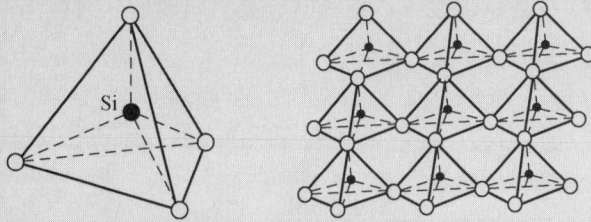

图 1-6 答案 1.4-2 图

共价键之间的夹角为 $109°28'$,一个金刚石结构晶胞由 4 个共价四面体组成;金刚石结构晶胞是立方对称的晶胞,这种晶胞可以看作两个面心立方晶胞沿立方体的空间对角线互相移动四分之一的空间对角线套构而成。原子在晶胞中排列的情况是:8 个原子位于立方体的 8 个顶角上,6 个原子位于 6 个面中心上,晶胞内部有 4 个原子。立方体顶角和面心上的原子与这 4 个原子的周围情况不同,所以它是由相同原子构成的复式晶格。

3.【答】二者晶体结构相同。金刚石结构是由同种元素构成的,化学键为共价键,主要的半导体材料有硅、锗;闪锌矿结构由两类不同元素构成,主要为共价键,同时又具有离子键的混合成分,主要的半导体材料有砷化镓、磷化铟等。

4.【答】原子、离子或分子按一定的空间结构排列而组成的固体,空间排列具有周期性,表现为既有长程取向有序,又有平移对称性。半导体晶格结构主要有金刚石结构、闪锌矿结构和纤锌矿结构。假设硅的晶格常数为 a,那么 $a≈0.543$nm;原子的半径 $r=\sqrt{3}a/4×1/2$,一个立方对称晶胞的体积为 a^3,里面有 $4+1/2×6+1/8×8=8$ 个原子,故可以算出每立方厘米硅原子体内有 $5.0×10^{22}$ 个原子。

5.【答】硅是间接带隙半导体,解理面是{111}面。由于硅的密排面原子密集,而且密排面每层原子都有 3 个共价键与另一层结合,所以双层密排面结合得很强。然而,2 个双层密排面之间的间距较大,而且共价键少,平均 2 个原子之间才有 1 个共价键,致使双层密排面之间的结合力弱。砷化镓是直接带隙半导体,解理面是{110}面。砷化镓共有化的价电子具有离子性,最密排面{111}上的双原子层构成电偶极层,不易解理,所以解理面是次密排面{110}。

6.【答】半导体化学腐蚀速度主要由面间距与面间距共价键密度共同决定。金刚石结构属于面心立方复式格子,假设晶格常数为 a,沿<100>、<100>和<111>晶向上的面间距分别为 $a/4$、$\sqrt{2}a/4$ 和 $\sqrt{3}a/4$,随着面间距的增大,化学键的作用减弱,化学腐蚀速度增大;然而在<111>晶向上晶体以双原子层的形式按顺序堆积起来,在双原子层与双原子层之间存在电偶极层,结合力相对很强。因此,化学腐蚀速度沿<111>、<100>和<110>晶向依次变快。

7.【答】晶体中的电子在严格周期性重复排列的原子间运动,单电子近似理论认为,晶体中的某个电子是在周期性排列且固定不动的原子核势场,以及其他大量电子的平均势场中运动的,这个势场是具有与晶格同周期的周期性势场。根据布洛赫定理,晶体中的电子在周期性势场中运动的波函数以一个被调幅的平面波在晶体中传播,波函数的强度也随晶格周期性变化,在晶体中各点找到该电子的概率也具有周期性变化性质;电子不再完全局限在某个原子上,而是可以从晶胞中某一点自由地运动到其他晶胞内的对应点,电子在晶体内做共有化运动。

8.【答】根据单电子近似理论,一维晶体中电子薛定谔方程为

$$\begin{cases} -\dfrac{\hbar^2}{2m_0}\dfrac{\mathrm{d}^2\psi(x)}{\mathrm{d}x^2}+V(x)\psi(x)=E\psi(x) \\ V(x)=V(x+sa) \end{cases}$$

式中,s 为整数,a 为晶格常数,布洛赫证明该薛定谔方程的特解为:$\psi_k(x)=u_k(x)\mathrm{e}^{\mathrm{i}kx}$,该波函数与自由电子的波函数形式相似,代表一个波长为 $2\pi/k$ 而在 k 方向传播的平面波,振幅 $u_k(x)$ 随 x 周期性变化。由于在空间找到电子的概率与波函数在该点的强度成比例,因此在晶体中找到电子的概率具有周期性变化的性质。

9.【答】从能带理论看,电子的能量变化就是电子从一个能级跃迁到另一个能级上去。对于满带,其中的能级已被电子占满,在外电场的作用下满带中的电子并不形成电流,对导电没有贡献。对于被电子部分占满的能带,在外电场的作用下,电子可以从外电场中吸收能量跃迁到未被电子占据的能级,形成电流,起导电作用。

金属中,由于组成金属的原子中的价电子占据的能级是部分占满的,所以金属是良好的导体。绝缘体和半导体类似,下面都是已被电子占满的满带,中间是禁带,上面是空带,所以在热力学温度零度时,在外电场的作用下并不导电。当外界条件变化时,就有少量电子被激发到空带上去,在外电场作用下就会参与导电。而绝缘体的禁带宽度太大,激发电子需要很大的能量,在通常温度下,激发上去的电子很少,因此导电性差。

10.【答】有效质量是半导体内部势场的概括,在讨论晶体中的电子在外力作用下的运动规律时,只需将内部势场的复杂作用包含于有效质量中,并用之代替惯性质量,即可用经典力学定律来描述。$m_{n1}^* < m_{n2}^*$,根据定义 $\dfrac{1}{m_n^*}=\dfrac{1}{\hbar^2}\dfrac{\mathrm{d}^2E}{\mathrm{d}k^2}$ 可知,在导带的最低能谷 $E(k)\text{-}k$ 曲线的曲率大,$\mathrm{d}^2E/\mathrm{d}k^2$ 大,有效质量小;次能谷 $E(k)\text{-}k$ 曲线的曲率小,$\mathrm{d}^2E/\mathrm{d}k^2$ 小,有效质量大。

11.【答】能带越宽,有效质量越小;能带越窄,有效质量越大。晶体原子中电子吸收外界能量后,脱离原子价键的束缚,从价带被激发到导带,成为准自由电子在晶体内运动;在价带中出现空的状态,通常把价带中空着的状态看成带正电的粒子,称为空穴。价带中空的状态,一般都出现在价带顶附近,价带顶附近电子的有效质量为负值。引入的空穴有效质量和电子的有效质量大小相等。原子组成晶体后,由于最外壳层交叠得最多、内壳层交叠得较少,分裂的能带外层宽、内层窄。外层(导带)准自由电子的能带宽,有效质量小;内层(价带)电子的能带窄,有效质量大,即空穴的有效质量大。

12.【答】半导体是由大量带正电的原子核和带负电的电子组成的,这些正、负电荷数量相等,整个半导体呈电中性,而且价键完整的原子附近也呈电中性。但是,空状态所在处由于失去了一个价键上的电子,因而破坏了局部电中性,出现一个未被抵消的正电荷,这个正电荷为空状态所具有;同时,空穴运动的加速度正是一个带正电荷具有正有效质量的粒子在外电场作用下的加速度,因此少量空状态可以用带有正电荷和具有一定质量的空穴来描述。空穴导电的实质是价带 k 状态空出时,为价带电子运动提供一个空间,实质是电子导电。

13.【答】因为有效质量与能量函数 $E(k)$ 对于 k 的二次微商成反比,所以对宽窄不同的各个能带,$E(k)$ 随 k 的变化情况不同,能带越窄,二次微商越小,有效质量越大。如图 1-1 所示,内层电子的能带窄,有效质量大;外层电子的能带宽,有效质量小。因此,c 能带中的电子有效质量最小,可以获得较大的速度。在 b 能带中,空状态一般出现在价带顶附近,价带顶附近的空穴有效质量 m_p^* 在数值上等于价带顶附近的电子有效质量 m_n^*。c 能带中的电子有效质量小于 b 能带中的电子有效质量,故在数值上 b 能带中空穴的有效质量 m_p^* 大于 c 能带中的电子有效质量 m_n^*。

14.【答】若半导体置于磁感应强度为 B 的均匀恒定磁场中,半导体中电子的初速度 v 与 B 的夹角为 θ,则半导体中电子受到磁场作用的力 $f=-qv\times B$,大小为 $f=qvB\sin\theta=qv_\perp B$,$v_\perp=v\sin\theta$,力的方向垂直于 v 与 B 所组成的平面。从而,电子的运动规律是:在磁场方向以速度 $v_\parallel=v\cos\theta$ 作匀速运动,在垂直于 B 的平面内作匀速圆周运动,运动轨迹是一条螺旋线。如果圆周的半径为 r,回旋频率为 ω_c,则 $v_\perp=r\omega_c$,向心加速度 $a=v_\perp^2/r$;能带电子运动的加速度 $a=f/m_n^*$,从而对于球面等能面情况有 $\omega_c=qB/m_n^*$。再以电磁波通过导体,当交变电磁场角频率 ω 等于回旋频率 ω_c 时,可以发生共振吸收,就可以得到电子有效质量 m_n^*。

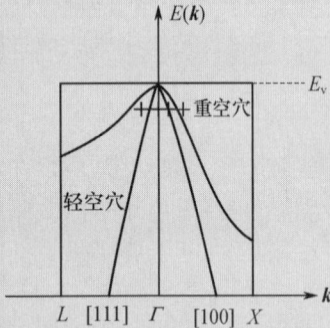

图 1-7　答案 1.4-15 图

15.【答】在空穴能量 $E(k)$ 与波矢 k 关系曲线上,轻、重空穴带如图 1-7 所示。硅的价带结构是复杂的,价带顶位于波矢 $k=0$,即在布里渊区的中心,能带是简并的。如不考虑自旋,价带是三度简并的,对于同一波矢,$E(k)$ 可以有 3 个值;第三个能带由于自旋-轨道耦合作用,使能量降低,与前两个能带分开。这 3 个值分别对应重空穴有效质量、轻空穴有效质量和自旋-轨道耦合对应的第三种空穴有效质量。轻空穴有效质量和第三种空穴有效质量相对重空穴有效质量较小,故硅半导体中的空穴一般指的是重空穴。

16.【答】常用的半导体禁带宽度测量方法主要有霍耳效应和光电导。通常温度升高,原子间的平衡距离增大,禁带宽度变小;温度降低,原子间的平衡距离减小,禁带宽度增大。禁带宽度随温度变化的关系为

$$E_g(T)=E_g(0)-\frac{\alpha T^2}{T+\beta}$$

式中,$E_g(T)$ 和 $E_g(0)$ 分别表示温度为 T 和 0K 时的禁带宽度,α 和 β 为温度系数。

17.【答】硅、锗和砷化镓的能带图如图 1-8 所示。硅、锗和砷化镓的价带结构基本上相同,价带顶都位于布里渊区中心,在计入电子自旋后,价带顶能带出现一个二度简并的价带顶能带和一个能量较低一些的自旋-轨道耦合分裂的非简并能带。由于硅、锗和砷化镓原子性质和价键性质的不同(硅和锗是完全的共价晶体,而砷化镓晶体的价键带有约 30% 的离子键性质),能带具有差异,主要表现为禁带宽度和导带结构上的不同。

硅的导带底位于 <100> 方向上的近 X 点处,即布里渊区中心到边界的 0.85 倍处,能隙约为 1.12eV;锗的导带底位于 <111> 方向上的 L 点处(布里渊区边界上),能隙约为 0.67eV;砷化镓的导带底位于布里渊区中心($k=0$),能隙约为 1.43eV。从而等价的导带底的数目也就不一样:硅有 6 个等价的导带底,锗有 8 个等价的导带底(实际上只有 4 个完整的导带底),砷化镓则只有一个导带底。

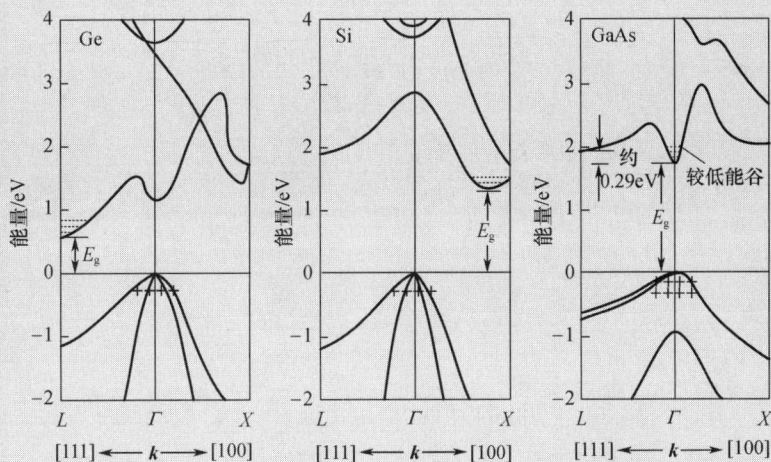

图 1-8   答案 1.4-17 图

1.5   计算题

1.【解】设电场强度为 E,根据公式

$$f = \hbar \frac{\mathrm{d}k}{\mathrm{d}t} = qE$$

则有 $\mathrm{d}t = \dfrac{\hbar}{qE}\mathrm{d}k$,那么

$$t = \int_0^t \mathrm{d}t = \int_0^{\frac{\pi}{a}} \frac{\hbar}{qE}\mathrm{d}k = \frac{\hbar}{qE}\frac{\pi}{a} = \frac{h}{2aqE}$$

代入相应常数可得

$$t = \frac{6.625 \times 10^{-34}}{2 \times 0.25 \times 10^{-9} \times 1.602 \times 10^{-19} \times E} = \frac{8.27 \times 10^{-6}}{E}\ \mathrm{s}$$

当 $E = 10^2\,\mathrm{V/m}$ 时,$t = 8.27 \times 10^{-8}\,\mathrm{s}$;当 $E = 10^7\,\mathrm{V/m}$ 时,$t = 8.27 \times 10^{-13}\,\mathrm{s}$。

2.【解】(1) 因为

$$k_x^2 + k_y^2 + k_z^2 = k^2$$

则有

$$E(k) = E_1 + \frac{3\hbar^2}{m_0}(k_x^2 + k_y^2 + k_z^2) = E_1 + \frac{3\hbar^2 k^2}{m_0}$$

那么

$$\frac{\mathrm{d}E(k)}{\mathrm{d}k} = \frac{6\hbar^2 k}{m_0} \qquad \frac{\mathrm{d}^2 E(k)}{\mathrm{d}k^2} = \frac{6\hbar^2}{m_0} > 0$$

若令 $\mathrm{d}E(k)/\mathrm{d}k = 0$,得 $k = 0$,则导带底位于波矢 $\boldsymbol{k} = 0$ 处,由

$$m_n^* = \frac{\hbar^2}{\dfrac{\mathrm{d}^2 E(k)}{\mathrm{d}k^2}}\Bigg|_{k=0} = \frac{m_0}{6}$$

(2) 由公式 $v = \dfrac{1}{\hbar}\dfrac{\mathrm{d}E(k)}{\mathrm{d}k}$,得 $v = 0$,即导带底电子的运动速度为 0。

(3) 由公式 $\Delta E_D = \dfrac{m_n^*}{m_0}\dfrac{E_0}{\varepsilon_r^2}$,得施主杂质能级的电离能为

$$\Delta E_D = \frac{\frac{m_0}{6}}{m_0}\frac{13.6}{1.6^2} = 0.89 \text{eV}$$

3. 【解】(1) 已知 $k_1 = a/2$，令

$$\frac{\mathrm{d}E_c(k)}{\mathrm{d}k} = \frac{2\hbar^2 k}{3m_0} + \frac{2\hbar^2(k-k_1)}{m_0} = 0$$

可得

$$k = \frac{3}{8}a$$

那么

$$E_c = \frac{\hbar^2}{3m_0}k^2 + \frac{\hbar^2}{3m_0}3(k-k_1)^2 = \frac{\hbar^2}{3m_0}\left[k^2 + 3(k-k_1)^2\right]$$

$$= \frac{\hbar^2}{3m_0}\left[\left(\frac{3}{8}a\right)^2 + 3\left(\frac{3}{8}a - \frac{a}{2}\right)^2\right]$$

$$= \frac{\hbar^2 a^2}{16m_0}$$

若令

$$\frac{\mathrm{d}E_v(k)}{\mathrm{d}k} = -\frac{6\hbar^2 k}{m_0} = 0$$

可得 $k=0$，那么 $E_v(0) = \frac{\hbar^2 a^2}{24m_0}$，则禁带宽度为

$$E_g = E_c(k) - E_v(k) = \frac{\hbar^2 a^2}{16m_0} - \frac{\hbar^2 a^2}{24m_0} = \frac{\hbar^2 a^2}{48m_0}$$

(2) 价带顶电子跃迁到导带底时准动量的变化为

$$\Delta p = \hbar(k_c - k_v) = \hbar\left(\frac{3}{8}a - 0\right) = \frac{3}{8}\hbar a$$

4. 【解】(1) 由 $E(k)$-k 的关系式可得

$$\frac{\mathrm{d}E(k)}{\mathrm{d}k} = \frac{\hbar^2}{m_0 a}\left(-\sin ka + \frac{1}{4}\sin 2ka\right)$$

可得

$$\frac{\mathrm{d}^2 E(k)}{\mathrm{d}k^2} = \frac{\hbar^2}{m_0}\left(-\cos ka + \frac{1}{2}\cos 2ka\right)$$

若令

$$\frac{\mathrm{d}E(k)}{\mathrm{d}k} = \frac{\hbar^2}{m_0 a}\left(-\sin ka + \frac{1}{4}\sin 2ka\right) = \frac{\hbar^2}{m_0 a}\left(-1 + \frac{1}{2}\cos ka\right)\sin ka = 0$$

则有

$$k = 0 \text{ 或 } \frac{\pi}{a}$$

当 $k=0$ 时

$$\frac{\mathrm{d}^2 E(k)}{\mathrm{d}k^2} = \frac{\hbar^2}{m_0}\left(-\cos ka + \frac{1}{2}\cos 2ka\right) = -\frac{\hbar^2}{2m_0} < 0$$

对应的 $E(k)$ 有极大值，即

$$E_{\max} = E(0) = \frac{\hbar^2}{m_0 a^2}\left[\cos 0 - \frac{1}{8}\cos 0 - \frac{7}{8}\right] = 0$$

当 $k=\dfrac{\pi}{a}$ 时

$$\frac{\mathrm{d}^2 E(k)}{\mathrm{d}k^2}=\frac{\hbar^2}{m_0}\left(-\cos ka+\frac{1}{2}\cos 2ka\right)=\frac{3\hbar^2}{2m_0}>0$$

对应的 $E(k)$ 有极小值,即

$$E_{\min}=E\left(\frac{\pi}{a}\right)=\frac{\hbar^2}{m_0 a^2}\left[\cos\pi-\frac{1}{8}\cos 2\pi-\frac{7}{8}\right]=-\frac{2\hbar^2}{m_0 a^2}$$

故有

$$\Delta E=E_{\max}-E_{\min}=0-\left(-\frac{2\hbar^2}{m_0 a^2}\right)=\frac{2\hbar^2}{m_0 a^2}$$

(2) 能带底部和能带顶部附近的电子有效质量分别为

$$(m_n^*)_{\text{带底}}=\left[\frac{1}{\hbar^2}\left(\frac{\mathrm{d}^2 E(k)}{\mathrm{d}k^2}\right)\right]^{-1}=\left[\frac{1}{\hbar^2}\frac{3\hbar^2}{2m_0}\right]^{-1}=\frac{2m_0}{3}$$

$$(m_n^*)_{\text{带顶}}=\left[\frac{1}{\hbar^2}\left(\frac{\mathrm{d}^2 E(k)}{\mathrm{d}k^2}\right)\right]^{-1}=\left[\frac{1}{\hbar^2}\left(-\frac{\hbar^2}{2m_0}\right)\right]^{-1}=-2m_0$$

5.【解】(1) 为了确定倒格子基矢,假设 $\boldsymbol{a}_3=\boldsymbol{k}$,于是

$$\begin{cases}\boldsymbol{a}_2\times\boldsymbol{a}_3=\dfrac{a}{2}(\sqrt{3}\boldsymbol{i}+\boldsymbol{j})\\[2mm]\boldsymbol{a}_3\times\boldsymbol{a}_1=\dfrac{a}{2}(-\sqrt{3}\boldsymbol{i}+\boldsymbol{j})\end{cases}$$

正格子的原胞体积为

$$\Omega=\boldsymbol{a}_1\cdot(\boldsymbol{a}_2\times\boldsymbol{a}_3)=\frac{\sqrt{3}}{2}a^2$$

其倒格子基矢为

$$\begin{cases}\boldsymbol{b}_1=\dfrac{2\pi}{a}\left(\boldsymbol{i}+\dfrac{1}{\sqrt{3}}\boldsymbol{j}\right)\\[3mm]\boldsymbol{b}_2=\dfrac{2\pi}{a}\left(-\boldsymbol{i}+\dfrac{1}{\sqrt{3}}\boldsymbol{j}\right)\end{cases}$$

(2) 倒格子面积为

$$S_{\text{正}}=|\boldsymbol{a}_1||\boldsymbol{a}_2|\sin\alpha=a\times a\times\sin 60°=a^2\times\frac{\sqrt{3}}{2}$$

$$S_{\text{倒}}=|\boldsymbol{b}_1||\boldsymbol{b}_2|\sin\beta=\frac{2\pi}{a}\times\frac{2\sqrt{3}}{3}\times\frac{2\pi}{a}\times\frac{2\sqrt{3}}{3}\times\sin 120°=\left(\frac{2\pi}{a}\right)^2\times\frac{2\sqrt{3}}{3}$$

若不考虑 $(2\pi)^2$ 因子,则有 $S_{\text{正}}\times S_{\text{倒}}=1$,故倒格子原胞的面积等于正格子原胞面积的倒数。

(3) 倒格矢 $\boldsymbol{K}_n=n_1\boldsymbol{b}_1+n_2\boldsymbol{b}_2$,即

$$\boldsymbol{K}_n=-[(n_1+n_2)2\pi/a]\boldsymbol{i}+[(n_2-n_1)2\pi/\sqrt{3}a]\boldsymbol{j}$$

$$|\boldsymbol{K}_n|=4\pi(n_1^2+n_2^2+n_1 n_2)^{1/2}/\sqrt{3}a$$

最短倒格矢长度 $|\boldsymbol{K}_n|_{\min}=4\pi/(\sqrt{3}a)$,最近邻倒格点共有两个,它们的 $[n_1,n_2]$ 值分别为

$$[1,0],[\bar{1},0],[0,1],[0,\bar{1}],[\bar{1},1],[1,\bar{1}]$$

相应的最短倒格矢为

$$K_{10} = -\frac{2\pi}{a}i - \frac{2\pi}{\sqrt{3}a}j, \quad K_{\bar{1}0} = -\frac{2\pi}{a}i - \frac{2\pi}{\sqrt{3}a}j$$

$$K_0 = -\frac{2\pi}{a}i + \frac{2\pi}{\sqrt{3}a}j, \quad K_{0\bar{1}} = \frac{2\pi}{a}i - \frac{2\pi}{\sqrt{3}a}j$$

$$K_{1\bar{1}} = -\frac{4\pi}{\sqrt{3}a}i, \quad K_{\bar{1}1} = -\frac{4\pi}{\sqrt{3}a}j$$

由以上最短倒格矢的中垂线围成的正六边形即第一布里渊区,如图 1-9 所示。

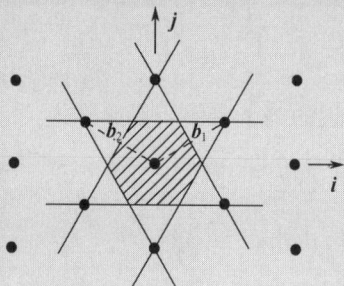

图 1-9　答案 1.5-5 图

6.【解】电场 E 沿长轴[100]方向,加速度 $a = \frac{qE}{m_1}$,加速度方向与 E 相反。

电场 E 沿[001]方向,加速度 $a = \frac{qE}{m_t}$,加速度方向与 E 相反。

电场 E 沿[110]方向,将 E 分解为 E_x 和 E_y,如图 1-10 所示,则有
$$E_x = E\cos45°, \qquad E_y = E\cos45°$$
可知
$$\theta = \arctan\frac{a_x}{a_y} = \arctan\frac{qE_x/m_1}{qE_y/m_t} = \arctan\frac{m_t}{m_1}$$
所以,长轴沿[100]方向的能谷中电子的加速度与电场之间的夹角为

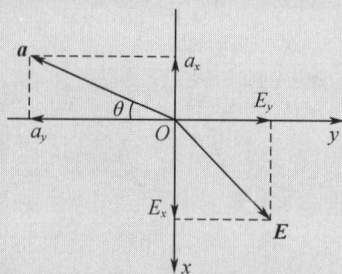

图 1-10　答案 1.5-6 图

$$\theta' = 135° + \theta = 135° + \arctan\frac{m_t}{m_1}$$

7.【解】由题中条件,可得电子能量为
$$E(k) = -4.02 \times 10^{-37} \times (1 \times 10^6)^2 = -4.02 \times 10^{-25} \text{ J}$$
根据空穴能量等于原状态内电子能量的负值,则空穴的能量为
$$E(k) = 4.02 \times 10^{-25} \text{ J}$$

由 $E(k)-E(0)=\dfrac{\hbar^2 k^2}{2m_n^*}$，可得

$$m_n^* = \frac{\hbar^2 k^2}{2[E(k)-E(0)]} = \frac{\hbar^2 k^2}{2E(k)} = -1.38\times10^{-32}\ \text{kg}$$

$$m_p^* = -m_n^* = 1.38\times10^{-32}\ \text{kg}$$

根据空穴波矢等于原状态内电子波矢的负值，则空穴的准动量为

$$p = \hbar k = 1.054\times10^{-34}\times(-1\times10^6) = -1.054\times10^{-28}\ \text{kg}\cdot\text{m/s}$$

空穴的速度为

$$v = \frac{1}{\hbar}\frac{\mathrm{d}E(k)}{\mathrm{d}k} = \frac{-4.02\times10^{-37}\times 2k}{\hbar} = \frac{-4.02\times10^{-37}\times 2\times(-1\times10^6)}{1.054\times10^{-37}} = 7.63\times10^3\ \text{m/s}$$

8.【解】锗的价带顶等能面为球面，在[111]方向有

$$k_x = k_y = k_z$$

因为 $k^2 = k_x^2 + k_y^2 + k_z^2$，故有 $k_x = k_y = k_z = \dfrac{\sqrt{3}}{3}k$，那么

$$
\begin{aligned}
E_{1,2}(\boldsymbol{k}) &= E_v(0) - \frac{h^2}{8\pi^2 m_0}\left\{Ak^2 \pm \left[B^2 k^4 + C^2(k_x^2 k_y^2 + k_y^2 k_z^2 + k_z^2 k_x^2)\right]^{1/2}\right\}\\
&= E_v(0) - \frac{h^2}{8\pi^2 m_0}\left\{Ak^2 \pm \left[B^2 k^4 + C^2\left(\frac{k^4}{3}\right)\right]^{1/2}\right\}\\
&= E_v(0) - \frac{h^2}{8\pi^2 m_0}\left(A \pm \sqrt{B^2 + \frac{C^2}{3}}\right)k^2\\
&= E_v(0) - \frac{\hbar^2 k^2}{2m_0}\left(A \pm \sqrt{B^2 + \frac{C^2}{3}}\right)
\end{aligned}
$$

根据价带顶 $E(\boldsymbol{k})\text{-}\boldsymbol{k}$ 的关系式

$$E(\boldsymbol{k}) = E_v(0) - \frac{\hbar^2 k^2}{2m_p^*}$$

比较可得

$$m_p^* = \frac{m_0}{A \pm \sqrt{B^2 + \dfrac{C^2}{3}}}$$

故有

$$(m_p)_l = \frac{m_0}{A + \sqrt{B^2 + \dfrac{C^2}{3}}} = \frac{m_0}{13.1 + \sqrt{8.3^2 + \dfrac{12.5^2}{3}}} = 0.041 m_0$$

$$(m_p)_h = \frac{m_0}{A + \sqrt{B^2 + \dfrac{C^2}{3}}} = \frac{m_0}{13.1 - \sqrt{8.3^2 + \dfrac{12.5^2}{3}}} = 0.476 m_0$$

9.【解】假设电场在 k_1、$-k_3$ 构成的平面内（见图 1-11），则有

$$a_1 = \frac{qE_1}{m_1} = \frac{qE\cos(\pi/6)}{m_1}, \qquad a_t = \frac{qE_t}{m_t} = \frac{qE\sin(\pi/6)}{m_t}$$

那么，假设 $-k_1$、k_3 构成的平面与 $-k_1$ 方向的夹角为 θ，则有

$$\theta = \arctan\left(\frac{a_1}{a_t}\right) = \arctan\sqrt{3} = \frac{\pi}{3}$$

因为电流方向与速度方向相反，故电流方向与长轴 k_1 方向的夹角为

$$\theta' = \frac{\pi}{3}$$

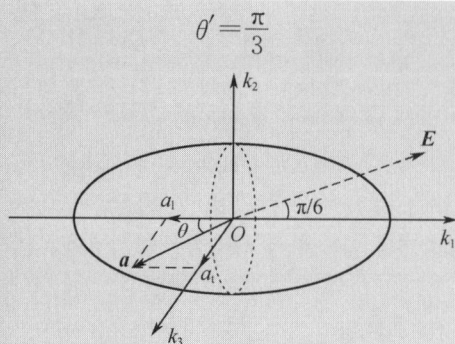

图 1-11   答案 1.5-9 图

1.6   证明题

1.【证明】假设电子的加速度为 a，当用惯性质量 m_0 求加速度时，可得

$$a = \frac{f_e + f_L}{m_0}$$

当用有效质量 m_n^* 求加速度时，可得

$$a = \frac{f_e}{m_n^*}$$

故有

$$\frac{f_e + f_L}{m_0} = \frac{f_e}{m_n^*}$$

那么有

$$f_L = (m_0 / m_n^* - 1) f_e$$

2.【证明】根据布洛赫定理，波函数方程为

$$\psi_k(x) = u_k(x) e^{ikx} = u_k(na) e^{ikna}$$

式中，a 为晶格常数，n 为小于晶胞个数 N 的整数。

根据波恩-卡曼循环边界条件，一维晶体有

$$\psi_k(x) = \psi_k(x + Na)$$

那么有

$$u_k(x) e^{ikx} = u_k(x + Na) e^{ik(x + Na)}$$

根据晶体周期性函数 $u_k(x) = u_k(x + na)$ 及欧拉公式，可得

$$e^{ikNa} = 1 = \cos Na + i\sin Na$$

所以

$$kNa = 2\pi m \quad (m = 0, \pm 1, \pm 2, \cdots)$$

故有

$$k = \frac{2\pi m}{Na}$$

即布里渊区中波矢 k 的取值是不连续的。

第 2 章　半导体中杂质和缺陷能级

2.1　名词解释

替位式杂质　间隙式杂质　施主杂质　施主杂质电离能　受主杂质　受主杂质电离能　类氢杂质　杂质补偿半导体　等电子杂质　等电子陷阱　点缺陷　弗仑克耳(Frenkel)缺陷　肖特基(Schottky)缺陷　位错

2.2　填空题

1. 杂质原子进入半导体(如硅、锗等)以后,可能以两种方式存在,一种是杂质原子位于晶格原子间的位置,常称为_____;另一种方式是杂质原子取代晶格原子而位于晶格点处,称为_____。

2. 杂质进入半导体后,其引入的能级可分为_____和_____。施主杂质未电离时是_____,称为_____,电离后成为_____,称为_____。

3. 纯净半导体硅中掺入Ⅴ族元素的杂质,当杂质电离时释放_____,这种杂质称为_____杂质,相应的半导体称为_____型半导体。

4. Ⅳ族元素掺入Ⅲ-Ⅴ族化合物半导体中,如果取代Ⅲ族原子则起_____作用,如果取代Ⅴ族原子则起_____作用。硅原子掺入砷化镓中后,杂质浓度较低时,导带电子浓度随硅浓度增大而_____;硅杂质浓度达到一定程度后,导带电子浓度_____,原因是硅杂质浓度较高时,硅原子不仅取代_____原子而起_____作用,而且取代_____原子而起_____作用,因而对于取代_____起到了_____的作用。

5. 深能级杂质在硅和锗中,通常以_____的方式存在,并且深能级杂质在禁带中往往引入_____,而且有的深能级杂质既引入_____,又引入_____。

6. 硅中计算浅施主杂质电离能 ΔE_D 采用_____模型,在计算中对_____和_____进行修正,会得到比较满意的定量描述。

7. 硅中浅能级杂质电离能可采用类氢模型来计算,由于杂质原子位于硅晶体内,计算时正负电荷处于介电常数为_____的介质中,考虑到电子在硅晶体中的运动,电子的质量应该用_____代替,这样处理后的计算结果与实验结果具有_____。

8. 等电子杂质是与_____具有相同数量_____的杂质原子,它们取代了晶格点上的_____原子后基本上仍然是_____的,但是由于_____不同,这些原子的_____和_____有差别,因而能_____而成为_____。例如,在_____晶体中掺入_____就可以形成_____。

9. 若用氮取代磷化镓中的部分磷,结果是_____,若用铋取代,结果是_____。

10. 指出图 2-1 各表示的是什么类型的半导体。

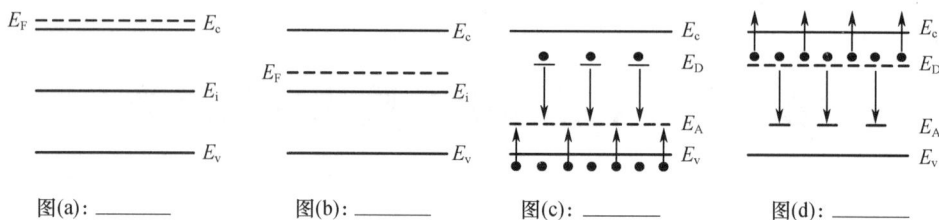

图(a): _____   图(b): _____   图(c): _____   图(d): _____

图 2-1   题 2.2-10 图

11. 本征硅中掺入 $10^7\,\mathrm{cm}^{-3}$ 的砷后,半导体是_____型的;再掺入 $10^6\,\mathrm{cm}^{-3}$ 的硼后,半导体是_____型的;再掺入一定数量的金,金在半导体中的状态是_____。

12. 金在半导体硅中是一种_____杂质。

13. 半导体中浅能级杂质的主要作用是_____,深能级杂质所起的主要作用是_____。

14. Ⅲ族、Ⅴ族元素掺入半导体硅、锗以后,施主电离能 ΔE_D 和受主电离能 ΔE_A 的数值远小于禁带宽度 E_g。这是因为_____远弱于_____。施主杂质和受主杂质之间的相互抵消作用称为_____,若出现施主浓度近似等于受主浓度的现象,则称为杂质的_____,这时不能向导带(或价带)提供有效的_____。

15. 非Ⅲ族、非Ⅴ族元素在硅禁带中引入的施主能级 E_D 距导带底 E_c _____,引入的受主能级 E_A 距价带顶 E_v _____,这样的杂质能级称为_____。因为非Ⅲ族、非Ⅴ族元素在硅中含量较少且能级位置_____,它们对硅的_____和_____的影响远不如_____显著。

16. 位错是半导体的一种缺陷,它对半导体材料和器件的性能会产生严重的影响。在棱位错的周围会导致原子间的压缩和伸张,晶格压缩区禁带宽度_____,伸张区禁带宽度_____。

17. 一定温度下,晶格点原子在_____附近振动,少量原子获得能量挣脱周围原子束缚形成点缺陷,包括弗仑克耳缺陷、肖特基缺陷和反肖特基缺陷,由于_____,通常弗仑克耳缺陷密度远_____肖特基缺陷密度。

2.3   选择题

1. 下列( )元素在硅中形成施主杂质。

A. 硼   B. 铝   C. 磷

2. 施主杂质电离后向半导体提供( ),受主杂质电离后向半导体提供( ),本征激发后向半导体提供( )。

A. 空穴   B. 电子

3. 在Ⅲ-Ⅴ族化合物半导体磷化镓中如果掺入了氮,下面正确的说法是( )。

A. 氮的掺入,在磷化镓化合物半导体中形成了有效的复合中心,调整了少子寿命

B. 由于氮的掺入,形成了空穴陷阱

C. 由于氮的掺入,形成了电子陷阱

D. 如果氮取代了镓,则起施主杂质的作用;如果氮取代了磷,则起受主杂质的作用

E. 磷化镓具有闪锌矿结构,由于氮的掺入,改变了磷化镓化合物半导体的禁带宽度和能带结构

4. Ⅱ-Ⅵ族化合物半导体起施主作用的缺陷是( )。

A. 正离子填隙　　　B. 正离子缺位　　　C. 负离子填隙

★5. Ⅱ-Ⅵ族化合物中的 M 空位 V_M 是( )。

A. 点阵中的金属原子空位　　　　　　B. 点阵中的原子间隙

C. 一种在禁带中引入施主级的点缺陷　D. 一种在禁带中引入受主能级的位错

6. 自补偿效应的起因是( )。

A. 材料中已先存在某种深能级杂质　　B. 材料中已先存在某种深能级缺陷

C. 掺入的杂质是双性杂质　　　　　　D. 掺入的杂质导致某种缺陷产生

7. 对于杂质补偿的半导体，下面的( )说法是正确的。

A. 通过杂质高度补偿的方式，可以获得高纯半导体材料

B. 高度补偿的半导体，其载流子迁移率与高纯半导体的载流子迁移率相差无几

C. 通过杂质高度补偿的方式，可以在较大的范围内有效调整载流子的寿命

D. 高度补偿的半导体容易被误认为是高纯半导体，实际上性能很差

E. 高度补偿的半导体中，有效杂质浓度指的是施主浓度和受主浓度两者之和

2.4　简答题

1. 简述实际半导体中各种微量杂质对材料性能的影响。

2. 简述半导体单晶硅中的主要缺陷。（中国科学院半导体研究所 2003 年考研真题）

3. 在没有杂质时半导体本身所具有的点缺陷，叫本征点缺陷。指出硅和砷化镓中分别有哪些点缺陷。（中国科学院半导体研究所 2001 年考研真题）

4. 简述控制元素半导体、Ⅲ-Ⅴ族化合物半导体、Ⅱ-Ⅳ族化合物半导体导电类型的方法。（浙江大学 2001 年考研真题）

5. 从能级的特点，说明什么叫浅能级杂质，什么叫深能级杂质。（北京工业大学 2011 年、2018 年、2019 年考研真题）

6. 什么叫施主？什么叫施主电离？施主电离前后有何特征？试举例说明，并用能带图表征出 n 型半导体。

7. 说明杂质能级及电离能的物理意义。

8. 掺杂半导体与本征半导体之间有何差异？在半导体中有意掺入各种元素，它们分别影响半导体的哪些主要性质？（北京工业大学 2017 年、2018 年考研真题）

9. 化合物半导体硫化铅（PbS）中硫的间隙原子是形成施主还是受主？硫的缺陷呢？

★10. 分别说明浅能级杂质和深能级杂质主要影响半导体材料的哪些电学参数，其在半导体工业中的应用何在？（电子科技大学 2007 年考研真题）

11. 画出掺Ⅴ族磷杂质硅的能带示意图，为什么能这样画？（中国科学院大学 2002 年考研真题）

12. 给出杂质补偿的定义，阐述杂质补偿在半导体中的应用与危害。（电子科技大学 2007 年考研真题）

★13. 两性杂质和其他杂质有何异同？

14. 金（Au）原子在硅中引入一个导带底之下 0.54eV 的受主能级和价带之上 0.35eV 的施主能级，试说明在下列情况下，金将是什么荷电状态、费米能级（Fermi level）E_F 相对本征能级 E_i 的位置和硅的导电类型。

(1) 硅只有金,浓度为 N_{Au};

(2) 掺有浅施主杂质,浓度 $N_D > N_{Au}$;

(3) 掺有浅受主杂质,浓度 $N_A > N_{Au}$。（西安交通大学 2004 年考研真题）

15. 中性金原子有一个价电子,如图 2-2 所示,金掺入半导体锗中,在其禁带中引入 E_D、E_{A1}、E_{A2} 和 E_{A3} 四个杂质能级。

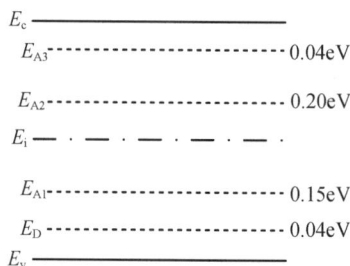

$$E_c$$
$$E_{A3} \cdots\cdots\cdots\cdots 0.04eV$$
$$E_{A2} \cdots\cdots\cdots\cdots 0.20eV$$
$$E_i \; - \cdot - \cdot - \cdot - \cdot -$$
$$E_{A1} \cdots\cdots\cdots\cdots 0.15eV$$
$$E_D \cdots\cdots\cdots\cdots 0.04eV$$
$$E_v$$

图 2-2　题 2.4-15 图

(1) 这些能级分别是浅能级还是深能级? 为什么?

(2) 说明为什么 $E_{A3} > E_{A2} > E_{A1}$;

(3) 说明为什么金的施主电离能接近锗的禁带宽度 E_g。（西安电子科技大学 2009 年考研真题）

16. 图 2-3 给出了金在锗中所引入的能级的位置,它们分别是施主能级还是受主能级? 这些杂质能级是深能级还是浅能级? 为什么金在锗中可以产生多次电离? 金在锗中共有哪几种荷电状态?（西安电子科技大学 2013 年考研真题）

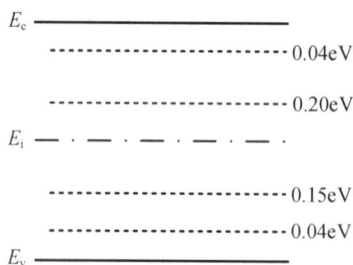

$$E_c$$
$$\cdots\cdots\cdots\cdots 0.04eV$$
$$\cdots\cdots\cdots\cdots 0.20eV$$
$$E_i \; - \cdot - \cdot - \cdot - \cdot -$$
$$\cdots\cdots\cdots\cdots 0.15eV$$
$$\cdots\cdots\cdots\cdots 0.04eV$$
$$E_v$$

图 2-3　题 2.4-16 图

17. 硼、磷、铝、砷、铜、金各元素在硅中起什么类型的杂质作用?（浙江大学 2004 年考研真题）

第 2 章习题答案及详解

2.1　名词解释

替位式杂质:杂质原子进入硅、锗等半导体以后,取代晶格原子而位于晶格点处,称为替位式杂质。

间隙式杂质:杂质原子进入半导体以后,位于晶格原子间的间隙位置,称为间隙式杂质。

施主杂质:在半导体晶体中电离时,能够释放电子而产生导电电子并形成正电中心的杂质称为施主杂质。

施主杂质电离能:半导体中掺入施主杂质后,电子脱离杂质原子的束缚成为导电电子的过程称为杂质电离,使这个多余的价电子挣脱束缚成为导电电子所需要的能量称为施主杂质电离能。

受主杂质:在半导体晶体中电离时,能够接受电子而产生导电空穴并形成负电中心的杂质称为受主杂质。

受主杂质电离能:使空穴挣脱受主杂质的束缚成为导电空穴所需要的能量。

类氢杂质:对于浅能级杂质,电离能很低,电子和空穴受到正电中心或负电中心的束缚很微弱,这些杂质能级的位置可以采用氢原子电离能的计算公式来进行估算,这种施主或受主杂质就称为类氢杂质。

杂质补偿半导体:既掺有施主杂质,又掺有受主杂质的半导体,称为杂质补偿半导体。

等电子杂质:是指与基质晶体原子具有相同数量价电子的杂质原子,它们替代了格点上的同族原子后,基本上仍是电中性的。

等电子陷阱:等电子杂质和基质晶体原子由于原子序数不同,这些原子的共价半径和电负性有差别,因而它们能俘获某种载流子而成为带电中心,这个带电中心就称为等电子陷阱。

点缺陷:点缺陷是发生在一个或若干个晶格点范围内所形成的晶格缺陷,是指空位、间隙原子、杂质原子及由它们组成的复杂缺隐(空位团、空位-杂质复合体等)。

弗仑克耳缺陷:晶格点上的原子可能获得一定动能脱离正常晶格点位置而进入晶格点间隙位置形成间隙原子,同时在原来的晶格点位置上留下空位,那么晶体中将存在等浓度的空位和间隙原子,空位和间隙原子成对出现,称为弗仑克耳缺陷。

肖特基缺陷:由于晶体表面附近的原子热运动到表面,在原来的原子位置留出空位,然后内部邻近的原子再进入这个空位,这样逐步进行而造成的只在晶体内形成空位而无间隙原子时,称为肖特基缺陷。

位错:位错属于一种线缺陷,可视为晶体中已滑移部分与未滑移部分的分界线。

2.2 填空题

1. 间隙式杂质　替位式杂质

2. 施主能级　受主能级　中性的　束缚态或中性态　正电中心　离化态

3. 电子　施主　电子型或 n

4. 施主　受主　线性增大　趋向饱和　镓　施主　砷　受主　Ⅲ族原子镓的硅施主杂质　补偿

5. 替位　多个能级　施主能级　受主能级

6. 类氢　介电常数　质量

7. $\varepsilon = \varepsilon_0 \varepsilon_r$　有效质量　同一数量级

8. 基质晶体原子　价电子　同族　电中性　原子序数　共价半径　电负性　俘获某种载流子　带电中心　磷化镓　氮　负电中心

9. 俘获电子成为负电中心　俘获空穴成为正电中心

10. 简并 n 型半导体　n 型半导体　补偿 p 型半导体　补偿 n 型半导体

11. n　n　受主杂质

12. 深能级

13. 向导带提供电子或向价带提供空穴　复合中心

14. 束缚能　共价键能　补偿效应　高度补偿　载流子

15. 较远　较远　深能级　较深　载流子浓度　导电类型　浅能级杂质

16. 变大　变小

17. 平衡位置　原子须具有较大的能量才能挤入间隙位置　小于

2.3　选择题

1. C　2. B A AB　3. C　4. A　5. A　6. C　7. D

2.4　简答题

1.【答】半导体中微量的杂质,对半导体的物理性质和化学性质产生决定性的影响。例如,在晶体硅中,若以 10^5 个硅原子中掺入一个杂质原子的比例掺入硼,则纯硅晶体的电导率在室温下将增加 10^3 倍。主要因为杂质的存在,会使严格按周期性排列的原子所产生的周期性势场遭到破坏,在禁带中引入允许电子具有的能量状态,即能级。

2.【答】半导体单晶硅中的缺陷可分为本征缺陷和杂质缺陷。本征缺陷主要包括点缺陷(弗仑克耳缺陷、肖特基缺陷和反肖特基缺陷)、线缺陷(也称位错,有刃位错、螺位错)、面缺陷及体缺陷。杂质缺陷根据存在方式,可以分成替位式杂质缺陷和间隙式杂质缺陷。

3.【答】点缺陷是指在一定的温度下,晶格原子在平衡位置附近振动,有一部分原子获得足够的能量,克服周围原子对它的束缚,挤入晶格原子的间隙,形成间隙原子,原来的位置便成为空位。硅和砷化镓两种半导体均存在间隙原子和空位,根据间隙原子和空位的对等情况分别存在弗仑克耳缺陷、肖特基缺陷和反肖特基缺陷。从电学性能上看,在硅中空位表现受主作用,间隙表现施主作用。除振动因素形成空位和间隙原子外,砷化镓的化学成分偏离正常的化学比,也会形成点缺陷;无论砷空位还是镓空位,均表现受主作用;同时,砷化镓还会出现替位原子或反结构缺陷。

4.【答】无论是元素半导体,还是化合物半导体,常用的控制半导体导电类型的方法主要是在半导体的禁带中引入杂质和缺陷能级。对于元素半导体,控制导电类型的方法主要为引入杂质,例如掺入Ⅲ族元素形成 p 型(受主型)半导体,掺入Ⅴ族元素形成 n 型(施主型)半导体;对于Ⅲ-Ⅴ族、Ⅱ-Ⅳ族化合物半导体,除以掺杂改变半导体的导电类型外,还可以通过调节两种元素成分的化学比,通过形成空位来改变它们的电学性能。

5.【答】杂质的电离能很小,受主能级接近于价带顶、施主能级接近于导带底,通常将这些杂质能级称为浅能级,将产生浅能级的杂质称为浅能级杂质;杂质的电离能很大,施主能级距离导带底较远、受主能级距离价带顶较远,通常称这种能级为深能级,相应的杂质称为深能级杂质。另外,深能级杂质能够产生多次电离,每一次电离相应地有一个能级。

6.【答】Ⅴ族杂质在硅、锗中电离,能够释放电子而产生导电电子并形成正电中心,称它们为施主杂质或 n 型杂质。施主杂质释放电子的过程称为施主电离。施主杂质未电离时是中性的,称为束缚态或中性态,电离后成为正电中心,称为离化态。图 2-4 为 n 型半导体施主能级和施主电离的能带图。

7.【答】由于杂质的存在,会使严格按周期性排列的原子所产生的周期性势场遭到破坏,有可能在禁带中引入电子具有的能量状态,即杂质能级;电离能是指施主杂质束缚多余的价电子成为导带电子或受主杂质束缚空穴成为价带空穴的能量。杂质能级及电离能的引入,从能带的角度上能很好地说明:杂质向导带提供电子或向价带提供空穴需要的能量远小于禁带宽度,并有效解释杂质对半导体电学性能的影响。

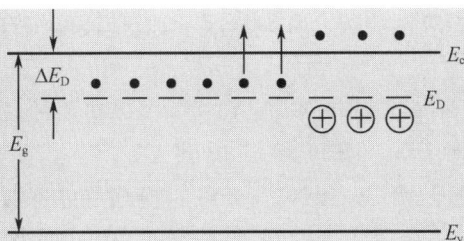

图 2-4　答案 2.4-6 图

8.【答】在纯净的半导体中掺入杂质后,可以控制半导体的导电特性。掺杂半导体又分为 n 型半导体和 p 型半导体。

例如,在常温情况下,本征半导体硅中的电子浓度和空穴浓度均为 $1.02 \times 10^{10} \, cm^{-3}$。当在硅中掺入 $1.0 \times 10^{16} \, cm^{-3}$ 后,半导体中的电子浓度将变为 $1.0 \times 10^{16} \, cm^{-3}$,而空穴浓度将近似为 $1.04 \times 10^4 \, cm^{-3}$。半导体中的多数载流子是电子,而少数载流子是空穴。

9.【答】由于硫(S)的电负性较大,容易获得电子,形成负电中心,充当受主的作用。硫的缺陷除形成间隙原子外,还能形成空位,形成空位主要扮演施主的角色。

10.【答】浅能级杂质在半导体中起施主或受主的作用,能向导带提供电子或价带提供空穴,改变半导体的导电性能。

深能级杂质在半导体中起复合中心的作用,通常用来缩短载流子的寿命,制造高速开关半导体器件。

11.【答】Ⅴ族磷杂质在硅中为施主杂质,一般情况下杂质浓度较低,杂质之间的相互作用可以忽略,因此,某种杂质的能级是一些具有相同能量的孤立能级。在能带图 2-5 中,施主能级用离导带底 E_c 为 ΔE_D 处的短线段表示,每个短线段对应一个施主杂质原子;在施主能级 ΔE_D 上画一个小黑点,表示被施主杂质束缚的电子,这时施主杂质处于束缚态,小黑点上方的箭头表示被束缚的电子得到能量 ΔE_D 后,从施主能级跃迁到导带成为导电电子的电离过程。在导带中画小黑点表示进入导带中的电子,施主能级处的 ⊕ 号表示施主杂质电离后带正电荷。

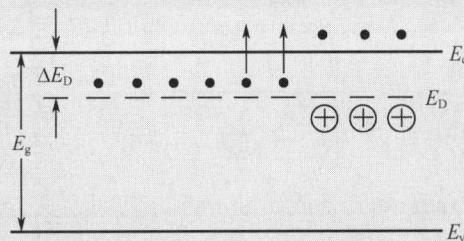

图 2-5　答案 2.4-11 图

12.【答】当半导体中既有施主杂质,又有受主杂质时,施主杂质和受主杂质相互抵消,剩余的杂质最后电离,向导带提供电子或向价带提供空穴,称为杂质补偿效应。在制造半导体器件的过程中,通过采用杂质补偿的方法来改变半导体某个区域的导电类型或电阻率。若控制不当,会出现施主杂质浓度与受主杂质浓度相差不大或二者相等,则不能提供电子或空穴,这种情况称为杂质的高度补偿。这种材料容易被误认为是高纯度半导体,而实际上含杂质很多,性能很差,一般不能用来制造半导体器件。

13.【答】两性杂质是指在半导体中既可作为施主又可作为受主的杂质,如Ⅲ-Ⅴ族砷化镓中掺入Ⅳ族硅。如果硅替位Ⅲ族砷,则硅为施主;如果硅替位Ⅴ族镓,则硅为受主,因此Ⅳ族元素在Ⅲ-Ⅴ族化合物中表现为双性行为。一般情况下，其他浅能级杂质只能向导带中提供电子或向价带中提供空穴。

14.【答】(1)金原子的荷电状态有 Au^+、Au^0 和 Au^- 共 3 种，费米能级 E_F 在本征费米能级 E_i 以下，为 p 型半导体。

(2)掺有浅施主杂质，且浓度 $N_D > N_{Au}$，金可能扮演受主杂质的角色，金的荷电状态有 Au^0 和 Au^- 两种，费米能级 E_F 在本征费米能级 E_i 上面，为 n 型半导体。

(3)掺有浅受主杂质，浓度 $N_A > N_{Au}$，金可能扮演施主杂质的角色，金的荷电状态有 Au^0 和 Au^+ 两种，费米能级 E_F 在本征费米能级 E_i 下面，为 p 型半导体。

15.【答】(1)这些能级均为深能级，只有 E_{A1} 离价带顶相对近一些，但是比Ⅲ族杂质引入的浅能级还是深得多。

(2)因为受主能级离价带顶的距离越远，电离能越大，故有 $E_{A3} > E_{A2} > E_{A1}$。

(3)因为锗的禁带宽度 $E_g = 0.67eV$，金的施主电离能 $\Delta E_D = 0.67 - 0.04 = 0.63eV$，故金的施主电离能接近锗的禁带宽度 E_g。

16.【答】如图 2-6 所示，E_D 为施主能级，E_{A1}、E_{A2} 和 E_{A3} 为受主能级，这 4 个能级均为深能级。因为金是Ⅰ族元素，中性金原子(记为 Au^0)只有一个价电子，它取代锗晶格中的一个锗原子而位于晶格点上，金比锗少三个价电子。中性金原子的这一个价电子，可以电离而跃迁到导带，成为施主能级 E_D，金的这个价电子被共价键束缚，电离能很大，略小于锗的禁带宽度；另外，中性金原子还可以和周围的四个锗原子形成共价键，在形成共价键时，可以从价带接受三个电子，形成 E_{A1}、E_{A2} 和 E_{A3} 三个受主能级。因此，金在锗中共有 Au^+、Au^0、Au^-、$Au^=$ 和 $Au^{\equiv}$ 共 5 种荷电状态。

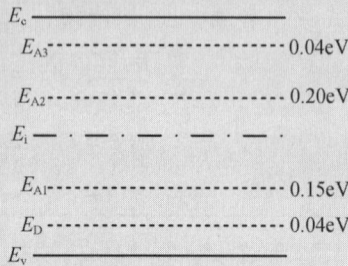

$$E_c \underline{\hspace{6cm}}$$
$$E_{A3} \text{-------------------------} 0.04eV$$
$$E_{A2} \text{-------------------------} 0.20eV$$
$$E_i \text{- · - · - · - · - · -}$$
$$E_{A1} \text{-------------------------} 0.15eV$$
$$E_D \text{-------------------------} 0.04eV$$
$$E_v \underline{\hspace{6cm}}$$

图 2-6　答案 2.4-16 图

17.【答】在半导体硅中，硼、铝为Ⅲ族元素，起到 p 型浅受主杂质的作用；磷、砷为Ⅴ族元素，通常起到 n 型浅施主杂质的作用；铜、金通常为深能级杂质，铜产生三个受主能级，金产生一个施主能级和两个受主能级。

第3章　半导体中载流子的统计分布

3.1　名词解释

状态密度　状态密度有效质量　费米能级　电子的费米分布函数　导带的有效状态密度　价带的有效状态密度　本征半导体　非简并半导体　简并半导体　低温载流子冻析效应　禁带变窄效应

3.2　填空题

1. 对各向同性和各向异性两种不同的有效质量,其导带(电子)的状态密度 $g_c(E)$ 表达式在形式上是＿＿＿＿＿＿的,以硅、锗为例,$g_c(E)$ 表达式中的 m_n^* 需要用＿＿＿＿＿＿加以替代,并称其为＿＿＿＿＿＿,随着能量 E 的提高,状态密度 $g_c(E)$ 是＿＿＿＿＿＿。

2. 在 $g_c(E)$ 表达式中,若 m_n^* 是＿＿＿＿＿＿的,则 $m_n^* = s^{2/3}(m_l m_t^2)^{1/3}$,$m_l$ 称为＿＿＿＿＿＿,m_t 称为＿＿＿＿＿＿,m_l 和 m_t 由＿＿＿＿＿＿测得,对于锗,$s=$＿＿＿＿＿＿,而对于硅,$s=$＿＿＿＿＿＿。

3. 公式 $\omega_c = qB/m_n^*$ 和 $N_c = 2\left(\dfrac{m_n^* k_0 T}{2\pi\hbar^2}\right)^{3/2}$ 中的 m_n^* 分别称为＿＿＿＿＿＿与＿＿＿＿＿＿;对于砷化镓,这两个 m_n^* ＿＿＿＿＿＿＿＿＿＿。

4. 一个能量为 E 的独立量子态被一个电子占据的概率称作费米分布函数,其数学表达形式是＿＿＿＿＿＿＿＿＿＿＿＿＿＿＿＿。在费米分布函数中,当满足＿＿＿＿＿＿＿＿条件时,费米分布函数就转化为玻耳兹曼分布函数,数学表达形式是＿＿＿＿＿＿,它与费米分布函数的区别在于＿＿＿＿＿＿＿＿＿＿＿＿＿＿＿＿＿。通常把服从费米分布函数的半导体称为＿＿＿＿＿＿,而把服从玻耳兹曼分布的半导体称为＿＿＿＿＿＿。

5. 费米分布函数是一个量子统计理论函数,表示电子在不同能量的量子态上的统计分布概率。对于给定的半导体,随着温度的升高,电子占据能量小于费米能级的量子态的概率＿＿＿＿＿＿,而占据能量大于费米能级的量子态的概率＿＿＿＿＿＿。

6. 室温下,硅的禁带宽度 $E_g=1.12\text{eV}$,估计室温下本征硅导带底的一个能态被电子占据的概率为＿＿＿＿＿＿。硅导带底的一个能态被电子占据的概率为 10^{-4},此时费米能级的位置在＿＿＿＿＿＿＿＿＿＿＿＿＿＿＿＿,玻耳兹曼分布是否近似成立?＿＿＿＿＿＿。

7. 为了计算热平衡半导体的载流子浓度,将状态密度与分布函数相乘再对整个导带(价带)积分并除以晶体体积,得到导带电子浓度表达式 $n_0=$＿＿＿＿＿＿。

8. 对于一定的热平衡非简并半导体材料,其载流子浓度积 $n_0 p_0$ 只取决于＿＿＿＿＿＿,与所含＿＿＿＿＿＿无关,如果＿＿＿＿＿＿增加,＿＿＿＿＿＿就减少,反之亦然。同一温度的不同半导体,因＿＿＿＿＿＿各不相同,载流子浓度积 $n_0 p_0$ 也不相同。

9. 本征半导体是没有杂质和缺陷的半导体,其费米能级 E_F 基本上在禁带的

_____处。

10. 对于杂质半导体,杂质的离化程度(离化多少)与样品的_____有关。按照杂质的电离程度可以划分为 5 个区间,分别是_____、_____、_____、_____、_____。

11. 杂质完全电离是指_____,它与_____、_____、_____等因素有关。对于非简并 n 型半导体,如果杂质完全电离,那么随着杂质浓度的提高,其费米能级 E_F 将逐渐远离_____;而如果杂质浓度一定,则随着温度的升高,E_F 将逐渐远离_____。p 型锗中掺入施主杂质,费米能级_____(上升,下降)。

12. 对于 n 型半导体,当低温弱电离时,多数载流子电子的浓度 n_0 在数值上等于_____,可以解出导带电子浓度为_____。

13. 在 n 型半导体中杂质电离的条件下,确定费米能级的条件是_____;在强电离时,电子的浓度 n_0 为_____。

14. 对杂质补偿半导体,若施主浓度是 N_D 而受主浓度是 N_A,其电中性条件是_____,在杂质充分电离条件下,电中性条件是_____,导带电子浓度是_____。

15. 室温下本征半导体掺入 V 族元素后,空穴浓度_____;非简并条件下,其费米能级位于_____。

16. 室温条件下,通过_____会导致半导体中载流子的简并化。以 n 型半导体为例,此时其费米能级 E_F 位于_____以上。对于简并半导体,其杂质电离程度_____,并且会形成_____导电,禁带宽度_____。

17. 重掺杂的简并半导体,杂质的浓度很高,杂质原子相互间很靠近,被杂质原子束缚的电子波函数显著重叠,杂质电子就可能在杂质原子之间产生_____,从而使孤立的_____扩展为能带,通常称为杂质能带。

18. 对于 n 型半导体,如果以 E_F 和 E_c 的相对位置作为衡量简并化与非简并化的标准,那么,_____为非简并条件;_____为弱简并条件;_____为简并条件。

19. 室温下纯净的硅半导体掺入锑,已知锑的电离能为 0.039eV,半导体的费米能级 $E_F = (E_c + E_D)/2$,半导体的状态为_____(简并、弱简并或非简并),理由是_____。

20. 半导体材料中杂质浓度大于 10^{18} cm^{-3} 时,描述其载流子浓度的分布要采用_____统计分布,会出现_____的现象。

3.3 选择题

1. 公式 $\omega_c = qB/m_n^*$ 和 $N_c = 2\left(\dfrac{m_n^* k_0 T}{2\pi\hbar}\right)^{3/2}$ 中的 m_n^* ( )。

A. 对硅取值相同   B. 对磷化镓取值相同

C. 对砷化镓取值相同   D. 对锗取值相同

2. 如果一半导体的导带中发现电子的概率为零,那么该半导体必定( )。

A. 不含施主杂质   B. 不含受主杂质

C. 不含任何杂质   D. 处于热力学温度零度

3. 热平衡时,半导体中电子浓度与空穴浓度之积为常数,它只与(   )有关,而与(   )无关。

    A. 杂质浓度   B. 杂质类型   C. 禁带宽度   D. 温度

4. 根据质量作用定律表达式 $n_0 p_0 = n_i^2$,下面正确的说法是(   )。

    A. 温度一定,材料一定,非简并半导体的载流子浓度乘积 $n_0 p_0$ 一定,与所含杂质无关

    B. 温度一定,材料一定,半导体的载流子浓度乘积一定,与简并与否及所含杂质无关

    C. 温度一定,材料一定,半导体的本征载流子浓度 n_i 一定,n_i 的值取决于 E_g

    D. 对确定的半导体材料,其本征载流子浓度 n_i 取决于温度,因为 E_g 具有负温度系数

    E. 温度一定,不同半导体材料的本征载流子浓度 n_i 不同是因为 E_g 各不相同

5. 本征半导体是指(   )的半导体。

    A. 不含杂质和缺陷   B. 电阻率最高

    C. 电子浓度和空穴浓度相等   D. 电子浓度与本征载流子浓度相等

6. 对于一定的 n 型半导体材料,温度一定时,减少杂质浓度,将导致(   )靠近 E_i。

    A. E_c B. E_v C. E_g D. E_F

7. 对于 n 型掺杂半导体,低温弱电离时,费米能级的位置(   )。

    A. 高于施主能级   B. 低于施主能级   C. 等于施主能级

8. 当施主能级 E_D 与费米能级 E_F 相等时,电离施主浓度为施主浓度的(   )倍。

    A. 1   B. 1/2   C. 1/3   D. 1/4

★9. 在强电离区,n 型半导体的费米能级(   )。

    A. 高于施主能级   B. 低于施主能级   C. 等于施主能级

10. 硅半导体器件比锗半导体器件的工作温度高,是因为(   )。

    A. 硅中电子有效质量大   B. 硅的熔点较高

    C. 硅的禁带较宽   D. 硅的纯度高,杂质少

11. n 型半导体硅非简并时,其 E_F 与温度及杂质浓度的关系中,下面正确的说法是(   )。

    A. 温度不变时,掺杂越多,E_F 距禁带中线越远;掺杂一定时,温度越高,E_F 达到最大值所需的温度越高

    B. E_F 随温度升高,先上升再下降并越来越接近 E_i,掺杂越多,E_F 达到最大值所需的温度越高

    C. 掺杂一定时,E_F 随温度逐渐升高而单调下降;温度一定时,掺杂越多,E_F 越接近 E_i

    D. 温度不变时,掺杂越多,E_F 距导带底越远;掺杂一定时,温度越高,E_F 越接近禁带中线

    E. 掺杂越少,E_F 达到极大值所需的温度越高

12. 在硅半导体中同时存在施主杂质和受主杂质时,设施主杂质浓度为 N_D,受主杂质浓度为 N_A,$N_D > N_A$,决定导带中电子浓度的两个重要因素是(   )。

    A. N_D B. N_A C. N_D/N_A

    D. 施主杂质的电离能   E. 受主杂质的电离能

13. n 型半导体在强电离区时,以下(   )是正确的。

    A. 室温下施主杂质一定发生了强电离

    B. 施主杂质发生强电离与温度、掺杂浓度和杂质电离能均有关系

    C. n 型半导体在强电离区时电子浓度和空穴浓度都是恒定的

    D. n 型半导体在强电离区时本征激发不能忽略,因为本征载流子浓度严重依赖于温度

    E. n 型半导体在强电离区时因空穴浓度随温度变化使得器件(或集成电路)不能正常工作

14. 简并半导体是指（　　）的半导体。

A. (E_c-E_F) 或 $(E_F-E_v)\leqslant 0$

B. (E_c-E_F) 或 $(E_F-E_v)\geqslant 0$

C. 能使用玻耳兹曼近似计算载流子浓度

D. 导带底和价带顶能容纳多个状态相同的电子

3.4　简答题

1. 简述半导体的热平衡状态。（中国科学院大学 2013 年考研真题）

2. 写出导带状态密度 $g_c(E)$ 和价带状态密度 $g_v(E)$ 表达式，式中 m_n^* 和 m_p^* 分别称为什么？对于硅、锗和砷化镓，分别说明 m_n^* 和 m_p^* 的含义是否相同，为什么？（西安电子科技大学 2013 年考研真题）

3. 费米能级的物理意义是什么？当 $E-E_F\gg k_0 T$ 时，就可以把电子从服从费米统计分布转化为服从玻耳兹曼统计分布，为什么？两者的区别是什么？（西安电子科技大学 2013 年、2017 年考研真题）

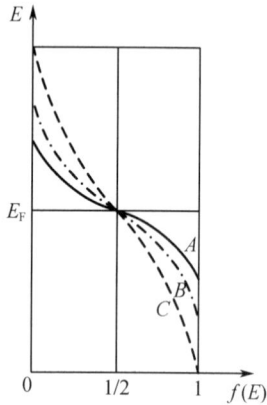

图 3-1　题 3.4-4 图

4. 一个能量为 E 的独立量子态被一个电子占据的概率为 $f(E)$，称 $f(E)$ 为费米分布函数。

（1）写出费米分布函数表达式，指出电子占据某一能级概率与哪些因素有关，推出空穴占据能量为 E 的量子态的概率表达式。

（2）图 3-1 中曲线 A、B、C 是 3 种不同温度下的 $f(E)$ 曲线，请指出它们的温度高低顺序。（西安电子科技大学 2009 年考研真题）

5. 已知硅导带底电子状态密度有效质量 $m_n^*=1.08m_0$，价带顶空穴状态密度有效质量 $m_p^*=0.59m_0$，计算本征硅在室温时的费米能级位置。假定它在禁带中线处，合理吗？（东南大学 2006 年考研真题）

6. 在半导体材料中，费米能级的位置受哪些因素的影响？变化趋势怎样？（北京工业大学 2010 年考研真题）

7. 对只有一种施主杂质的 n 型半导体：

（1）导出在低温弱电离条件下 n_0 和 E_F 的表达式；

（2）试述测定施主杂质电离能 ΔE_D 实验的理论基础。

8. 在室温下，引用所给出的相关物理参数（见表 3-1），讨论锗、硅和砷化镓这 3 种材料本征载流子浓度不同的原因。（浙江大学 2004 年考研真题）

表 3-1　题 3.4-8 表

材料	E_g	N_c	N_v	n_i
锗	0.67eV	$1.05\times10^{19}\,cm^{-3}$	$3.9\times10^{18}\,cm^{-3}$	$2.33\times10^{13}\,cm^{-3}$
硅	1.12eV	$2.8\times10^{19}\,cm^{-3}$	$1.1\times10^{19}\,cm^{-3}$	$1.02\times10^{10}\,cm^{-3}$
砷化镓	1.428eV	$4.5\times10^{17}\,cm^{-3}$	$8.1\times10^{18}\,cm^{-3}$	$1.1\times10^{7}\,cm^{-3}$

9. 电子浓度 $n_0=N_c\exp[-(E_c-E_F)/k_0 T]$ 在什么条件下使用？N_c 称作什么？与哪些因素有关？（西安电子科技大学 2011 年考研真题）

10. 掺有相同杂质但浓度不同的两个 n 型半导体硅样品，其电子浓度和温度的关系曲线如图 3-2 所示。请就以下问题加以说明：

（1）样品 1 和样品 2 哪个杂质浓度更高？

（2）在 T_A 以左区域两条曲线重合；

（3）T_C 和 T_D 之间两条曲线平行；

（4）T_B 在 T_C 左边；

（5）T_E 在 T_D 右边；

（6）在 T_E 以右区域曲线斜率相同，此时的斜率表示什么？（西安电子科技大学 2013 年考研真题）

11. 处于低温弱电离区的 n 型半导体：

（1）指出低温弱电离的含义，列出此时的电中性条件；

（2）如果 3 块不同施主浓度的样品在低温弱电离区的 E_F-T 关系曲线如图 3-3 所示，请指出它们的施主浓度高低顺序。（西安电子科技大学 2009 年考研真题）

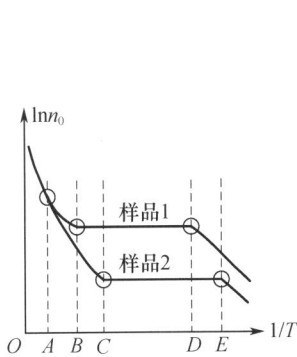

图 3-2　题 3.4-10 图

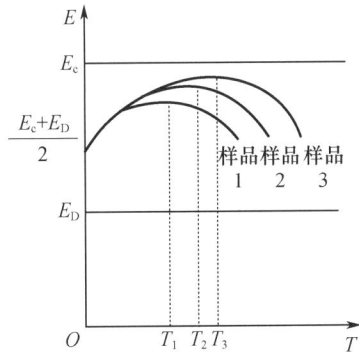

图 3-3　题 3.4-11 图

12. n 型半导体硅在强电离区的电子浓度等于施主杂质浓度，在强电离区少子浓度是否随温度变化？如果少子浓度是变化的，在器件或集成电路中是否有益？为什么？（西安电子科技大学 2013 年考研真题）

13. 相比锗，为什么硅半导体器件具有更高的工作温度？为什么半导体器件会有一个极限工作温度？对于一个 n 型硅器件，若其杂质浓度为 N_D，如何大致判定其最高工作温度？

14. 以硅为例，解释导带的有效状态密度 N_c 的意义。（东南大学 2006 年考研真题）

15. 二维晶体电子 $E(k)$-k 关系为

$$E(k) - E_c = \hbar^2 (k_1^2/m_{n1}^* + k_2^2/m_{n2}^*)/2$$

（1）电子有效质量是否各向同性？为什么？

（2）若 k 平面量子态密度为 $2S$（S 为晶体面积，考虑自旋），求其状态密度。

（3）计算能量 E 从 E_c 到 $E_c + 1000\hbar^2/\sqrt{m_{n1}^* m_{n2}^*}$ 之间单位面积内的量子态数。（西安电子科技大学 2014 年考研真题）

16. 图 3-4 给出了锗、硅和砷化镓的本征载流子浓度与温度的关系。

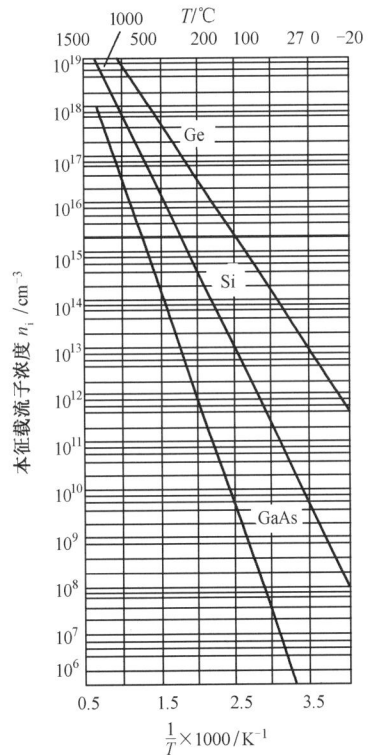

图 3-4　题 3.4-16 图

(1) 由图 3-4 写出这 3 种材料在室温下的本征载流子浓度(近似值)。

(2) 由图 3-4 可知,哪种材料的禁带宽度最大?并由图估算出硅的禁带宽度(不考虑禁带宽度随温度变化的关系,且忽略导带、价带有效状态密度随温度的变化,需写出计算步骤)。

(3) 一个硅器件,其原材料的杂质浓度为 $10^{16}\,cm^{-3}$,由图 3-4 估算此器件的极限工作温度。同样杂质浓度的锗器件,则其极限工作温度又为多少(需写出估算过程)?(中国科学院大学 2006 年、北京工业大学 2019 年考研真题)

17. 图 3-5 是不同温度下,非杂质补偿半导体中平衡少子浓度与杂质浓度的关系曲线,说明曲线为什么呈如此趋势。(西安电子科技大学 2006 年考研真题)

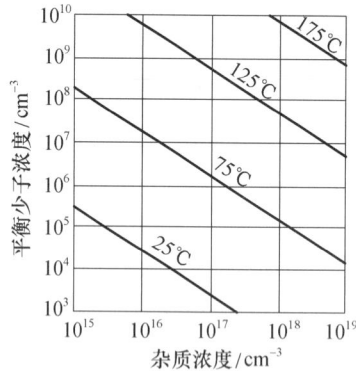

图 3-5 题 3.4-17 图

18. 在什么情况下要用简并化载流子统计分布来描述掺杂半导体材料?

★19. 重掺杂半导体的能带结构有什么特点?试解释重掺杂半导体使禁带变窄的原因。

3.5 计算题

1. 电子能量 $E(\mathbf{k})=\hbar^2 k^2/2m_n^*$,并且自旋有两种不同取向,分别求出:

(1) 一维情况下单位长度晶体中的状态密度;

(2) 二维情况下单位面积晶体中的状态密度;

(3) 三维情况下单位体积晶体中的状态密度;

(4) 三维情况下若玻耳兹曼分布函数有效,推导平衡状态下导带电子浓度 n_0 的表达式(已知 $\int_0^\infty x^{\frac{1}{2}}\mathrm{e}^{-x}\mathrm{d}x=\dfrac{\sqrt{\pi}}{2}$)。(西安电子科技大学 2012 年考研真题)

2. 已知 $E(\mathbf{k})=E_0+\dfrac{\hbar^2}{2}\left(\dfrac{k_x^2+k_y^2}{m_t}+\dfrac{k_z^2}{m_l}\right)$。

(1) 求导带底状态密度 $g_c(E)$;

(2) 假设为非简并状态,推出电子浓度表达式。(中国科学院大学 2017 年考研真题)

3. 对多能谷半导体材料硅,横向有效质量 $m_t=0.19m_0$,纵向有效质量 $m_l=0.98m_0$,电子惯性质量为 m_0,计算其导带底电子状态密度有效质量 m_{dn}。(西安电子科技大学 2010 年考研真题)

4. 某半导体材料的禁带宽度 E_g 与温度 T 的关系呈线性变化,即 $E_g=E_g(0)+\beta T$,其中 $E_g(0)$ 为 $T=0\mathrm{K}$ 时的禁带宽度,$\beta=\mathrm{d}E_g/\mathrm{d}T$。以本征半导体为样品通过实验方法可以测出 $E_g(0)$,请推导实验所依据的公式并说明测量原理。(西安电子科技大学 2007 年考研真题)

5. 在一块特定半导体材料中,其能带有效状态密度 $N_c = N_{c0}(T)^{3/2}$,$N_v = N_{v0}(T)^{3/2}$,其中 N_{c0} 和 N_{v0} 是与温度无关的常数,表 3-2 给出了该半导体材料经实验测定的本征载流子浓度在不同温度下的值。请根据实验值计算出 N_{c0} 和 N_{v0} 的乘积以及禁带宽度 E_g 的值,计算中假定 E_g 与温度无关。(西安电子科技大学 2008 年考研真题)

表 3-2　题 3.5-5 表

温度 T/K	200	300	400	500
本征载流子浓度 n_i/cm^{-3}	1.82×10^2	5.83×10^7	3.74×10^{10}	1.95×10^{12}

6. 砷化镓导带上、下能谷电子有效质量各向同性,上能谷电子有效质量 $m^*_{nL} = 1.2m_0$,下能谷电子有效质量 $m^*_{nΓ} = 0.068m_0$,求上能谷和下能谷电子有效状态密度的比值;如果样品非简并,求室温下上、下能谷中电子浓度之比。(西安电子科技大学 2009 年考研真题)

7. 在室温下,锗的有效状态密度 $N_c = 1.05 \times 10^{19}\ cm^{-3}$,$N_v = 3.9 \times 10^{18}\ cm^{-3}$,$E_g = 0.67eV$。77K 时,$E_g = 0.76eV$。

(1) 分别求这两个温度时锗的本征载流子浓度。

(2) 77K 时,锗的电子浓度为 $10^{17}\ cm^{-3}$,假定受主浓度为零,而 $E_c - E_D = 0.01eV$,求锗中的施主浓度 N_D。(中国科学院大学 2003 年考研真题)

8. 一个 n 型半导体,除施主杂质浓度 N_D 外,还含有少量的受主,其浓度为 N_A,求弱电离情况下电子浓度的表达式。

9. 77K 时,掺磷的硅半导体中的费米能级 $E_F = (E_c + E_D)/2$,其中 E_c 为硅的导带底位置,E_D 为磷在硅中的施主能级位置。试求:

(1) 77K 时的电子浓度;

(2) 需要掺入磷的浓度。(华东师范大学 2007 年考研真题)

10. 一块掺有杂质磷的硅材料,77K 时,其费米能级在导带底以下 0.044eV 处,试问该情况下掺入磷杂质的电离率是多少?

11. 若已知硅的 $m^*_p / m^*_n = 0.55$,锗的 $m^*_p / m^*_n = 0.52$,请说明在室温下本征硅和锗的费米能级所处的位置。(西北大学 2003 年考研真题)

12. 一块均匀掺杂 n 型半导体,杂质浓度为 N_D,施主杂质能级在导带底下 0.049eV 处,在温度为 150K 时,电离的施主杂质浓度为杂质浓度的 1/7,求此温度下该材料的费米能级位置。(浙江大学 2005 年考研真题)

13. 砷化镓晶体的 $m^*_n = 0.068m_0$,$m^*_p = 0.47m_0$,计算室温下砷化镓的 N_c、N_v 及本征载流子浓度。若在砷化镓晶体中掺入 $10^{10}\ cm^{-3}$ 浓度的硅,硅在砷化镓中完全电离,其中 95% 的硅原子取代了 Ga 原子,5% 的硅原子取代了 As 原子,计算室温下该样品多子和少子浓度,并以本征费米能级 E_i 为参考点计算其费米能级的位置,根据计算结果在能带图中画出 E_c、E_v、E_F 和 E_i 的位置。(西安电子科技大学 2013 年考研真题)

14. 一块有掺杂补偿的 n 型硅单晶材料,其平衡电子浓度 $n_0 = 7.5 \times 10^{15}\ cm^{-3}$,已知掺入的受主浓度 $N_A = 5 \times 10^{14}\ cm^{-3}$,室温下测得其费米能级 E_F 恰好与施主能级重合,求:

(1) 平衡少数载流子浓度;

(2) 掺入材料中的施主杂质浓度 N_D。(北京工业大学 2012 年考研真题)

15. 已知立方密堆积碳化硅(3C-SiC)为间接禁带半导体,它的导带极小值位于第一布里渊区的 X 点,氮(N)在立方密堆积碳化硅中为施主杂质,其电离能 $\Delta E_D = 0.11eV$,如果室温下杂质氮的电离度为 78%,氮的杂质浓度 $N_D = 10^{17}\ cm^{-3}$,试求此 n 型立方密堆积碳化硅的费米

能级与施主能级 E_D 之间的距离是多少。(中国科学院大学 2005 年考研真题)

16. 半金属交叠的能带为

$$E_1(\boldsymbol{k}) = E_1(0) - \frac{\hbar^2 k^2}{2m_1}, m_1 = 0.18m_0; E_2(\boldsymbol{k}) = E_2(k_0) + \frac{\hbar^2}{2m_2}(k-k_0)^2, m_2 = 0.06m_0$$

式中，$E_1(0)$ 为能带 1 的带顶，$E_2(k_0)$ 为能带 2 的带底，交叠部分 $E_1(0) - E_2(k_0) = 0.1\text{eV}$。由于能带交叠，能带 1 的部分电子转移到能带 2，而在能带 1 中形成空穴，计算 $T=0\text{K}$ 时费米能级的位置。(中国科学院半导体研究所 2002 年考研真题)

★17. 现有一块掺有施主杂质浓度为 $5 \times 10^{12} \text{cm}^{-3}$ 的 n 型硅，已知硅的禁带宽度为 1.12eV，并且假定其不随温度变化，室温下硅的 $N_c = 2.8 \times 10^{19} \text{cm}^{-3}$，$N_v = 1.1 \times 10^{19} \text{cm}^{-3}$。

(1) 当温度高于多少时该样品呈现出本征半导体的导电性？

(2) 如果将施主杂质浓度提高一个数量级，为 $5 \times 10^{13} \text{cm}^{-3}$，此时样品呈现出本征导电性所需的温度如何变化？该温度又是多少？(西安电子科技大学 2007 年考研真题)

18. 为了保证玻耳兹曼分布有效，半导体内的费米能级在 n 型半导体中必须低于施主能级 $3k_0 T$。如果是 $T=300\text{K}$ 时的掺磷 n 型硅，求使得硅中玻耳兹曼分布有效的掺磷浓度是多少(假定杂质完全电离)？如果是 $T=300\text{K}$ 时的掺锑 n 型硅，其最大掺锑浓度又是多少？说明两者浓度上限不同的原因(锑在硅中的电离能为 0.039eV)。(西安电子科技大学 2008 年考研真题)

19. 对于只掺有单一施主杂质(浓度为 N_D)的半导体：

(1) 证明当温度升至使导带底有效状态密度 $N_c = (N_D/2)e^{-3/2}$ 时，费米能级有最大值；

(2) 由上面结果讨论杂质含量对费米能级达到最大值时所对应的温度的影响。(西安电子科技大学 2008 年考研真题)

20. 某 n 型半导体施主杂质浓度为 $1 \times 10^{15} \text{cm}^{-3}$，假设施主杂质完全电离。该半导体材料的 $N_c = N_v = 1.5 \times 10^{19} \text{cm}^{-3}$，且与温度无关，如果用这种材料制作的器件在 $T=400\text{K}$ 时的电子浓度不大于 $1.01 \times 10^{15} \text{cm}^{-3}$，问这些材料的禁带宽度是多少？(西安电子科技大学 2008 年考研真题)

★21. 室温下的半导体硅，已知硅的 $N_c = 2.8 \times 10^{19} \text{cm}^{-3}$。

(1) 若以费米能级距离导带底的距离恰好是 $k_0 T$ 作为简并化的条件，求硅中掺砷($\Delta E_D = 0.049\text{eV}$)发生简并化时的掺杂浓度是多少？杂质的离化率是多少？$F_{1/2}(\varsigma)$ 值见表 3-3。

表 3-3　题 3.5-21 表

ς	-2	-1	0	1	2
$F_{1/2}(\varsigma)$	10^{-1}	2.5×10^{-1}	6×10^{-1}	1.30	2.40

(2) 若以费米能级比施主能级 E_D 低 $1.5k_0 T$ 作为杂质强电离标准，硅中掺砷为确保杂质强电离的掺杂浓度上限是多少？(西安电子科技大学 2019 年考研真题)

22. 对杂质浓度为 N_D 的 n 型半导体硅，如果杂质完全离化：

(1) 写出该半导体的电中性条件；

(2) 如果该 n 型半导体的导带电子浓度 $n_0 = kp_0$，证明 $n_i = \sqrt{k} N_D/(k-1)$；

(3) 如果该 n 型半导体的 $p_0 = 0.1n_0$，此时 n_i/N_D 是多少？

(4) 若 $N_D = 10^{15} \text{cm}^{-3}$，求 $p_0 = 0.1n_0$ 时样品所处的温度。计算时认为硅的禁带宽度不随温度变化。(西安电子科技大学 2009 年考研真题)

23. 室温下本征硅如果由于掺入某种施主杂质使其费米能级提高了 0.39eV，那么：

(1) 样品是否发生了载流子的简并化？为什么？

（2）杂质浓度是多少？

（3）电子占据导带底各能级的概率是本征时的多少倍？

（4）空穴浓度是本征时的多少倍？（西安电子科技大学 2010 年考研真题）

24. 在一块掺硼的 p 型硅中，含有一定浓度的铟，室温($T=300K$)时测得空穴浓度 $p_0 = 1.1\times10^{16}\,\mathrm{cm}^{-3}$，已知硼浓度 $N_{A1}=10^{16}\,\mathrm{cm}^{-3}$，硼的电离能 $\Delta E_{A1}=0.045\mathrm{eV}$，铟的电离能 $\Delta E_{A2}=0.16\mathrm{eV}$，试求费米能级位置和铟浓度 N_{A2}。（西安交通大学 2003 年考研真题）

25. 如果将锌（Zn）掺入半导体硅中，Zn 原子在硅中引入的两个能级位置（相对 E_i）如图 3-6 所示，这两个杂质能级中 E_{A1} 能级可以接受一个电子，E_{A2} 能级可以接受两个电子。

（1）它们是浅能级还是深能级？杂质电离能分别是多少？

（2）室温下为完全补偿 $N_D=10^{15}\,\mathrm{cm}^{-3}$ 的浅施主浓度的 n 型硅，写出电中性条件，计算需要掺入的锌的浓度。（西安电子科技大学 2014 年考研真题）

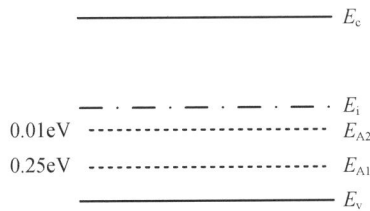

图 3-6　题 3.5-25 图

26. 在一个 n 型半导体中，具体问题如下：

（1）电子占据施主能级 E_D 的概率分布函数是否可以直接利用费米分布函数？为什么？

（2）如果不能直接利用费米分布函数，请写出电子占据施主能级的概率分布函数；

（3）若 N_D 是施主杂质浓度，n_D 为未电离的施主杂质浓度，并且施主能级 E_D 满足 $E_D - E_F \gg k_0 T$，那么对于导带中的电子浓度 n_0，玻耳兹曼分布是否成立？为什么？

（4）在上述（3）的条件下，证明施主能级上的电子浓度与导带和施主能级上的电子浓度之和的比为 $n_D/(n_D+n_0)=[1+(N_c/2N_D)\exp(-\Delta E_D/k_0 T)]^{-1}$。

（5）在室温条件下，锗中掺砷浓度为 $5\times10^{16}\,\mathrm{cm}^{-3}$（砷在锗中的电离能为 $0.0127\mathrm{eV}$），请计算 $n_D/(n_D+n_0)$ 的百分比。（西安电子科技大学 2011 年考研真题）

3.6　证明题

1. 证明 p 型半导体的费米能级在 n 型半导体的费米能级之下。

2. 证明高于费米能级 ΔE 的量子态被电子占据的概率与低于费米能级 ΔE 的量子态为空的概率相等。（西安电子科技大学 2008 年考研真题）

3. 假设导带底极值能量 E_c 在波矢 $\boldsymbol{k}=0$，其附近的等能面是球形，求在非简并条件下导带电子的平衡浓度表达式为

$$n_0 = 2\left(\frac{2\pi m_c k_0 T}{h^2}\right)^{3/2}\exp\left(-\frac{E_c-E_F}{k_0 T}\right)=N_c\exp\left(-\frac{E_c-E_F}{k_0 T}\right)$$

式中，m_c 为导带电子状态密度有效质量（积分公式：$\int_0^{\infty} x^{1/2}\mathrm{e}^{-x}\mathrm{d}x=\frac{\sqrt{\pi}}{2}$）。（西安电子科技大学 2007 年考研真题）

4. 证明本征半导体材料的费米能级 E_F 满足下述关系

$$E_F = \frac{E_c + E_v}{2} + \frac{k_0 T}{2} \ln \frac{N_v}{N_c}$$

式中，E_c、E_v 和 N_c、N_v 分别为导带底和价带顶能量及它们相应的有效状态密度。

5. 设某 n 型半导体，试证明在 300K 时，使费米能级 $E_F = (E_c + E_D)/2$ 的施主浓度为 $N_D = 2N_c$（设此时施主的电离很弱，按非简并情况处理）。（电子科技大学 2011 年考研真题）

6. 对一种施主浓度为 N_D 的非简并半导体，在 300K 下禁带宽度为 E_g，导带和价带的有效状态密度分别为 N_c 和 N_v，证明由掺杂状态到本征状态的转折温度为

$$T_d = \frac{E_g}{k_0 \ln\left[\frac{N_c N_v}{N_D^2}\left(\frac{T_d}{300}\right)^3\right]}$$

（中国科学院大学 2013 年考研真题）

7. 如果重空穴有效质量 $(m_p)_h$ 和轻空穴有效质量 $(m_p)_l$ 各向同性，证明价带空穴的状态密度有效质量 $m_p^* = m_{dp} = [(m_p)_l^{3/2} + (m_p)_h^{3/2}]^{2/3}$。（西安电子科技大学 2014 年考研真题）

8. 若本征半导体的电子迁移率和空穴迁移率分别为 μ_n 和 μ_p，且在室温附近的一定温度范围内可以认为迁移率与温度无关，而禁带宽度与温度的关系为 $E_g = E_g(0) + \beta T$，则锗的 $E_g(0) = 0.78eV$，硅的 $E_g(0) = 1.17eV$。

（1）证明本征半导体的电导率

$$d\sigma_i / \sigma_i = dn_i / n_i = [3/2 + E_g(0)/2k_0 T] dT / T$$

（2）证明锗在室温附近温度每升高 1℃ 电导率约增大 5.5%。

（3）证明硅在室温附近温度每升高 1℃ 电导率约增大 8%。（西安电子科技大学 2010 年考研真题）

第 3 章习题答案及详解

3.1 名词解释

状态密度：将能带分为一个个能量很小的间隔来处理，假定在能带中能量 $E \sim (E + dE)$ 之间无限小的能量间隔内有 dZ 个量子态，则状态密度 $g(E) = dZ/dE$，即在能带中能量 E 附近每单位能量间隔内的量子态数。

状态密度有效质量：为了方便讨论，不仅引入了导带底不在布里渊区中心的半导体（如硅）中载流子的能态密度分布函数，还引入了状态密度有效质量。这种半导体的导带底等能面是旋转椭球面，则其中电子有效质量不是一个分量（有一个纵向有效质量 m_l 和两个横向有效质量 m_t）；这种非球形导带底的能态密度分布函数比较复杂，但是如果把电子有效质量代换为状态密度有效质量 $m_n^* = m_{dn} = s^{2/3}(m_l m_t^2)^{1/3}$，则可认为它的能态密度分布函数为球形等能面。对于价带顶附近的情况，可同样得相同形式的能态密度分布函数，并且空穴的状态密度有效质量为 $m_p^* = m_{dp} = [(m_p)_l + (m_p)_h]^{2/3}$。

费米能级：费米能级等于费米子系统在趋于热力学温度零度时的化学势，也可以理解成热力学温度零度时固体能带中充满电子的最高能级，它标志了电子填充能级的水平，常用 E_F 表示。

电子的费米分布函数：是描写热平衡状态下，电子在允许的量子态上如何分布的一个统计分布函数，即表示电子占据能量为 E 的一个量子态的概率，其值为 $0 \sim 1$，其函数形式为 $f(E) = 1/\{1 + \exp[(E - E_F)/k_0 T]\}$。

导带的有效状态密度：按照玻耳兹曼分布函数，电子在导带内占据量子态的概率随量子态具有的能量升高而迅速下降，可以近似认为导带中的所有量子态都集中在导带底 E_c 附近，因此，导带的有效状态密度也就是导带的有效能级密度。

价带的有效状态密度：按照玻耳兹曼分布函数，空穴在价带内占据量子态的概率随量子态具有的能量升高而迅速下降，可以近似认为价带中的所有量子态都集中在价带顶 E_v 附近，因此，价带的有效状态密度也就是价带的有效能级密度。

本征半导体：完全不含杂质且无晶格缺陷的纯净半导体，称为本征半导体。

非简并半导体：是指掺入一定量杂质的半导体，其电子系统服从玻耳兹曼统计分布。对于 n 型半导体，有 $E_c-E_F>2k_0T$；对于 p 型半导体，有 $E_F-E_v>2k_0T$。

简并半导体：是杂质半导体的一种，它具有较高的掺杂浓度，其电子系统服从费米统计分布。对于 n 型半导体，导带底附近的量子态基本上已被电子占据，有 $E_c-E_F\leqslant0$；对于 p 型半导体，价带顶附近的量子态基本上已被空穴占据，有 $E_F-E_v\leqslant0$。

低温载流子冻析效应：在温度低于 100K 时，施主或受主杂质只有部分电离，尚有部分载流子被冻析在杂质能级上，对导电没有贡献，这种现象称为低温载流子冻析效应。

禁带变窄效应：当杂质浓度较高时，杂质原子之间电子波函数发生交叠，使孤立的杂质能级扩展为杂质能带，导致杂质电离能减少，杂质能带进入导带或价带，并与导带或价带相连，形成新的简并能带，使能带的状态密度发生变化，简并能带的尾部伸入禁带中，导致禁带宽度减小。这种由于重掺杂导致禁带宽度变窄的效应称为禁带变窄效应。

3.2 填空题

1. 相似 m_{dn} 导带底电子状态密度有效质量 按抛物线关系增大的

2. 各向异性 纵向有效质量 横向有效质量 回旋共振实验 4 6

3. 有效质量 导带底电子状态密度有效质量 相等

4. $f(E)=1/\{1+\exp[(E-E_F)/k_0T]\}$ $\exp[(E-E_F)/k_0T]\gg1$ $f(E)=\exp[-(E-E_F)/k_0T]$ 费米分布函数受泡利不相容原理的限制 简并半导体 非简并半导体

5. 下降 增加

6. 4.43×10^{-10} 费米能级位于导带底以下 0.24eV 处 成立

7. $n_0=N_c\exp[-(E_c-E_F)/k_0T]$

8. 温度 杂质 电子浓度 空穴浓度 禁带宽度

9. 中线

10. 温度 低温弱电离区 中间电离区 强电离区 过渡区 高温本征激发区

11. 杂质电离进入饱和区 温度 杂质浓度 电离能 本征费米能级 导带底 上升

12. $n_0=n_D^+$ $n_0=(N_cN_D/2)^{1/2}\exp[-\Delta E_D/(2k_0T)]$

13. $n_0=n_D^++p_0$ $n_0=N_D$

14. $n_0+p_A^-=p_0+n_D^+$ $n_0+N_A=p_0+N_D$ $n_0=p_0+N_D-N_A$

15. 下降 距离导带底 $2k_0T$ 到本征费米能级之间

16. 重掺杂 导带底 较低 杂质带 变窄

17. 共有化运动参与导电 杂质能级

18. $E_c-E_F>2k_0T$ $0<E_c-E_F\leqslant2k_0T$ $E_c-E_F\leqslant0$

19. 弱简并 因为 $E_c-E_F=\Delta E_D/2=0.0195eV$ 在 $0\sim2k_0T$ 范围内

20. 费米分布函数　半导体简并化

3.3　选择题

1. C　2. D　3. CD　AB　4. A　5. A　6. D　7. A　8. C　9. B　10. C
11. B　12. CD　13. B　14. A

3.4　简答题

1.【答】在一定的温度下,若没有受到外界作用(即无光照、电压、电场、磁场和温度梯度等),半导体的导电电子和空穴是依靠电子的热激发作用而产生的,电子从不断振动的晶格中获得一定的能量,就可能从低能量的量子态跃迁到高能量的量子态,主要方式是本征激发电子从价带跃迁到导带形成导带电子和价带空穴,以及电子从施主能级跃迁到导带产生导电电子和电子从价带激发到受主能级产生空穴;同时,电子也会从高能量的量子态跃迁到低能量的量子态,向晶格释放一定的能量,使导带电子、价带空穴不断减少,这一过程称为载流子复合。在一定温度下,两个相反过程建立起动态平衡,称为热平衡状态。

2.【答】硅、锗的导带状态密度分别为

$$g_c(E) = \frac{V}{2\pi^2} \frac{(2m_n^*)^{3/2}}{h^3} (E - E_c)^{1/2}$$

其中,$m_n^* = m_{dn} = s^{2/3} (m_1 m_t^2)^{1/3}$,称为导带底电子状态密度有效质量;硅 $s=6$,锗 $s=4$。

硅、锗的价带状态密度分别为

$$g_v(E) = \frac{V}{2\pi^2} \frac{(2m_p^*)^{3/2}}{h^3} (E_v - E)^{1/2}$$

其中,$m_p^* = m_{dp} = [(m_p)_l^{3/2} + (m_p)_h^{3/2}]^{2/3}$,称为价带顶空穴状态密度有效质量。

对于 m_p^*,硅、锗和砷化镓三者含义相同,因为三者的价带均由一个重空穴带、一个轻空穴带和一个自旋-轨道耦合分裂出来的第三能带构成;对于 m_n^*,硅、锗导带底附近等能面为旋转的椭球面,各向异性,而砷化镓导带底附近等能面为球面,各向同性。

3.【答】费米能级 E_F 等于费米子系统在趋于热力学温度零度时的化学势,也可以理解为温度为热力学温度零度时固体能带中充满电子的最高能级。当 $E - E_F \gg k_0 T$ 时,有 $\exp[(E - E_F)/(k_0 T)] \gg 1$,电子从服从费米统计分布转化为服从玻耳兹曼统计分布;费米统计分布主要适用于杂质浓度较高的简并半导体,玻耳兹曼统计分布主要适用于杂质浓度较低的非简并半导体。

4.【答】(1) 费米分布函数表达式为 $f(E) = 1/\{1 + \exp[(E - E_F)/(k_0 T)]\}$,电子占据某一能级的概率主要与能级能量、费米能级及温度有关。

空穴占据能量为 E 的量子态的概率表达式为

$$1 - f(E) = \frac{1}{1 + \exp\left(\dfrac{E_F - E}{k_0 T}\right)}$$

(2) 曲线 A、B、C 的顺序为从低温到高温。

5.【答】根据室温下,半导体的本征费米能级表达式

$$E_i = E_F = \frac{E_c + E_v}{2} + \frac{3k_0 T}{4} \ln \frac{m_p^*}{m_n^*}$$

可得

$$E_F = \frac{E_c + E_v}{2} + \frac{3k_0 T}{4}\ln\frac{0.59m_0}{1.08m_0} = \frac{E_c + E_v}{2} - 0.45k_0 T$$

本征费米能级 E_i 约在禁带中线下 $0.45k_0 T$ 范围内；因为在室温下，$k_0 T \approx 0.026\text{eV}$，而硅的禁带宽度为 1eV 左右，所以假设本征费米能级 E_i 基本上在禁带中线处是合理的。

6.【答】费米能级的位置受半导体材料的温度、导电类型、杂质含量及能量零点的选取等因素的影响。对于 n 型半导体，当杂质浓度升高时，费米能级向导带底 E_c 移动；对于 p 型半导体，费米能级随杂质浓度的增大向价带顶 E_v 移动。无论是 n 型半导体还是 p 型半导体，费米能级均会随温度的增加向本征费米能级移动。

7.【答】（1）对于 n 型半导体，在低温弱电离区电子浓度为 $n_0 = n_D^+$，即

$$n_0 = N_c\exp\left(-\frac{E_c - E_F}{k_0 T}\right) = \frac{N_D}{1 + 2\exp\left(-\frac{E_D - E_F}{k_0 T}\right)}$$

因为 $n_D^+ \ll N_D$，所以 $\exp\left(-\dfrac{E_D - E_F}{k_0 T}\right) \gg 1$，则有

$$N_c\exp\left(-\frac{E_c - E_F}{k_0 T}\right) = \frac{1}{2}N_D\exp\left(-\frac{E_D - E_F}{k_0 T}\right)$$

对上式两边取对数并化简得

$$E_F = \frac{E_c + E_D}{2} + \left(\frac{k_0 T}{2}\right)\ln\left(\frac{N_D}{2N_c}\right)$$

故有

$$n_0 = \left(\frac{N_D N_c}{2}\right)^{1/2}\exp\left(-\frac{E_c - E_D}{2k_0 T}\right) = \left(\frac{N_D N_c}{2}\right)^{1/2}\exp\left(-\frac{\Delta E_D}{2k_0 T}\right)$$

（2）根据以上 n_0 的计算公式及 $N_c \propto T^{3/2}$，设 A 是一个与温度无关的常数，则有

$$n_0 = \left(\frac{N_D N_c}{2}\right)^{1/2}\exp\left(-\frac{\Delta E_D}{2k_0 T}\right) = AT^{3/4}\exp\left(-\frac{\Delta E_D}{2k_0 T}\right)$$

对上式两边取对数，则有

$$\ln n_0 T^{-3/4} = -\frac{\Delta E_D}{2k_0 T} + \ln A$$

测定低温弱电离区的霍耳系数和电导率，从而得到低温范围内多子载流子的浓度，作出 $\ln n_0 T^{-3/4}$-$1/T$ 关系直线，从直线斜率 $-\Delta E_D/(2k_0)$ 可求出施主杂质电离能 ΔE_D。

8.【答】本征半导体中，导带中的电子浓度等于价带中的空穴浓度。假设本征半导体中的电子浓度和空穴浓度分别用 n_0 和 p_0 表示，有 $n_0 = p_0$，通常用 n_i 表示本征载流子的浓度，它是指本征电子浓度或者本征空穴浓度。

本征半导体的费米能级就称为本征费米能级，或者 $E_F = E_i$，根据导带电子浓度、价带空穴浓度的计算公式，则有

$$n_i = (N_c N_v)^{1/2}\exp\left(\frac{-E_g}{2k_0 T}\right)$$

其中，E_g 为禁带宽度。对于给定半导体，当温度恒定时，n_i 为定值，与费米能级无关。不同材料在同一温度时，禁带宽度越大，本征载流子浓度越小。锗、硅和砷化镓这 3 种材料的禁带宽度由小到大的顺序为 $E_{g\text{Ge}}$、$E_{g\text{Si}}$、$E_{g\text{GaAs}}$，因此，在相同的室温下，锗的本征载流子浓度最大，其次是硅，砷化镓最小。

9.【答】导带电子浓度计算公式 $n_0 = N_c \exp[-(E_c - E_F)/k_0 T]$ 中,$\exp[-(E_c - E_F)/k_0 T]$ 称为电子的玻耳兹曼分布函数,应用于半导体中载流子浓度不太高、$(E_c - E_F) \gg k_0 T$、温度为 T 时平衡状态下的载流子计算。N_c 称为导带底有效状态密度,受电子有效质量、温度等因素的影响,并与二者成 3/2 幂指数关系。

10.【答】(1)相比样品 2,样品 1 的杂质浓度更高,主要因为在强电离区,多子电子浓度近似等于杂质浓度。样品 1 的电子浓度比样品 2 高,故杂质浓度较高。

(2)在 T_A 以左区域为高温本征激发区,在该区域载流子浓度随温度的升高而迅速增大,本征激发产生的载流子数远大于杂质电离产生的载流子数。

(3)T_C 和 T_D 之间为强电离区,杂质全部电离,本征激发没有开始,载流子的数量不发生变化,故两条曲线趋向于平行。

(4)样品的杂质浓度较高,产生本征激发的温度也相对较高;相比样品 2,样品 1 的杂质浓度高,产生本征激发的温度相对较高,故 T_B 在 T_C 左边。

(5)样品的杂质浓度较高,达到强电离的温度也相对较高;相比样品 2,样品 1 的杂质浓度高,故达到强电离时的温度较高,T_E 在 T_D 右边。

(6)低温弱电离区电子浓度为

$$n_0 = \left(\frac{N_D N_c}{2}\right)^{1/2} \exp\left(-\frac{\Delta E_D}{2k_0 T}\right)$$

已知 $N_c \propto T^{3/2}$,设 A 是一个与温度无关的常数,对上式两边求对数,则有

$$\ln n_0 T^{-3/4} = -\frac{\Delta E_D}{2k_0 T} + \ln A$$

$\ln n_0 T^{-3/4}$-$1/T$ 关系曲线在 T_E 以右区域(低温弱电离区)的斜率为 $-\Delta E_D/(2k_0)$,在同种半导体材料中相同杂质的电离能 ΔE_D 相等,故斜率相等。

11.【答】(1)当温度很低时,大部分施主杂质能级仍为电子所占据,只有少量的施主杂质发生电离,少量的电子进入导带,这种情况称为弱电离;电中性的条件为 $n_0 = n_D^+$。

(2)在低温极限 $T \to 0K$ 时,费米能级 E_F 位于导带底和施主能级间的中线处。在一定的温度范围内,温度升高,费米能级 E_F 先升高,达到极值后不断下降;杂质含量越高,E_F 达到极值的温度越高。因此,样品 1、样品 2 和样品 3 的施主浓度为依次增大的趋势。

12.【答】假设 n 型半导体单一掺杂浓度为 N_D,在强电离区电子浓度 n_0 等于施主杂质浓度 N_D,根据载流子浓度乘积 $n_0 p_0 = n_i^2$ 可知少子浓度 $p_0 = n_i^2/N_D$,则少子浓度和本征载流子浓度的平方成正比。而由 $n_i = (N_c N_v)^{1/2} \exp[-E_g/(2k_0 T)]$ 可知,温度变化将导致本征载流子的浓度按指数性变化,故少子浓度随温度按指数性变化。在器件或集成电路中,尤其是少子工作的器件,对其电学性能的影响很大,导致电流变化阈值漂移。

13.【答】相比锗,硅半导体材料的禁带宽度更大,其对应的器件具有更高的工作温度。当温度足够高时,本征激发占主导地位,器件将不能正常工作,因此,每种半导体材料制成的器件都有一定的极限工作温度。为了保证器件的正常工作,必须保证载流子主要来源于杂质电离,要求本征载流子浓度至少比杂质浓度低一个数量级,故有

$$n_i = (N_c N_v)^{1/2} \exp\left(\frac{-E_g}{2k_0 T}\right) < 0.1 N_D$$

则有

$$T < \frac{E_g}{2k_0 \left[\ln 10 (N_c N_v)^{1/2} - \ln N_D\right]}$$

故此,可以大致判定器件的最高工作温度。

14.【答】对于非简并的 n 型半导体,如果把导带中的所有可能被电子占据的能级都归并到导带底 E_c 这一条能量水平线上(设归并到一起的能级密度为 N_c),那么电子占据各能级的概率都将一样(等于 $\exp[-(E_c-E_F)/k_0T]$),于是就可直接写出导带电子的浓度与费米能级的关系为 $n_0=N_c\exp[-(E_c-E_F)/k_0T]$。当然,这时归并到导带底的有可能被占据的能级密度必然不等于整个导带的能级密度,则称 N_c 为导带的有效能级密度(或者有效状态密度)。因为温度越高,电子的能量就越大,则在导带中有可能占据的能级数目就越多,故有效能级密度与温度 T 有关。分析可给出 $N_c=2[m_n^* k_0 T/(2\pi\hbar^2)]^{3/2}$,式中,$\hbar$ 是简约普朗克常量,m_n^* 是电子的状态密度有效质量,T 是热力学温度。

在室温下,对于硅,$N_c=2.8\times10^{19}\,\mathrm{cm}^{-3}$;对于砷化镓,$N_c=4.5\times10^{17}\,\mathrm{cm}^{-3}$。可见,$N_c$ 比晶体的原子密度($5\times10^{22}\,\mathrm{cm}^{-3}$)要小得多。这就表明,在非简并情况下,载流子只是占据导带中的很少一部分能级(这时电子基本上就处在导带底附近)。

15.【答】(1) 若表达式中 $m_{n1}=m_{n2}$,则有波矢 $k_1=k_2$,具有相同能量值所示的 $E(k)$-k 关系曲线,等能量线为圆形,电子的有效质量具有各向同性;否则为各向异性。

(2) 表达式 $E(\boldsymbol{k})-E_c=\hbar^2(k_1^2/m_{n1}^*+k_2^2/m_{n2}^*)/2$ 可写成

$$\frac{k_1^2}{\dfrac{2m_{n1}^*(E-E_c)}{\hbar^2}}+\frac{k_2^2}{\dfrac{2m_{n2}^*(E-E_c)}{\hbar^2}}=1$$

二维空间中能量为 E 的等能面围成的面积为

$$\pi ab=\frac{2\pi\sqrt{m_{n1}^*m_{n2}^*}(E-E_c)}{\hbar^2}$$

式中,a、b 分别椭圆的短轴、长轴,等能面的量子态数为

$$Z(E)=2S\times\frac{2\pi\sqrt{m_{n1}^*m_{n2}^*}(E-E_c)}{\hbar^2}$$

状态密度为

$$g_c(E)=\frac{\mathrm{d}Z}{\mathrm{d}E}=\frac{4\pi S\sqrt{m_{n1}^*m_{n2}^*}}{\hbar^2}$$

(3) 单位面积内的量子态数为

$$Z=\frac{1}{S}\cdot\int_{E_c}^{E_c+1000\hbar^2/\sqrt{m_{n1}^*m_{n2}^*}}g_c(E)\mathrm{d}E=4000\pi$$

16.【答】(1) 室温时,$T=300\mathrm{K}$,对应的横坐标约为 3.33,从图 3-4 可看出,锗、硅和砷化镓这 3 种半导体在室温下的本征载流子浓度分别为 $2.2\times10^{13}\,\mathrm{cm}^{-3}$、$1.02\times10^{10}\,\mathrm{cm}^{-3}$ 和 $0.8\times10^6\,\mathrm{cm}^{-3}$。

(2) 根据温度一定时,禁带宽度大的半导体材料的本征载流子的深度小的原理,由图 3-4 知,3 种半导体的禁带宽度锗最小、硅次之,砷化镓最大。根据本征载流子浓度的计算公式,可知

$$n_i=(N_cN_v)^{1/2}\exp\left(-\frac{E_g}{2k_0T}\right)$$

则硅的禁带宽度 E_g 为

$$E_g=-2k_0T\ln\frac{n_i}{(N_cN_v)^{1/2}}=-2\times0.026\ln\frac{1.02\times10^{10}}{(2.8\times10^{19}\times1.1\times10^{19})^{1/2}}=1.11\mathrm{eV}$$

(3) 器件的极限工作温度在保持载流子主要来源于杂质电离时,要求本征载流子浓度至少比杂质浓度低一个数量级,则有

$$n_i \leqslant 0.1 N_D = 10^{15} \text{cm}^{-3}$$

即本征载流子浓度不超过 10^{15}cm^{-3}。由图 3-4 可查得,硅对应温度为 $1000/1.8 = 556\text{K}$,锗对应温度为 $1000/2.7 = 370\text{K}$。

17.【答】从图 3-5 中曲线可以看出两种趋势:第一,载流子浓度乘积等于本征载流子浓度的平方。温度升高,载流子浓度乘积增加,因多子浓度在饱和区的温度范围内是不变的,少子浓度将随温度的升高迅速增大;第二,在相同温度下,多子浓度和少子浓度成反比。杂质的浓度增加,多子的浓度增加,导致少子的数量减少。

18.【答】假设以 p 型半导体为例,掺杂水平很高,费米能级 E_F 进入价带,价带顶附近的量子态基本上已被空穴所占据,价带中的空穴数目也很多,$[1 - f(E)] \ll 1$ 的条件不能满足。这种情况称为载流子的简并化。进行载流子统计时,不能再应用玻耳兹曼分布函数,考虑泡利不相容原理的作用,必须用费米分布函数分析价带中空穴的统计分布问题。

19.【答】当掺杂的浓度较低时,杂质之间的相互作用可以忽略,某种杂质的施主能级是一些具有相同能量的孤立能级。对于重掺杂的半导体,杂质原子相互间就比较靠近,导致杂质原子波函数交叠,使孤立的杂质能级扩展为杂质能带,从而使杂质电离能减少,杂质能带进入导带或价带,并与导带或价带相连,形成新的简并能带,能带的状态密度发生变化,简并能带的尾部伸入禁带中,导致禁带宽度减小。

3.5 计算题

1.【解】(1) 设一维晶格的线度 $L_1 = N_1 a$,波矢 k_x 的允许值为

$$k_x = \frac{2\pi n_x}{N_1 a} = \frac{2\pi n_x}{L_1} \quad (n_x = 0, \pm 1, \pm 2, \cdots)$$

那么,考虑自旋,代表点的密度为 $2 \times \frac{L_1}{2\pi}$。

在能量 $E \sim E + dE$ 之间的量子态数为

$$dZ = 2 \times \frac{L_1}{2\pi} \times dk \qquad\qquad ①$$

由 $E(\boldsymbol{k}) = \hbar^2 k^2 / (2m_n^*)$ 可得

$$k = \frac{(2m_n^* E)^{1/2}}{\hbar}, \quad dk = \frac{m_n^*}{k\hbar^2} dE$$

将其代入式①中,可得单位长度晶体中的状态密度为

$$g_c(E) = \frac{dZ}{dE} \times \frac{1}{L_1} = \frac{L_1}{\pi} \times \frac{m_n^*}{\hbar^2} \times \frac{\hbar}{(2m_n^* E)^{1/2}} \times \frac{1}{L_1} = \frac{m_n^*}{\pi\hbar}(2m_n^* E)^{-1/2}$$

(2) 设二维晶格的线度 $L_1 = N_1 a$、$L_2 = N_2 a$,波矢 k_x、k_y 的允许值为

$$\begin{cases} k_x = \dfrac{2\pi n_x}{L_1} \quad (n_x = 0, \pm 1, \pm 2, \cdots) \\ k_y = \dfrac{2\pi n_y}{L_2} \quad (n_y = 0, \pm 1, \pm 2, \cdots) \end{cases}$$

那么,考虑自旋,代表点的密度为 $2 \times \frac{L_1 L_2}{(2\pi)^2}$。

在能量 $E \sim E + dE$ 之间的量子态数为

$$dZ = 2 \times \frac{L_1 L_2}{(2\pi)^2} \times 2\pi k \, dk \qquad\qquad ②$$

由 $E(\boldsymbol{k})=\hbar^2 k^2/(2m_n^*)$ 可得

$$k\mathrm{d}k=\frac{m_n^*\,\mathrm{d}E}{\hbar^2}$$

将其代入式②中,可得单位面积晶体中的状态密度为

$$g_c(E)=\frac{\mathrm{d}Z}{\mathrm{d}E}\times\frac{1}{L_1L_2}=2\times\frac{L_1L_2}{(2\pi)^2}\times 2\pi\times\frac{m_n^*}{\hbar^2}\times\frac{1}{L_1L_2}=\frac{m_n^*}{\pi\hbar^2}$$

(3) 设三维晶格的线度 $L_1=N_1a$、$L_2=N_2a$ 和 $L_3=N_3a$,波矢 k_x、k_y 和 k_z 的允许值为

$$\begin{cases} k_x=\dfrac{2\pi n_x}{L_1} & (n_x=0,\pm 1,\pm 2,\cdots)\\[2mm] k_y=\dfrac{2\pi n_y}{L_2} & (n_y=0,\pm 1,\pm 2,\cdots)\\[2mm] k_z=\dfrac{2\pi n_z}{L_3} & (n_z=0,\pm 1,\pm 2,\cdots) \end{cases}$$

那么,考虑自旋,代表点的密度为 $2\times\dfrac{L_1L_2L_3}{(2\pi)^3}$。

在能量 $E\sim E+\mathrm{d}E$ 之间的量子态数为

$$\mathrm{d}Z=2\times\frac{L_1L_2L_3}{(2\pi)^3}\times 4\pi k^2\mathrm{d}k \qquad ③$$

由 $E(\boldsymbol{k})=\hbar^2 k^2/(2m_n^*)$ 可得

$$k=\frac{(2m_n^* E)^{1/2}}{\hbar},\qquad k\mathrm{d}k=\frac{m_n^*\,\mathrm{d}E}{\hbar^2}$$

将其代入式③中,可得单位体积晶体中的状态密度为

$$\begin{aligned} g_c(E)&=\frac{\mathrm{d}Z}{\mathrm{d}E}\times\frac{1}{L_1L_2L_3}\\[2mm] &=2\times\frac{L_1L_2L_3}{(2\pi)^3}\times 4\pi\times\frac{(2m_n^* E)^{1/2}}{\hbar}\times\frac{m_n^*}{\hbar^2}\times\frac{1}{L_1L_2L_3}\\[2mm] &=\frac{1}{2\pi^2}\frac{(2m_n^*)^{3/2}}{\hbar^3}E^{1/2} \end{aligned}$$

(4) 在能量 $E\sim E+\mathrm{d}E$ 之间,单位体积晶体中电子数 $\mathrm{d}n$ 为

$$\mathrm{d}n=f_B(E)g_c(E)\mathrm{d}E=\frac{1}{2\pi^2}\frac{(2m_n^*)^{3/2}}{\hbar^3}\exp\left(-\frac{E_c-E_F}{k_0 T}\right)E^{1/2}\mathrm{d}E$$

平衡状态下导带电子浓度 n_0 为

$$n_0=\int_{E_c}^{\infty}\frac{1}{2\pi^2}\frac{(2m_n^*)^{3/2}}{\hbar^3}\exp\left(-\frac{E_c-E_F}{k_0 T}\right)E^{1/2}\mathrm{d}E$$

若引入变量 $x=(E-E_c)/(k_0 T)$,则有

$$n_0=\frac{1}{2\pi^2}\frac{(2m_n^*)^{3/2}}{\hbar^3}(k_0 T)^{3/2}\exp\left(-\frac{E_c-E_F}{k_0 T}\right)\int_0^{\infty}x^{1/2}\mathrm{e}^{-x}\mathrm{d}x$$

又因为

$$\int_0^{\infty}x^{1/2}\mathrm{e}^{-x}\mathrm{d}x=\frac{\sqrt{\pi}}{2}$$

可得

$$n_0=2\left(\frac{2m_n^* k_0 T}{2\pi\hbar^3}\right)^{3/2}\exp\left(-\frac{E_c-E_F}{k_0 T}\right)$$

2.【解】(1) 量子态的密度为 $2V/(8\pi^3)$,导带底能量极值为 E_c,将 $E(\boldsymbol{k})=E_0+\dfrac{\hbar^2}{2}\Big(\dfrac{k_x^2+k_y^2}{m_\mathrm{t}}+\dfrac{k_z^2}{m_\mathrm{l}}\Big)$ 写为

$$\frac{k_x^2}{\dfrac{2m_\mathrm{t}(E-E_c)}{\hbar^2}}+\frac{k_y^2}{\dfrac{2m_\mathrm{t}(E-E_c)}{\hbar^2}}+\frac{k_z^2}{\dfrac{2m_\mathrm{l}(E-E_c)}{\hbar^2}}=1$$

椭球的体积为

$$V=\frac{4}{3}\pi abc=\frac{4}{3}\pi\frac{(2m_\mathrm{t})(2m_\mathrm{l})^{1/2}}{\hbar^3}(E-E_c)^{3/2}$$

等能面内的量子态数为

$$Z(E)=\frac{2V}{8\pi^3}\times\frac{4}{3}\pi\frac{(2m_\mathrm{t})(2m_\mathrm{l})^{1/2}}{\hbar^3}(E-E_c)^{3/2}\times s$$

式中,s 为旋转椭球面导带底的对称状态数,状态密度 $g_c(E)$ 为

$$g_c(E)=\frac{\mathrm{d}Z(E)}{\mathrm{d}E}=\frac{V}{2\pi^2}\times s\times\frac{(2m_\mathrm{t})(2m_\mathrm{l})^{1/2}}{\hbar^3}(E-E_c)^{1/2}$$

令 $(2m_\mathrm{n}^*)^{3/2}=s\times(2m_\mathrm{t})(2m_\mathrm{l})^{1/2}$,则有 $m_\mathrm{n}^*=s^{2/3}(m_\mathrm{l}m_\mathrm{t}^2)^{1/3}$,即

$$g_c(E)=\frac{V}{2\pi^2}\times\frac{(2m_\mathrm{n}^*)^{3/2}}{\hbar^3}(E-E_c)^{1/2}$$

(2) 为非简并状态,则在能量 $E\sim(E+\mathrm{d}E)$ 间的电子数为

$$\mathrm{d}N=f_\mathrm{B}(E)g_c(E)\mathrm{d}E=\frac{V}{2\pi^2}\frac{(2m_\mathrm{n}^*)^{3/2}}{\hbar^3}\exp\Big(-\frac{E-E_\mathrm{F}}{k_0T}\Big)(E-E_c)^{1/2}\mathrm{d}E$$

在能量 $E\sim(E+\mathrm{d}E)$ 之间单位体积中的电子数为

$$\mathrm{d}n=\frac{\mathrm{d}N}{V}=\frac{1}{2\pi^2}\frac{(2m_\mathrm{n}^*)^{3/2}}{\hbar^3}\exp\Big(-\frac{E-E_\mathrm{F}}{k_0T}\Big)(E-E_c)^{1/2}\mathrm{d}E$$

对上式进行积分,可得热平衡状态下非简并半导体的导带电子浓度 n_0 为

$$n_0=\int_{E_c}^{E_c'}\frac{1}{2\pi^2}\frac{(2m_\mathrm{n}^*)^{3/2}}{\hbar^3}\exp\Big(-\frac{E-E_\mathrm{F}}{k_0T}\Big)(E-E_c)^{1/2}\mathrm{d}E$$

积分上限 E_c' 是导带顶能量,若引入变数 $x=(E-E_c)/k_0T$,则有

$$n_0=\frac{1}{2\pi^2}\frac{(2m_\mathrm{n}^*)^{3/2}}{\hbar^3}(k_0T)^{3/2}\exp\Big(-\frac{E-E_\mathrm{F}}{k_0T}\Big)\int_0^{x'}x^{1/2}\mathrm{e}^{-x}\mathrm{d}x$$

式中,$x'=(E'-E_c)/k_0T$。利用如下积分公式

$$\int_0^\infty x^{1/2}\mathrm{e}^{-x}\mathrm{d}x=\frac{\sqrt{\pi}}{2}$$

所以有

$$n_0=2\Big(\frac{m_\mathrm{n}^*k_0T}{2\pi\hbar^2}\Big)^{3/2}\exp\Big(-\frac{E_c-E_\mathrm{F}}{k_0T}\Big)$$

令 $N_c=2\Big(\dfrac{m_\mathrm{n}^*k_0T}{2\pi\hbar^2}\Big)^{3/2}=2\dfrac{(2\pi m_\mathrm{n}^*k_0T)^{3/2}}{h^3}$,则可得

$$n_0=N_c\exp\Big(-\frac{E_c-E_\mathrm{F}}{k_0T}\Big)$$

3.【解】导电底电子状态密度有效质量 m_dn 的计算公式为

$$m_\mathrm{dn}=s^{2/3}(m_\mathrm{l}m_\mathrm{t}^2)^{1/3}$$

已知硅的导带底共有 6 个对称状态,$s=6$,那么

$$m_\mathrm{dn}=s^{2/3}(m_\mathrm{l}m_\mathrm{t}^2)^{1/3}=6^{2/3}\times[0.98m_0\times(0.19m_0)^2]^{1/3}=1.08m_0$$

4.【解】根据本征载流子的浓度计算公式,可得

$$n_i = (N_c N_v)^{1/2} \exp\left(-\frac{E_g}{2k_0 T}\right)$$

设 A 为与温度无关的常数,由于 $N_c \propto T^{3/2}$, $N_v \propto T^{3/2}$,则有

$$n_i = A T^{3/2} \exp\left(-\frac{E_g}{2k_0 T}\right)$$

那么有 $\exp\left(-\dfrac{E_g}{2k_0 T}\right) = A^{-1} n_i T^{-3/2}$,两边取对数得

$$-\frac{E_g}{2k_0 T} = -\frac{E_g(0) + \beta T}{2k_0 T} = \ln A^{-1} n_i T^{-3/2}$$

可得

$$\ln n_i T^{-3/2} = -\frac{E_g(0)}{2k_0 T} - \frac{\beta T}{2k_0 T} + \ln A = -\frac{E_g(0)}{2k_0 T} - \frac{\beta}{2k_0} + \ln A$$

实验测定高温下的霍耳系数和电导率,从而得到很宽温度范围内本征载流子浓度与温度的关系,作出 $\ln n_i T^{-3/2}$-$\dfrac{1}{T}$ 关系直线,从直线斜率 $-\dfrac{E_g(0)}{2k_0}$ 可求出 $E_g(0)$。

5.【解】载流子浓度乘积为

$$n_0 p_0 = N_c N_v \exp\left(-\frac{E_g}{k_0 T}\right) = n_i^2$$

那么

$$n_i^2 = N_c N_v \exp\left(-\frac{E_g}{k_0 T}\right) = N_{c0} N_{v0} T^3 \exp\left(-\frac{E_g}{k_0 T}\right)$$

已知 300K 时 $k_0 T = 0.026\text{eV}$,可得

$$k_0 T_{200} = 0.0173\text{eV}, \quad k_0 T_{400} = 0.0347\text{eV}, \quad k_0 T_{500} = 0.0433\text{eV}$$

那么,可得 300K、400K 时的载流子浓度乘积方程为

$$\begin{cases} (5.83 \times 10^7)^2 = N_{c0} N_{v0} (300)^3 \exp\left(-\dfrac{E_g}{0.026}\right) \\ (3.74 \times 10^{10})^2 = N_{c0} N_{v0} (400)^3 \exp\left(-\dfrac{E_g}{0.0345}\right) \end{cases}$$

解得

$$E_g = 1.27\text{eV}, \quad N_{c0} N_{v0} = 2.33 \times 10^{29}\text{cm}^{-6}$$

6.【解】根据导带底附近状态密度 $g_c(E) = \dfrac{V}{2\pi^2} \dfrac{(2m_n^*)^{3/2}}{\hbar^3}(E - E_c)^{1/2}$,可得上能谷和下能谷电子有效状态密度比值为

$$\frac{g_{c\perp}(E)}{g_{c\top}(E)} = \frac{(2m_{n\perp}^*)^{3/2}}{(2m_{n\top}^*)^{3/2}} = \frac{(1.2m_0)^{3/2}}{(0.068m_0)^{3/2}} = 74.13$$

能谷电子浓度 n_0 为

$$n_0 = N_c \exp\left(-\frac{E_c - E_F}{k_0 T}\right) = 2\left(\frac{m_n^* k_0 T}{2\pi\hbar}\right)^{3/2} \exp\left(-\frac{E_c - E_F}{k_0 T}\right)$$

室温条件下,上、下能谷中电子浓度之比为

$$\frac{n_{0\perp}}{n_{0\top}} = \frac{(m_{n\perp}^*)^{3/2}}{(m_{n\top}^*)^{3/2}} = \frac{(1.2m_0)^{3/2}}{(0.068m_0)^{3/2}} = 74.13$$

7.【解】(1) 根据本征载流子浓度计算公式

$$n_i = (N_c N_v)^{1/2} \exp\left(-\frac{E_g}{2k_0 T}\right)$$

当温度为室温 300K 时,$k_0 T = 0.026\text{eV}$,故

$$n_i = (1.05 \times 10^{19} \times 3.9 \times 10^{18})^{1/2} \exp\left(-\frac{0.67}{0.026 \times 2}\right) = 1.62 \times 10^{13}\,\text{cm}^{-3}$$

当温度为 77K 时,$k_0 T' = \frac{77}{300} \times 0.026 = 0.00667\text{eV}$,考虑价带、导带的有效状态密度随温度变化,得

$$n_i = (1.05 \times 10^{19} \times 3.9 \times 10^{18})^{1/2} \times \left(\frac{77}{300}\right)^{3/2} \times \exp\left(-\frac{0.76}{0.00667 \times 2}\right) = 1.51 \times 10^{-7}\,\text{cm}^{-3}$$

(2)已知当温度为 77K 时,由(1)知 $k_0 T = 0.00667\text{eV}$,$\Delta E_D = E_c - E_D = 0.01\text{eV}$,而

$$N_c(77\text{K}) = 1.05 \times 10^{19} \times \left(\frac{77}{300}\right)^{3/2} = 1.37 \times 10^{18}\,\text{cm}^{-3}$$

根据锗在 77K 时的电离中性条件 $n_0 = n_D^+$,得

$$n_0 = \frac{N_D}{1 + 2\exp\left(-\dfrac{E_D - E_F}{k_0 T}\right)} = \frac{N_D}{1 + 2\exp\left(\dfrac{E_c - E_D + E_F - E_c}{k_0 T}\right)} = \frac{N_D}{1 + 2\exp\left(\dfrac{\Delta E_D}{k_0 T}\right)\left(\dfrac{E_F - E_c}{k_0 T}\right)}$$

又知

$$n_0 = N_c \exp\left(-\frac{E_c - E_F}{k_0 T}\right)$$

可得

$$N_D = \left[1 + 2\exp\left(\frac{\Delta E_D}{k_0 T}\right)\frac{n_0}{N_c}\right] n_0$$

$$= \left[1 + 2\exp\left(\frac{0.01}{0.00667}\right) \times \frac{10^{17}}{1.37 \times 10^{18}}\right] \times 10^{17}$$

$$= 1.65 \times 10^{17}\,\text{cm}^{-3}$$

8.【解】假设该 n 型半导体电离能为 ΔE_D,得到弱电离区的电子浓度为

$$n_0 = N_c \exp\left(-\frac{E_c - E_F}{k_0 T}\right) = \frac{N_D}{1 + 2\exp\left(-\dfrac{E_D - E_F}{k_0 T}\right)}$$

因为 $n_D^+ \ll N_D$,所以

$$\exp\left(-\frac{E_D - E_F}{k_0 T}\right) \gg 1$$

解得

$$E_F = \frac{E_c + E_D}{2} + \frac{k_0 T}{2} \ln\left(\frac{N_D}{2N_c}\right)$$

则弱电离区施主电离产生的电子浓度为

$$n_0 = \left(\frac{N_D N_c}{2}\right)^{1/2} \exp\left(-\frac{E_c - E_D}{2k_0 T}\right) = \left(\frac{N_D N_c}{2}\right)^{1/2} \exp\left(-\frac{\Delta E_D}{2k_0 T}\right)$$

因为是 n 型半导体且受主杂质浓度 N_A 很低,费米能级 E_F 远离施主能级 E_A,可以近似全部电离。根据补偿的定义,有效载流子浓度为

$$n_{\text{eff}} = n_0 - N_A = \left(\frac{N_D N_c}{2}\right)^{1/2} \exp\left(-\frac{\Delta E_D}{2k_0 T}\right) - N_A$$

9.【解】(1) 根据题意可知,该半导体处于低温弱电离区,而低温弱电离区的费米能级为

$$E_{\mathrm{F}}=\frac{E_{\mathrm{c}}+E_{\mathrm{D}}}{2}+\frac{k_0 T}{2}\ln\left(\frac{N_{\mathrm{D}}}{2N_{\mathrm{c}}}\right)$$

那么

$$\frac{k_0 T}{2}\ln\left(\frac{N_{\mathrm{D}}}{2N_{\mathrm{c}}}\right)=0$$

可得 $N_{\mathrm{D}}=2N_{\mathrm{c}}$。

低温下导带中电子浓度的计算公式为

$$n_0=\left(\frac{N_{\mathrm{c}}N_{\mathrm{D}}}{2}\right)^{1/2}\exp\left(-\frac{\Delta E_{\mathrm{D}}}{2k_0 T}\right)=N_{\mathrm{c}}\exp\left(-\frac{\Delta E_{\mathrm{D}}}{2k_0 T}\right)$$

$$=2.8\times10^{19}\times\left(\frac{77}{300}\right)^{3/2}\exp\left(-\frac{0.044\times300}{2\times0.026\times77}\right)$$

$$=1.35\times10^{17}\,\mathrm{cm}^{-3}$$

(2) 根据以上的计算可知

$$N_{\mathrm{D}}=2N_{\mathrm{c}}=2\times2.8\times10^{19}\times\left(\frac{77}{300}\right)^{3/2}=7.28\times10^{18}\,\mathrm{cm}^{-3}$$

10.【解】根据电离施主浓度 n_{D}^{+} 的计算公式,可得

$$n_{\mathrm{D}}^{+}=\frac{N_{\mathrm{D}}}{1+g_{\mathrm{D}}\exp\left(-\dfrac{E_{\mathrm{D}}-E_{\mathrm{F}}}{k_0 T}\right)}$$

当 77K 时,费米能级在导带底以下 0.044eV,则有

$$E_{\mathrm{D}}=E_{\mathrm{F}}$$

硅中掺入施主杂质, $g_{\mathrm{D}}=2$,则有

$$\frac{n_{\mathrm{D}}^{+}}{N_{\mathrm{D}}}=\frac{1}{1+g_{\mathrm{D}}\exp\left(-\dfrac{E_{\mathrm{D}}-E_{\mathrm{F}}}{k_0 T}\right)}=\frac{1}{1+2}=33.3\%$$

因此,掺入的磷杂质中有 33.3% 已经电离。

11.【解】根据本征费米能级公式

$$E_{\mathrm{i}}=E_{\mathrm{F}}=\frac{E_{\mathrm{c}}+E_{\mathrm{v}}}{2}+\frac{3k_0 T}{4}\ln\frac{m_{\mathrm{p}}^{*}}{m_{\mathrm{n}}^{*}}$$

室温时, $k_0 T=0.026\mathrm{eV}$,对于硅, $m_{\mathrm{p}}^{*}/m_{\mathrm{n}}^{*}=0.55$,则有

$$E_{\mathrm{i}}=E_{\mathrm{F}}=\frac{E_{\mathrm{c}}+E_{\mathrm{v}}}{2}+\frac{3\times0.026}{4}\ln0.55=\frac{E_{\mathrm{c}}+E_{\mathrm{v}}}{2}-0.0117\mathrm{eV}$$

即硅的费米能级在能带中线下 0.0117eV 的位置。

对于锗, $m_{\mathrm{p}}^{*}/m_{\mathrm{n}}^{*}=0.52$,则有

$$E_{\mathrm{i}}=E_{\mathrm{F}}=\frac{E_{\mathrm{c}}+E_{\mathrm{v}}}{2}+\frac{3\times0.026}{4}\ln0.52=\frac{E_{\mathrm{c}}+E_{\mathrm{v}}}{2}-0.0128\mathrm{eV}$$

即锗的费米能级在能带中线下 0.0128eV 的位置。

12.【解】根据电离施主浓度 n_{D}^{+} 的计算公式,可得

$$n_{\mathrm{D}}^{+}=\frac{N_{\mathrm{D}}}{1+g_{\mathrm{D}}\exp\left(-\dfrac{E_{\mathrm{D}}-E_{\mathrm{F}}}{k_0 T}\right)}$$

当 150K 时,电离的施主杂质浓度为杂质浓度的 1/7,即

$$\frac{n_D^+}{N_D} = \frac{1}{1 + g_D \exp\left(-\dfrac{E_D - E_F}{k_0 T}\right)} = \frac{1}{7}$$

掺入施主杂质时,$g_D = 2$,则有

$$1 + 2\exp\left(-\frac{E_D - E_F}{k_0 T}\right) = 7$$

解得

$$E_D - E_F = -0.026 \times \frac{150}{300} \times \ln 3 = -0.0143$$

可得

$$E_c - E_F = E_c - E_D + E_D - E_F = 0.049 - 0.0143 = 0.0347 \text{eV}$$

因此,费米能级在导带底以下 0.0347eV 的位置。

13.【解】根据导带的有效状态密度计算公式,可得

$$N_c = 2\left(\frac{m_n^* k_0 T}{2\pi\hbar^2}\right)^{3/2} = 2 \times \left[\frac{0.068 \times 9.108 \times 10^{-31} \times 0.026 \times 1.602 \times 10^{-19}}{2 \times 3.14 \times (1.054 \times 10^{-34} \times 100)^2}\right]^{3/2} = 4.50 \times 10^{17} \text{cm}^{-3}$$

$$N_v = 2\left(\frac{m_p^* k_0 T}{2\pi\hbar}\right)^{3/2} = 2 \times \left[\frac{0.47 \times 9.108 \times 10^{-31} \times 0.026 \times 1.602 \times 10^{-19}}{2 \times 3.14 \times (1.054 \times 10^{-34} \times 100)^2}\right]^{3/2} = 8.17 \times 10^{18} \text{cm}^{-3}$$

$$n_i = (N_c N_v)^{1/2} \exp\left(-\frac{E_g}{2k_0 T}\right) = (4.50 \times 10^{17} \times 8.17 \times 10^{18})^{1/2} \exp\left(-\frac{1.43}{2 \times 0.026}\right) = 2.19 \times 10^6 \text{cm}^{-3}$$

硅在砷化镓中表现为双性行为,则补偿有效杂质浓度为

$$N_{eff} = N_D - N_A = 10^{10} \times (95\% - 5\%) = 9.0 \times 10^8 \text{cm}^{-3}$$

在常温下,载流子浓度等于杂质浓度,那么多子电子的浓度为

$$n_0 = N_{eff} = 9.0 \times 10^8 \text{cm}^{-3}$$

少子空穴的浓度为

$$p_0 = n_i^2 / n_0 = (2.19 \times 10^6)^2 / (9.0 \times 10^8) = 5.33 \times 10^3 \text{cm}^{-3}$$

根据导带中载流子浓度计算公式

$$n_0 = N_c \exp\left(-\frac{E_c - E_F}{k_0 T}\right) = N_c \exp\left(-\frac{E_c - E_i + E_i - E_F}{k_0 T}\right) = n_i \exp\left(-\frac{E_i - E_F}{k_0 T}\right)$$

可得

$$E_i - E_F = -k_0 T \ln\frac{n_0}{n_i} = -0.026\ln\left(\frac{9.0 \times 10^8}{2.19 \times 10^6}\right) = -0.158 \text{eV}$$

砷化镓的能带示意图如图 3-7 所示。

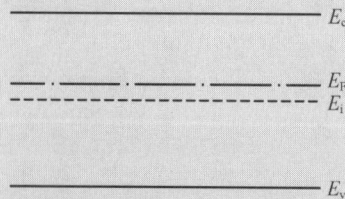

图 3-7   答案 3.5-13 图

14.【解】(1) 根据载流子浓度乘积可得

$$p_0 = \frac{n_i^2}{n_0} = \frac{(1.02 \times 10^{10})^2}{7.5 \times 10^{15}} = 1.39 \times 10^4 \text{cm}^{-3}$$

因为 $n_0 \gg p_0$，故 p_0 为少子。

（2）根据补偿定义，可知

$$n_0 = n_D^+ - N_A$$

费米能级 E_F 恰好与施主能级重合，说明杂质只有 1/3 电离，那么有

$$n_D^+ = \frac{N_D}{1 + 2\left(-\dfrac{E_D - E_F}{k_0 T}\right)} = \frac{1}{3} N_D$$

故有

$$N_D = 3n_D^+ = 3(n_0 + N_A) = 3 \times (7.5 \times 10^{15} + 5 \times 10^{14}) = 2.4 \times 10^{16} \, \text{cm}^{-3}$$

15.【解】根据题意有

$$n_0 = N_c \exp\left(-\frac{E_c - E_F}{k_0 T}\right) = 0.78 N_D$$

可得

$$E_F = E_c + k_0 T \ln\left(\frac{0.78 N_D}{N_c}\right)$$

当 $(E_D - E_F) \gg k_0 T$ 时，施主能级上电子浓度为

$$n_D \approx 2 N_D \exp\left(-\frac{E_D - E_F}{k_0 T}\right)$$

那么，可得

$$n_D \approx 2 N_D \left(\frac{0.78 N_D}{N_c}\right) \exp\left(\frac{\Delta E_D}{k_0 T}\right) = (1 - 0.78) N_D$$

可以得出

$$N_c = 2 \times \left(\frac{0.78 N_D}{1 - 0.78}\right) \exp\left(\frac{\Delta E_D}{k_0 T}\right) = 2 \times \left(\frac{0.78 \times 10^{17}}{1 - 0.78}\right) \exp\left(\frac{0.11}{0.026}\right) = 4.87 \times 10^{19} \, \text{cm}^{-3}$$

根据导带中电子浓度的计算公式，可得

$$N_c \exp\left(-\frac{E_c - E_F}{k_0 T}\right) = N_c \exp\left(-\frac{E_c - E_D - E_F + E_D}{k_0 T}\right) = N_c \exp\left(-\frac{\Delta E_D - E_F + E_D}{k_0 T}\right) = 0.78 N_D$$

故有

$$E_F - E_D = \Delta E_D + k_0 T \ln \frac{0.78 N_D}{N_c} = 0.11 + 0.026 \ln \frac{0.78 \times 10^{17}}{4.87 \times 10^{19}} = -0.057 \, \text{eV}$$

因此，费米能级 E_F 在施主能级 E_D 下面 0.057eV 的位置。

16.【解】由 $E_1(k) = E_1(0) - \dfrac{\hbar^2 k^2}{2m_1}$，可得

$$k = \frac{\sqrt{2m_1[E_1(0) - E_1(k)]}}{\hbar}$$

能带 1 的能态密度为

$$N_1(E) = 2 \frac{V}{(2\pi)^3} \int \frac{\mathrm{d}S}{|\nabla_k E|}$$

式中，$|\nabla_k E| = \dfrac{\hbar^2 k}{m_1} = \hbar \sqrt{2[E_1(0) - E_1(k)]/m_1}$，故

$$N_1(E) = 2 \frac{V}{(2\pi)^3} \int \frac{\mathrm{d}S}{|\nabla_k E|} = 2 \frac{V}{(2\pi)^3} \frac{4\pi k^2}{\hbar \sqrt{2[E_1(0) - E_1(k)]/m_1}}$$

$$= \frac{2V}{(2\pi)^2} \left(\frac{2m_1}{\hbar^2}\right)^{3/2} \sqrt{E_1(0) - E_1(k)}$$

同理，能带 2 的能态密度为

$$N_2(E) = \frac{2V}{(2\pi)^2} \left(\frac{2m_2}{\hbar^2}\right)^{3/2} \sqrt{E_2(k) - E_2(k_0)}$$

根据题意画出示意图,如图 3-8 所示。半金属如果不发生能带重叠,电子刚好填满一个能带。由于能带交叠,能带 1 中电子填充到能带 2 中,满足

$$\int_{E_F^0(0)}^{E_1(0)} N_1(E)\mathrm{d}E = \int_{E_2(0)}^{E_F^0} N_2(E)\mathrm{d}E$$

则有

$$\int_{E_F^0(0)}^{E_1(0)} \frac{2V}{(2\pi)^2}\left(\frac{2m_1}{\hbar^2}\right)^{3/2}\sqrt{E_1(0)-E_1(k)}\,\mathrm{d}E = \int_{E_2(k_0)}^{E_F^0(0)} \frac{2V}{(2\pi)^2}\left(\frac{2m_2}{\hbar^2}\right)^{3/2}\sqrt{E_2(k)-E_2(k_0)}\,\mathrm{d}E$$

那么有

$$-m_1^{3/2}\left[E_1(0)-E_1(k)\right]^{3/2}\Big|_{E_F^0}^{E_1(0)} = m_2^{3/2}\left[E_2(k)-E_2(k_0)\right]^{3/2}\Big|_{E_2(k_0)}^{E_F^0} E_{1(0)}$$

则

$$m_1\left[E_1(0)-E_F^0\right] = m_2\left[E_F^0-E_2(k_0)\right]$$

又因为

$$m_1 = 0.18m_0, m_2 = 0.06m_0$$

$$E_1(0)-E_2(k_0) = 0.1\mathrm{eV}$$

故有

$$E_F^0 = E_2(k_0)+0.075\mathrm{eV}$$

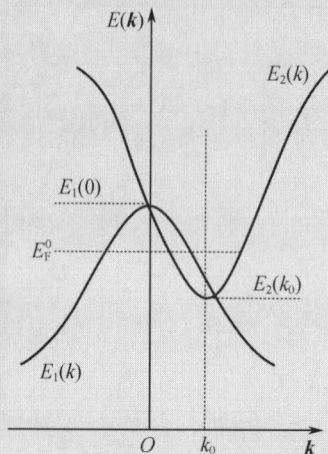

图 3-8　答案 3.5-16 图

17.【解】(1) 当样品呈现本征半导体的导电性时,则有

$$n_i = \sqrt{N_c N_v}\left(\frac{T}{300}\right)^{3/2}\exp\left(-\frac{E_g}{k_0 T}\right) \geqslant N_D$$

那么

$$5\times10^{12} \leqslant \sqrt{N_c N_v}\left(\frac{T}{300}\right)^{3/2}\exp\left(-\frac{E_g}{2k_0 T}\right)$$

$$\leqslant \sqrt{2.8\times10^{19}\times1.1\times10^{19}}\left(\frac{T}{300}\right)^{3/2}\exp\left(-\frac{1.12\times1.602\times10^{-19}}{2\times1.38\times10^{-23}T}\right)$$

解其等式,有

$$\frac{6500}{T} = \frac{3}{2}\ln T + 6.52$$

利用迭代法,可求得 $T=418\text{K}$,因此当温度高于 418K 时,该样品呈现出本征半导体的导电性。

(2)杂质浓度越高,达到本征激起主要作用的温度越高;将施主杂质浓度提高一个数量级为 $5\times10^{13}\,\text{cm}^{-3}$ 时,有

$$5\times10^{13}\leqslant\sqrt{N_cN_v}\left(\frac{T}{300}\right)^{3/2}\exp\left(-\frac{E_g}{2k_0T}\right)$$

解其等式,得

$$\frac{6500}{T}=\frac{3}{2}\ln T+4.21$$

同样利用迭代法,可求得 $T=483\text{K}$,当温度高于 483K 时,该样品呈现出本征半导体的导电性。

18.【解】根据导带中载流子浓度的计算公式,可得

$$n_0=N_c\exp\left(-\frac{E_c-E_F}{k_0T}\right)=N_c\exp\left(-\frac{E_c-E_D+E_D-E_F}{k_0T}\right)=N_c\exp\left(-\frac{\Delta E_D+3k_0T}{k_0T}\right)=N_D$$

那么

$$N_D=N_c\exp\left(-\frac{\Delta E_D+3k_0T}{k_0T}\right)$$
$$=2.8\times10^{19}\exp\left(-\frac{0.044+3\times0.026}{0.026}\right)$$
$$=2.57\times10^{17}\,\text{cm}^{-3}$$

如果掺锑(电离能为 0.039eV),杂质浓度仍然可以用该公式,可得

$$N'_D=2.8\times10^{19}\exp\left(-\frac{0.039+3\times0.026}{0.026}\right)=3.11\times10^{17}\,\text{cm}^{-3}$$

因为锑的电离能小于磷的电离能,故掺锑浓度上限相对较高。

19.【解】(1)假设 n 型半导体的电离能为 ΔE_D,低温下导带的电子全部由电离施主杂质提供,$n_0=n_D^+$,则

$$N_c\exp\left(-\frac{E_c-E_F}{k_0T}\right)=\frac{N_D}{1+2\exp\left(-\frac{E_D-E_F}{k_0T}\right)}$$

因为 $n_D^+\ll N_D$,所以 $\qquad\exp\left(-\frac{E_D-E_F}{k_0T}\right)\gg1$

解其等式得

$$E_F=\frac{E_c+E_D}{2}+\frac{k_0T}{2}\ln\left(\frac{N_D}{2N_c}\right)$$

因为 $N_c\propto T^{3/2}$,在低温极限 $T\to0\text{K}$ 时,$\lim\limits_{T\to0\text{K}}(T\ln T)=0$,所以

$$\lim_{T\to0\text{K}}E_F=\frac{E_c+E_D}{2}$$

上式说明,在低温极限 $T\to0\text{K}$ 时,费米能级位于导带底和施主能级间的中线处。

将费米能级对温度求微商,可以帮助了解在低温弱电离区内费米能级随温度升高而发生的变化,则有

$$\frac{\text{d}E_F}{\text{d}T}=\frac{k_0}{2}\ln\left(\frac{N_D}{2N_c}\right)+\frac{k_0T}{2}\frac{\text{d}(-\ln2N_c)}{\text{d}T}=\frac{k_0}{2}\left[\ln\left(\frac{N_D}{2N_c}\right)-\frac{3}{2}\right]$$

因为 $T\rightarrow 0K$ 时,$N_c\rightarrow 0$,故温度从 0K 上升时,dE_F/dT 开始为 $+\infty$,说明 E_F 上升很快。然而,随着 N_c 的增大,dE_F/dT 不断减小,说明 E_F 随 T 的升高而增大的速度变小。所以,当 $dE_F/dT=0$,即 $N_c=(N_D/2)e^{-3/2}$ 时,E_F 有极大值。

（2）当费米能级达到最大值时,要求 $dE_F/dT=0$;若 N_D 增大,要求 N_c 也增大,对应的温度升高。

20.【解】根据过渡区载流子浓度的计算公式,且 $N_D\gg n_i^2$,有

$$n_0=N_D+\frac{n_i^2}{N_D}$$

可得

$$n_i^2=N_D(n_0-N_D)=1\times 10^{15}\times(1.01-1)\times 10^{15}=10^{28}cm^{-3}$$

又根据载流子浓度乘积

$$n_0p_0=n_i^2=N_cN_v\exp\left(-\frac{E_g}{k_0T}\right)$$

可得

$$E_g=-k_0T\ln\frac{n_i^2}{N_cN_v}=-0.026\ln\frac{1\times 10^{28}}{1.5\times 10^{19}\times 1.5\times 10^{19}}=0.62eV$$

21.【解】(1)根据简并半导体的载流子浓度和电离施主浓度的计算公式

$$N_c\frac{2}{\sqrt{\pi}}F_{1/2}\left(\frac{E_F-E_c}{k_0T}\right)=\frac{N_D}{1+2\exp\left(-\frac{E_D-E_F}{k_0T}\right)}$$

根据题意可知

$$E_F-E_c=-k_0T$$
$$E_D-E_F=(E_D-E_c)+(E_c-E_F)=-0.049+0.026=-0.023eV$$

可得

$$N_D=N_c\frac{2}{\sqrt{\pi}}F_{1/2}\left(\frac{E_F-E_c}{k_0T}\right)\left[1+2\exp\left(-\frac{E_D-E_F}{k_0T}\right)\right]$$

$$=2.8\times 10^{19}\times\frac{2}{\sqrt{\pi}}\times F_{1/2}(-1)\times\left[1+2\exp\left(-\frac{-0.023}{0.026}\right)\right]$$

$$=4.62\times 10^{19}cm^{-3}$$

杂质的离化率为

$$\frac{n_D^+}{N_D}=\frac{1}{1+2\exp\left(-\frac{E_D-E_F}{k_0T}\right)}=\frac{1}{1+2\exp\left(-\frac{-0.023}{0.026}\right)}=0.17$$

（2）根据强电离的计算公式,可得

$$n_0=n_D^+=N_D=N_c\exp\left(-\frac{E_c-E_F}{k_0T}\right)=N_c\exp\left(-\frac{E_c-E_D+E_D-E_F}{k_0T}\right)$$

$$=2.8\times 10^{19}\times\exp\left(-\frac{0.049+1.5\times 0.026}{0.026}\right)=9.49\times 10^{17}cm^{-3}$$

22.【解】(1)对杂质浓度为 N_D 的 n 型半导体硅,如果杂质完全离化,电中性的条件为 $n_0=N_D+p_0$。

（2）若 $n_0=kp_0$,则有

$$p_0=\frac{N_D}{k-1},\quad n_0=\frac{kN_D}{k-1}$$

已知 $n_i^2 = n_0 p_0$，则有

$$n_i = \sqrt{k} N_D / (k-1)$$

（3）因为 $p_0 = 0.1 n_0$，故 $k = 10$；根据 $n_i = \sqrt{k} N_D / (k-1)$，可得

$$n_i / N_D = \sqrt{k} / (k-1) = \sqrt{10} / (10-1) = 0.35$$

（4）当 $N_D = 10^{15} \text{cm}^{-3}$，$p_0 = 0.1 n_0$ 时，可得

$$n_i = 0.35 N_D = 3.5 \times 10^{14} \text{cm}^{-3}$$

根据本征载流子浓度的计算公式有

$$n_i = 3.5 \times 10^{14} = \sqrt{N_c N_v} \left(\frac{T}{300} \right)^{3/2} \exp\left(-\frac{E_g}{2 k_0 T} \right)$$

$$= \sqrt{2.8 \times 10^{19} \times 1.1 \times 10^{19}} \left(\frac{T}{300} \right)^{3/2} \exp\left(-\frac{1.12 \times 1.602 \times 10^{-19}}{2 \times 1.38 \times 10^{-23} T} \right)$$

可得

$$\frac{6500}{T} = \frac{3}{2} \ln T + 2.32$$

通过迭代法，可得 $T = 551\text{K}$。

23.【解】（1）因为硅的禁带宽度为 1.12eV，所以有

$$E_c - E_i = E_c - E_F + E_F - E_i = 0.56\text{eV}$$

掺入某种施主杂质使硅的费米能级提高了 0.39eV，有 $E_F - E_i = 0.39\text{eV}$。故有

$$E_c - E_F = 0.56 - 0.39 = 0.17\text{eV} > 2 \times 0.026 (k_0 T)$$

样品没有发生载流子的简并化。

（2）根据导带载流子浓度的计算公式有

$$n_0 = N_c \exp\left(-\frac{E_c - E_F}{k_0 T} \right) = N_c \exp\left(-\frac{E_c - E_i + E_i - E_F}{k_0 T} \right) = n_i \exp\left(-\frac{E_i - E_F}{k_0 T} \right) = N_D$$

可得

$$N_D = n_0 = n_i \exp\left(-\frac{E_i - E_F}{k_0 T} \right) = 1.02 \times 10^{10} \times \exp\left(-\frac{-0.39}{0.026} \right) = 3.33 \times 10^{16} \text{cm}^{-3}$$

（3）电子占据导带底各能级的概率

掺杂前

$$f(E) = \exp\left(-\frac{E_c - E_i}{k_0 T} \right)$$

掺杂后

$$f(E) = \exp\left(-\frac{E_c - E_F}{k_0 T} \right)$$

掺杂后与本征的比率为

$$\exp\left(-\frac{E_c - E_F}{k_0 T} \right) / \exp\left(-\frac{E_c - E_i}{k_0 T} \right) = \exp\left(\frac{E_F - E_i}{k_0 T} \right) = \exp\left(\frac{0.39}{0.026} \right) = 3.27 \times 10^6$$

（4）根据空穴浓度计算公式

$$p_0 = n_i \exp\left(\frac{E_i - E_F}{k_0 T} \right)$$

可得

$$\frac{p_0}{n_i} = \exp\left(\frac{-0.39}{0.026} \right) = 3.06 \times 10^{-7}$$

即空穴浓度是本征时的 3.06×10^{-7} 倍。

24.【解】由价带中空穴浓度的计算公式

$$p_0 = N_v \exp\left(-\frac{E_F - E_v}{k_0 T}\right)$$

可得

$$E_F = E_v + k_0 T \ln\frac{N_v}{p_0} = E_v + 0.026\ln\left(\frac{1.1 \times 10^{19}}{1.1 \times 10^{16}}\right) = E_v + 0.18\text{eV}$$

所以

$$E_F - E_v = 0.18 = E_F - E_{A1} + E_{A1} - E_v = E_F - E_{A1} + 0.045\text{eV}$$

$$E_F - E_{A1} = 0.18 - 0.045 = 0.135\text{eV} \gg k_0 T$$

故硼是饱和电离的。同理

$$E_F - E_{A2} = 0.18 - 0.16 = 0.02\text{eV} \ll k_0 T$$

故铟不能强电离。

$$p_{A2}^- = \frac{N_{A2}}{1 + 4\exp\left(-\frac{E_F - E_{A2}}{k_0 T}\right)}$$

推出

$$N_{A2} = p_{A2}^- \left[1 + 4\exp\left(-\frac{E_F - E_{A2}}{k_0 T}\right)\right]$$

$$p_{A2}^- = p_0 - N_{A1} = 1.1 \times 10^{16} - 10^{16} = 10^{15}\text{cm}^{-3}$$

$$N_{A2} = 10^{15} \times \left[1 + 4\exp\left(-\frac{0.02}{0.026}\right)\right] = 2.85 \times 10^{15}\text{cm}^{-3}$$

25.【解】(1) 由图 3-6 可得
$$\Delta E_{A1} = E_{A1} - E_v = (E_c - E_v)/2 - (E_i - E_{A1}) = 1.12/2 - 0.25 = 0.31\text{eV}$$
$$\Delta E_{A2} = E_{A2} - E_v = (E_c - E_v)/2 - (E_i - E_{A2}) = 1.12/2 - 0.01 = 0.55\text{eV}$$
二者均为深能级。

(2) 完全补偿时,费米能级 $E_F = E_i$。
$$E_F - E_{A2} = E_i - E_{A2} = 0.01\text{eV} < k_0 T$$
故锌的 E_{A2} 能级不能强电离。
$$E_F - E_{A1} = E_i - E_{A1} = 0.25\text{eV} \gg k_0 T$$
故锌的 E_{A1} 能级是饱和电离。

假设锌的杂质浓度为 N_A,则电中性的条件为
$$n_D^+ = N_D = p_{A1}^- + p_{A2}^= = N_A + p_{A2}^=$$

那么有

$$N_D = N_A + p_{A2}^= = N_A + \frac{N_A}{1 + 4\exp\left(-\frac{E_F - E_{A2}}{k_0 T}\right)} = N_A + \frac{N_A}{1 + 4\exp\left(-\frac{E_i - E_{A2}}{k_0 T}\right)}$$

故有

$$N_A = \frac{N_D}{1 + \dfrac{1}{1 + 4\exp\left(-\dfrac{E_i - E_{A2}}{k_0 T}\right)}} = \frac{10^{15}}{1 + \dfrac{1}{1 + 4\exp\left(-\dfrac{0.01}{0.026}\right)}} = 7.88 \times 10^{14}\text{cm}^{-3}$$

需要掺入锌的浓度为 $7.88 \times 10^{14}\text{cm}^{-3}$。

26.【解】(1) 不能直接利用费米分布函数。因为能带中的能级可以容纳自旋方向相反的两个电子,而施主杂质能级只能被一个任意自旋方向的电子占据或不接受电子,施主能级不允许同时被自旋方向相反的两个电子占据,所以不能直接利用费米分布函数。

(2) 电子占据施主能级的概率分布函数为

$$f_D(E) = \frac{1}{1 + \frac{1}{g_D}\exp\left(\frac{E_D - E_F}{k_0 T}\right)}$$

式中,g_D 是施主能级的基态简并度,对于硅,$g_D = 2$。

(3) 成立。对于 n 型半导体,在 $E_D - E_F \gg k_0 T$ 处,量子态为电子占据的概率很小,泡利不相容原理失去作用,正是玻耳兹曼分布函数适用范围。此时可认为杂质全部电离,半导体杂质处于非简并态。

(4) 根据导带的电子浓度可知

$$n_0 = N_c\exp\left(-\frac{E_c - E_F}{k_0 T}\right) = N_c\exp\left(-\frac{E_c - E_D + E_D - E_F}{k_0 T}\right) = N_c\exp\left(-\frac{\Delta E_D}{k_0 T}\right)\exp\left(-\frac{E_D - E_F}{k_0 T}\right)$$

根据施主能级上电子浓度的计算,又因为 $E_D - E_F \gg k_0 T$,可得

$$n_D = \frac{N_D}{1 + \frac{1}{2}\exp\left(\frac{E_D - E_F}{k_0 T}\right)} = 2N_D\exp\left(-\frac{E_D - E_F}{k_0 T}\right)$$

那么

$$\frac{n_D}{n_D + n_0} = \frac{2N_D\exp\left(-\frac{E_D - E_F}{k_0 T}\right)}{2N_D\exp\left(-\frac{E_D - E_F}{k_0 T}\right) + N_c\exp\left(-\frac{\Delta E_D}{k_0 T}\right)\exp\left(-\frac{E_D - E_F}{k_0 T}\right)}$$

故有

$$n_D/(n_D + n_0) = [1 + (N_c/2N_D)\exp(-\Delta E_D/k_0 T)]^{-1}$$

(5) 已知 $N_c = 1.05 \times 10^{19} \text{cm}^{-3}$,$\Delta E_D = 0.0127\text{eV}$,当 $N_D = 5 \times 10^{16}\text{cm}^{-3}$ 时,有

$$\frac{n_D}{n_D + n_0} = \left[1 + \frac{1.05 \times 10^{19}}{2 \times 5 \times 10^{16}}\exp\left(\frac{-0.0127}{0.026}\right)\right]^{-1} = 0.015$$

3.6　证明题

1.【证明】根据导带中载流子浓度的计算公式有

$$n_0 = N_c\exp\left(-\frac{E_c - E_{Fn}}{k_0 T}\right) = N_c\exp\left(-\frac{E_c - E_i + E_i - E_{Fn}}{k_0 T}\right) = n_i\exp\left(-\frac{E_i - E_{Fn}}{k_0 T}\right)$$

对于 n 型半导体,有 $n_0 > n_i$,则

$$\exp\left(-\frac{E_i - E_{Fn}}{k_0 T}\right) > 1$$

可得 $E_i < E_{Fn}$。再根据价带中载流子浓度的计算公式有

$$p_0 = N_v\exp\left(-\frac{E_{Fp} - E_v}{k_0 T}\right) = N_v\exp\left(-\frac{E_{Fp} - E_i + E_i - E_v}{k_0 T}\right) = n_i\exp\left(-\frac{E_{Fp} - E_i}{k_0 T}\right)$$

对于 p 型半导体,有 $p_0 > n_i$,则

$$\exp\left(-\frac{E_{Fp} - E_i}{k_0 T}\right) > 1$$

得 $E_i > E_{Fp}$,故有 $E_{Fn} > E_i > E_{Fp}$。

2.【证明】根据费米分布函数的定义,可知

$$f(E) = \frac{1}{1 + \exp\left(\dfrac{E - E_F}{k_0 T}\right)}$$

高于费米能级 ΔE 的量子态被电子占据的概率为

$$f(E_F + \Delta E) = \frac{1}{1 + \exp\left(\dfrac{E_F + \Delta E - E_F}{k_0 T}\right)} = \frac{1}{1 + \exp\left(\dfrac{\Delta E}{k_0 T}\right)}$$

低于费米能级 ΔE 的量子态为空的概率为

$$1 - f(E_F - \Delta E) = 1 - \frac{1}{1 + \exp\left(\dfrac{E_F - \Delta E - E_F}{k_0 T}\right)} = 1 - \frac{1}{1 + \exp\left(\dfrac{-\Delta E}{k_0 T}\right)} = \frac{1}{1 + \exp\left(\dfrac{\Delta E}{k_0 T}\right)}$$

因此,高于费米能级 ΔE 的量子态被电子占据的概率与低于费米能级 ΔE 的量子态为空的概率相等。

3.【证明】假设导带底 E_c 在波矢 $\boldsymbol{k} = 0$,其附近的等能面是球形,那么有

$$E(\boldsymbol{k}) = E_c + \frac{\hbar^2 k^2}{2 m_n^*}$$

则可得

$$k = \frac{(2 m_n^*)^{1/2} (E - E_c)^{1/2}}{\hbar}, \quad k \, \mathrm{d}k = \frac{m_n^* \, \mathrm{d}E}{\hbar^2}$$

能量 $E \sim (E + \mathrm{d}E)$ 之间的量子态数为

$$\mathrm{d}Z = \frac{2V}{8\pi^3} \times 4\pi k^2 \, \mathrm{d}k$$

那么

$$g_c(E) = \frac{\mathrm{d}Z}{\mathrm{d}E} = \frac{V}{2\pi^2} \frac{(2 m_n^*)^{3/2}}{\hbar^3} (E - E_c)^{1/2}$$

在能量 $E \sim (E + \mathrm{d}E)$ 间的电子数为

$$\mathrm{d}N = f_B(E) g_c(E) \mathrm{d}E = \frac{V}{2\pi^2} \frac{(2 m_n^*)^{3/2}}{\hbar^3} \exp\left(-\frac{E - E_F}{k_0 T}\right) (E - E_c)^{1/2} \mathrm{d}E$$

在能量 $E \sim (E + \mathrm{d}E)$ 之间单位体积中的电子数为

$$\mathrm{d}n = \frac{\mathrm{d}N}{\mathrm{d}V} = f_B(E) g_c(E) \mathrm{d}E = \frac{1}{2\pi^2} \frac{(2 m_n^*)^{3/2}}{\hbar^3} \exp\left(-\frac{E - E_F}{k_0 T}\right) (E - E_c)^{1/2} \mathrm{d}E$$

对上式进行积分,可得热平衡状态下非简并半导体的导带电子浓度 n_0 为

$$n_0 = \int_{E_c}^{E_c'} \frac{1}{2\pi^2} \frac{(2 m_n^*)^{3/2}}{\hbar^3} \exp\left(-\frac{E - E_F}{k_0 T}\right) (E - E_c)^{1/2} \mathrm{d}E$$

积分上限 E_c' 是导带顶能量。若引入变数 $x = (E - E_c)/(k_0 T)$,则有

$$n_0 = \frac{1}{2\pi^2} \frac{(2 m_n^*)^{3/2}}{\hbar^3} (k_0 T)^{3/2} \exp\left(-\frac{E - E_F}{k_0 T}\right) \int_0^{x'} x^{1/2} \mathrm{e}^{-x} \mathrm{d}x$$

式中,$x' = (E' - E_c)/(k_0 T)$,已知

$$\int_0^{\infty} x^{1/2} \mathrm{e}^{-x} \mathrm{d}x = \frac{\sqrt{\pi}}{2}, \quad h = \hbar \times 2\pi$$

所以有

$$n_0 = 2\left(\frac{2\pi m_c k_0 T}{h^2}\right)^{3/2} \exp\left(-\frac{E_c - E_F}{k_0 T}\right) = N_c \exp\left(-\frac{E_c - E_F}{k_0 T}\right)$$

4.【证明】根据导带电子浓度和价带空穴浓度计算公式,可得

$$n_0 = N_c \exp\left(-\frac{E_c - E_F}{k_0 T}\right), \quad p_0 = N_v \exp\left(-\frac{E_F - E_v}{k_0 T}\right)$$

在本征半导体中电子和空穴成对出现,有 $n_0 = p_0$,故有

$$N_c \exp\left(-\frac{E_c - E_F}{k_0 T}\right) = N_v \exp\left(-\frac{E_F - E_v}{k_0 T}\right)$$

对上式两边求对数,解得

$$E_F = \frac{E_c + E_v}{2} + \frac{k_0 T}{2} \ln \frac{N_v}{N_c}$$

5.【证明】由于半导体是非简并半导体,所以有电中性条件 $n_0 = n_D^+$,则

$$N_c \exp\left(-\frac{E_c - E_F}{k_0 T}\right) = \frac{N_D}{1 + 2\exp\left(-\frac{E_D - E_F}{k_0 T}\right)}$$

因为电离很弱,有 $n_0^+ \ll N_D$,故

$$\exp\left(-\frac{E_D - E_F}{k_0 T}\right) \gg 1$$

可得

$$N_c \exp\left(-\frac{E_c - E_F}{k_0 T}\right) = \frac{1}{2} N_D \exp\left(\frac{E_D - E_F}{k_0 T}\right)$$

对上式两边取对数,有

$$E_F = \frac{E_c + E_D}{2} + \frac{k_0 T}{2} \ln\left(\frac{N_D}{2N_c}\right)$$

根据 $E_F = (E_c + E_D)/2$,那么

$$\frac{k_0 T}{2} \ln\left(\frac{N_D}{2N_c}\right) = 0$$

故 $N_D = 2N_c$。

6.【证明】令本征状态转折温度和 300K 时的本征载流子浓度之比 $\frac{(n_i)_{T_d}}{(n_i)_{300K}} = A$,再根据本征载流子浓度的计算公式,则有

$$\frac{\left[(N_c' N_v')^{1/2} \exp\left(-\frac{E_g}{2k_0 T_d}\right)\right]_{T_d}}{\left[(N_c N_v)^{1/2} \exp\left(-\frac{E_g}{2k_0 T_{300K}}\right)\right]_{300K}} = A$$

式中,N_c、N_v 为 300K 时导带底和价带顶的状态密度;N_c'、N_v' 是温度为 T_d 时导带底和价带顶的状态密度,分别为

$$\begin{cases} N_c = 2\dfrac{(2\pi m_n^* k_0 T)^{3/2}}{\hbar^3} \\ N_v = 2\dfrac{(2\pi m_p^* k_0 T)^{3/2}}{\hbar^3} \end{cases}, \quad \begin{cases} N_c' = 2\dfrac{(2\pi m_n^* k_0 T_d)^{3/2}}{\hbar^3} \\ N_v' = 2\dfrac{(2\pi m_p^* k_0 T_d)^{3/2}}{\hbar^3} \end{cases}$$

则有

$$A = \left(\frac{T_d}{300}\right)^{3/2} \exp\left(-\frac{E_g}{2k_0 T_d}\right) \exp\left(\frac{E_g}{2k_0 T_{300K}}\right)$$

那么,掺杂状态到本征状态的条件为

$$N_D = (n_i)_{T_d} = A(n_i)_{300K} = \left(\frac{T_d}{300}\right)^{3/2} \exp\left(-\frac{E_g}{2k_0 T_d}\right) \exp\left(\frac{E_g}{2k_0 T_{300K}}\right) \times (N_c N_v)^{1/2} \exp\left(-\frac{E_g}{2k_0 T_{300K}}\right)$$

故有

$$N_D = (N_c N_v)^{1/2} \left(\frac{T_d}{300}\right)^{3/2} \exp\left(-\frac{E_g}{2k_0 T_d}\right)$$

可得

$$\exp\left(\frac{E_g}{k_0 T_d}\right) = \frac{N_c N_v}{N_D^2} \left(\frac{T_d}{300}\right)^3$$

对上式两边取对数,可得

$$T_d = \frac{E_g}{k_0 \ln\left[\frac{N_c N_v}{N_D^2}\left(\frac{T_d}{300}\right)^3\right]}$$

7.【证明】价带附近状态密度为

$$g_v(E) = \frac{V}{2\pi^2} \frac{(2m_{dp})^{3/2}}{\hbar^3} (E_v - E)^{1/2}$$

因为价带顶对应有极大值重合的两个能带,有

$$E_{vl} = E_v - \frac{\hbar^2 k^2}{2(m_p)_l}, \quad E_{vh} = E_v - \frac{\hbar^2 k^2}{2(m_p)_h}$$

那么轻空穴和重空穴状态密度分别为

$$\begin{cases} g_{vl}(E) = \dfrac{V}{2\pi^2} \dfrac{[2(m_p)_l]^{3/2}}{\hbar^3} (E_{vl} - E)^{1/2} \\[3mm] g_{vh}(E) = \dfrac{V}{2\pi^2} \dfrac{[2(m_p)_h]^{3/2}}{\hbar^3} (E_{vh} - E)^{1/2} \end{cases}$$

价带顶附近状态密度应为两个能带状态密度之和,即

$$g_v(E) = g_{vl}(E) + g_{vh}(E) \text{ 且 } E_{vl} \approx E_{vh}$$

可得

$$(2m_{dp})^{3/2} = [2(m_p)_l]^{3/2} + [2(m_p)_h]^{3/2}$$

即

$$m_p^* = m_{dp} = [(m_p)_l^{3/2} + (m_p)_h^{3/2}]^{2/3}$$

8.【证明】(1) 根据本征载流子浓度的定义和题中条件,可知

$$n_i = (N_c N_v)^{1/2} \exp\left(-\frac{E_g}{2k_0 T}\right) = \left(\frac{k_0}{2\pi\hbar^2}\right)^{3/2} (m_n^* m_p^*)^{3/4} T^{3/2} \exp\left(-\frac{E_g}{2k_0 T}\right)$$

$$= \left(\frac{k_0}{2\pi\hbar^2}\right)^{3/2} (m_n^* m_p^*)^{3/4} T^{3/2} \exp\left(-\frac{E_g(0) + \beta T}{2k_0 T}\right)$$

根据本征半导体电导率的计算公式,则有

$$\sigma_i = q(\mu_n + \mu_p) n_i = q(\mu_n + \mu_p) \left(\frac{k_0}{2\pi\hbar^2}\right)^{3/2} (m_n^* m_p^*)^{3/4} T^{3/2} \exp\left(-\frac{E_g(0) + \beta T}{2k_0 T}\right)$$

将电导率对温度求导得

$$d\sigma_i = q(\mu_n + \mu_p) \left\{\frac{3}{2} T^{1/2} \exp\left(-\frac{E_g(0) + \beta T}{2k_0 T}\right) + \right.$$

$$\left. T^{3/2} \exp\left(-\frac{E_g(0) + \beta T}{2k_0 T}\right) \left[-\frac{\beta 2k_0 T - (E_g(0) + \beta T) 2k_0}{(2k_0 T)^2}\right]\right\} dT$$

那么

$$\frac{d\sigma_i}{\sigma_i} = \frac{dn_i}{n_i} = \frac{[3/2 + E_g(0)/2k_0 T]dT}{T}$$

（2）将 $T = 300℃$，$dT = 1℃$ 代入（1）中结论，可得锗在室温附近温度每升高 1℃，电导率增大的百分比为

$$\frac{d\sigma_i}{\sigma_i} = \frac{[3/2 + 0.78/(2 \times 0.026)] \times 1}{300} = 0.055 = 5.5\%$$

（3）将 $T = 300℃$，$dT = 1℃$ 代入（1）中结论，可得硅在室温附近温度每升高 1℃，电导率增大的百分比为

$$\frac{d\sigma_i}{\sigma_i} = \frac{[3/2 + 1.17/(2 \times 0.026)] \times 1}{300} = 0.08 = 8\%$$

第 4 章 半导体的导电性

4.1 名词解释

迁移率 电离杂质散射 晶格振动散射 等同的能谷间散射 中性杂质散射 位错散射 合金散射 平均自由程 平均自由时间 电导有效质量 多能谷散射 负微分迁移率 负阻效应

4.2 填空题

1. 在半导体中,如果温度升高,考虑其对载流子的散射作用,电离杂质散射概率_____和晶格振动散射概率_____。

2. 半导体中的载流子在运动中遭到散射的根本原因是_____,原胞中含有两个原子的半导体共有 6 支格波,频率_____的 3 支称为声学波,频率_____的 3 支称为光学波。从原子振动方式来看,无论声学波还是光学波,根据原子位移方向和波传播方向之间的关系,都可分为_____和_____。对于声学波,原胞中的两个相邻原子做_____的振动,表明原胞_____的振动。

3. 半导体中的主要散射机构有_____和_____,前者在_____下起主要作用,后者在_____下起主要作用。其他因素引起的散射包括_____散射、_____散射、_____散射和_____散射。对化合物半导体砷化镓,其主要散射机构是_____散射、_____散射和_____散射。

4. 长声学波对载流子散射概率 P_s 与温度 T 的关系是_____,由此所决定的迁移率与温度的关系为_____。

5. 杂质半导体硅的导电能力强弱与载流子浓度和迁移率有关,其载流子浓度由_____和_____两个因素决定,而迁移率大小又由_____和_____两种散射机构决定,因此电导率随温度的变化关系比较复杂。

6. 一块补偿硅材料,掺入硼 $1.5 \times 10^{16} \, \text{cm}^{-3}$,掺入磷 $5 \times 10^{15} \, \text{cm}^{-3}$,电子迁移率 $\mu_n = 1350 \, \text{cm}^2/(\text{V} \cdot \text{s})$,空穴迁移率 $\mu_p = 500 \, \text{cm}^2/(\text{V} \cdot \text{s})$,电子浓度为_____,费米能级与禁带中央的差为_____,半导体的电导率为_____。

7. 半导体中的电子受电离杂质散射、声学波散射、光学波散射而产生的迁移率分别为_____、_____和_____,则电子的总迁移率 μ 应为_____。

8. 如果忽略少数载流子,p 型半导体的电阻率可以近似表示为_____。

9. 对于导带为多能谷的半导体,如砷化镓,当能量适当高的子能谷的曲率较_____时,有可能观察到负微分电导现象,这是因为这种子能谷中的电子有效质量较_____。

10. 在外电场作用下,电子的分布函数 $f(r, k, t)$ 由玻耳兹曼方程决定,常采用的所谓弛豫时间近似,它的表述形式为_____。

11. 载流子速度随外加电场强度线性增加,总速度为漂移速度和_____两者之和。

4.3　选择题

1. 本征硅,掺施主 $N_D = 10^{15}\,cm^{-3}$ 的硅,受主 $N_A = 10^{15}\,cm^{-3}$ 的硅,以及 $N_D = N_A = 10^{15}\,cm^{-3}$ 的硅,在室温时,上述 4 种材料的导电能力由强到弱的正确顺序是(　　)。

    A. 本征硅,掺施主 $N_D = 10^{15}\,cm^{-3}$ 的硅,掺受主 $N_A = 10^{15}\,cm^{-3}$ 的硅,$N_D = N_A = 10^{15}\,cm^{-3}$ 的硅

    B. 掺施主 $N_D = 10^{15}\,cm^{-3}$ 的硅,本征硅,掺受主 $N_A = 10^{15}\,cm^{-3}$ 的硅,$N_D = N_A = 10^{15}\,cm^{-3}$ 的硅

    C. 掺受主 $N_A = 10^{15}\,cm^{-3}$ 的硅,本征硅,掺施主 $N_D = 10^{15}\,cm^{-3}$ 的硅,$N_D = N_A = 10^{15}\,cm^{-3}$ 的硅

    D. 掺施主 $N_D = 10^{15}\,cm^{-3}$ 的硅,$N_D = N_A = 10^{15}\,cm^{-3}$ 的硅,本征硅,掺受主 $N_A = 10^{15}\,cm^{-3}$ 的硅

    E. 掺施主 $N_D = 10^{15}\,cm^{-3}$ 的硅,掺受主 $N_A = 10^{15}\,cm^{-3}$ 的硅,本征硅,$N_D = N_A = 10^{15}\,cm^{-3}$ 的硅

2. 半导体中的载流子在输运过程中,当温度升高时,电离杂质散射的概率和晶格振动声子的散射概率的变化分别是(　　)。

    A. 变大,变小   B. 变小,变大   C. 变小,变小   D. 变大,变大

3. 载流子的扩散运动产生(　　)电流,漂移运动产生漂移电流。

    A. 漂移   B. 隧道   C. 扩散   D. 复合

★4. 公式 $\mu = \tau q/m^{*}$ 中的 τ 是半导体中载流子的(　　)。

    A. 迁移时间   B. 寿命   C. 平均自由时间   D. 扩散时间

5. 当在半导体中以长声学波为主要散射机构时,电子迁移率 μ 与温度的(　　)。

    A. 平方成正比   B. 3/2 次方成反比   C. 平方成反比   D. 2/3 次方成正比

6. 在室温下,n 型硅半导体中电子迁移率主要取决于(　　)。

    A. 电离杂质散射   B. 晶格散射   C. 位错散射   D. 电子间的散射

7. 在进入太空的空间实验室中生长的砷化镓通常具有很高的载流子迁移率,这是因为(　　)的缘故。

    A. 无杂质污染   B. 受到强宇宙射线照射

    C. 晶体生长完整性好   D. 化学配比合理

8. 若某材料电阻率随温度上升而先下降后上升,该材料为(　　)。

    A. 金属   B. 本征半导体   C. 掺杂半导体   D. 高纯化合物半导体

9. 半导体的电阻率不仅与杂质浓度有关,而且随温度的变化很灵敏。在杂质电离起主要作用时,电阻率随温度升高而(　　),在温度比较高时,本征激发将起主要作用,电阻率随温度上升而(　　)。

    A. 下降   B. 增加   C. 不变

10. 要观测到砷化镓中的电导现象,最好选取(　　)为样品。

    A. n 型砷化镓   B. p 型砷化镓   C. 高阻砷化镓

11. 在强电场下,随电场强度的增加,砷化镓中载流子的平均漂移速率(　　)。

    A. 增加   B. 减少   C. 不变

4.4 简答题

1. 载流子迁移率的物理意义是什么？并说明其大小主要由哪些因素决定？（北京工业大学 2013 年、2016 年考研真题）

2. 什么是散射概率？什么是平均自由时间？散射概率和平均自由时间的关系是怎样的？半导体中载流子存在多种散射机构，在怎样的假设下多种散射机构同时存在条件下的散射概率可以简单直接相加？（西安电子科技大学 2009 年、北京工业大学 2015 年和 2020 年考研真题）

3. 从原子的振动方式来看，声学波和光学波有什么不同？

4. 请绘制并完成表 4-1 所示表格。（西安电子科技大学 2006 年考研真题）

表 4-1　题 4.4-4 表

材料	晶胞名称与晶胞结构特点	价带结构及其特点	室温下的禁带宽度	主要散射机构	主要散射机构决定的 τ 与温度的关系
硅					
砷化镓					

5. 半导体材料硅、锗和砷化镓在室温且较纯的情况下，电子迁移率大小顺序如何？试说明为什么对同一样品，电子迁移率 μ_n 和空穴迁移率 μ_p 两者并不相等。（西安电子科技大学 2010 年考研真题）

6. 以硅掺杂半导体为例，简述载流子的主要散射机构及迁移率随温度的变化规律。（西安交通大学 2005 年考研真题）

7. 向半导体中进行重掺施主杂质，简述这对半导体中的载流子分布、能带结构和迁移率的影响（室温，不考虑杂质补偿效应）。（中国科学院大学 2018 年考研真题）

8. 图 4-1 是测量不同锗样品电导率随温度变化的结果，试分析说明。

9. 图 4-2 是两个样品的迁移率随温度变化的实验数据，指出在什么温度范围内电离杂质散射起主要作用？两条曲线为什么在低温下分开而在高温时趋于一致？（中国科学院半导体物理研究所 2001 年考研真题）

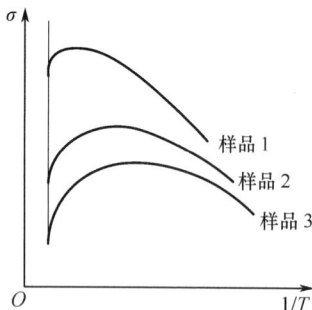

图 4-1　题 4.4-8 图

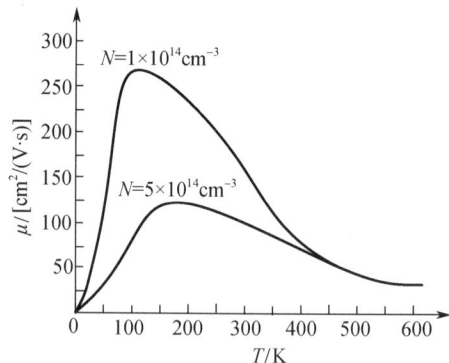

图 4-2　题 4.4-9 图

10. 图 4-3 是根据实验结果得到的不同杂质浓度条件下硅中电子迁移率 μ_n 随温度的变化曲线，请分别解释这两种不同杂质浓度的 n 型样品的实验曲线。（西安电子科技大学 2006 年考研真题）

11. 硅样品 1 中均匀掺入浓度为 $10^{15} cm^{-3}$ 的 n 型杂质砷,其杂质电离能为 0.049eV;硅样品 2 中均匀掺入浓度为 $10^{15} cm^{-3}$ 的 n 型杂质锑,其杂质电离能为 0.039eV。

(1) 在 77K 低温弱电离区中,同一温度下哪块硅样品的电导率高? 说明理由。

(2) 在室温范围内,同一温度下这两块硅样品的电导率情况如何? 并说明理由。(浙江大学 2006 年考研真题)

12. 工厂生产超纯硅的室温电阻率总是夏天低、冬天高,试解释原因。

13. 采用测量电阻率方法来估计半导体材料的纯度的依据是什么? 有何局限性?

14. 半导体电阻率 ρ 的大小与哪些因素有关? 现有 1 块本征和 2 块杂质高度补偿半导体硅样品,其杂质补偿浓度分别为 $N_D = N_A = 10^{14} cm^{-3}$ 和 $N_D = N_A = 10^{17} cm^{-3}$,请问在室温下载流子浓度和电阻率是否相同? 为什么?(西安电子科技大学 2010 年考研真题)

15. 图 4-4 为中等掺杂的硅的电阻率 ρ 随温度 T 的变化关系,分析其变化的原因,并说明它与金属电阻率随温度变化不同的本质原因是什么。(华东师范大学 2004 年、北京工业大学 2007 年考研真题)

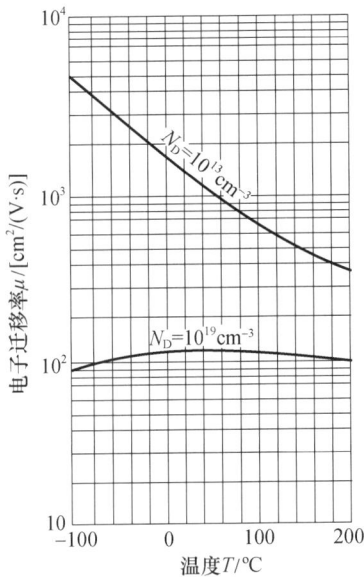

图 4-3 题 4.4-10 图

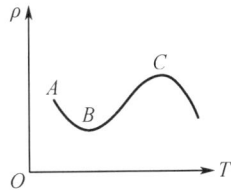

图 4-4 题 4.4-15 图

★16. 什么是热载流子? 随着温度的升高,热载流子的迁移率将怎么变化? 为什么?(北京工业大学 2012 年、东南大学 2013 年考研真题)

17. 画出硅中电子的漂移速度和电场强度的关系曲线,并简述强电场下欧姆定律发生偏移的原因。

18. 画出砷化镓的能带结构,并从能带结构的角度分析说明,在强电场下,n 型砷化镓和 n 型硅的电子漂移速度随电场强度的变化规律有何差别? 导致这一差别的根本原因是什么?(西安电子科技大学 2011 年、东南大学 2006 年考研真题)

19. 由砷化镓的能带结构说明,何谓多能谷散射? 发生谷间散射后,对砷化镓半导体的电导率有何影响? 为什么随电场的增加,载流子漂移速度会达到饱和?(浙江大学 2005 年考研真题)

20. 什么是耿氏效应? 分析其形成机制和应用。(华东师范大学 2004 年考研真题)

4.5 计算题

1. 0.12kg 的硅单晶掺有 3.0×10^{-9} kg 的锑(Sb),设杂质全部电离,试求出此材料的电导率。(硅单晶的密度为 2.33g/cm³,锑的原子量为 121.8)

2. 在半导体硅材料中掺入施主杂质浓度 $N_D = 5 \times 10^{15}$ cm⁻³,受主杂质浓度 $N_A = 8 \times 10^{14}$ cm⁻³,设室温下本征硅材料的电阻率 $\rho_i = 2.2 \times 10^5$ Ω·cm,不考虑杂质浓度对迁移率的影响,求室温下少子浓度和电导率。(浙江理工大学 2011 年考研真题)

3. 已知某半导体中 $n_i = 2.3 \times 10^{13}$ cm⁻³,$\mu_n = 3800$ cm²/(V·s),$\mu_p = 1900$ cm²/(V·s),当半导体中电子浓度 n_0 和空穴浓度 p_0(除 $n_0 = p_0 = n_i$ 外)为何值时,电导率等于本征电导率?(东南大学 2013 年考研真题)

4. 已知 $T = 300K$ 时硅的实测电子浓度为 $n_0 = 4.5 \times 10^4$ cm⁻³,$N_D = 5 \times 10^{15}$ cm⁻³。
   (1) 该半导体是 n 型还是 p 型?
   (2) 该半导体的电导率是多少?
   (3) 计算该半导体以本征费米能级 E_i 为参考点时费米能级的位置。

★5. 掺有两种互补杂质的 n 型硅材料,300K 时材料的电阻率为 0.0625Ω·cm,已知掺入的受主浓度为 1×10^{17} cm⁻³,利用图 4-5 求:

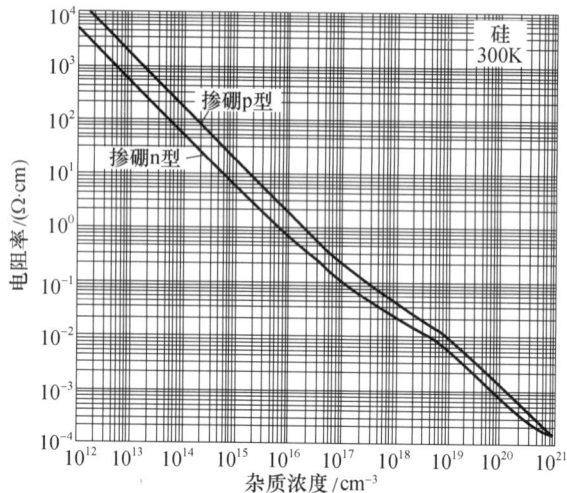

(a) 电阻率与杂质浓度的关系

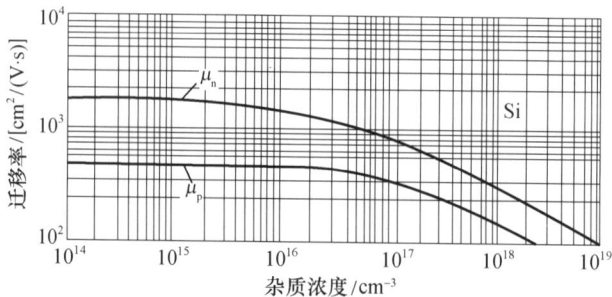

(b) 迁移率与杂质浓度的关系

图 4-5 题 4.5-5 图

（1）掺入施主浓度及电子迁移率；

（2）如果材料两端加上 $10\mathrm{V/cm}$ 的电场，电子电流密度及空穴电流密度各为多少？（西安交通大学 2006 年考研真题）

6. 硅样品，掺有受主浓度为 $10^{13}\mathrm{cm}^{-3}$，样品内有电场强度为 $10^3\mathrm{V/cm}$ 的电场。

（1）求室温下样品的电导率及流过样品的电流密度。

（2）当再掺入 $5\times10^{13}\mathrm{cm}^{-3}$ 的施主杂质时，求样品的电导率及电流密度。（中国科学院大学 2003 年考研真题）

7. 若某半导体内存在 3 种散射机构，只存在第一种散射机构时电子迁移率 $\mu_1=2000\mathrm{cm}^2/(\mathrm{V}\cdot\mathrm{s})$，只存在第二种散射机构时电子迁移率为 $\mu_2=1500\mathrm{cm}^2/(\mathrm{V}\cdot\mathrm{s})$，只存在第三种散射机构时电子迁移率为 $\mu_3=500\mathrm{cm}^2/(\mathrm{V}\cdot\mathrm{s})$，求总迁移率。（西安电子科技大学 2009 年考研真题）

8. 本征锗材料中载流子的主要散射机构是什么？这种散射机构所决定的散射概率与温度的关系是怎样的？迁移率与温度的关系又是怎样的？本征半导体锗在不同温度下测得的电导率 σ_i 值如表 4-2 所示，如果禁带宽度 E_g、状态密度与温度无关，在图 4-6 的坐标中画出 $\ln\sigma_i$-$1/T\times10^3$ 关系曲线，并从所作曲线中得到数据求出锗的禁带宽度。（西安电子科技大学 2013 年考研真题）

表 4-2 题 4.5-8 表

温度/℃	112	185	283	441
电导率 σ_i/(S/cm)	35.71	163.93	769.23	3703.70

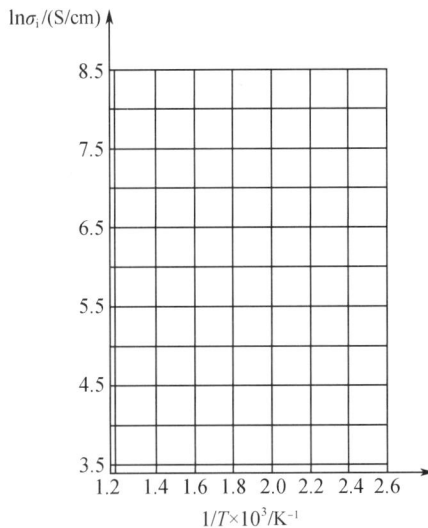

图 4-6 题 4.5-8 图

9. 某半导体室温时本征载流子浓度 $n_i=1.09\times10^{16}\mathrm{cm}^{-3}$，400K 时 $n_i=5.21\times10^{16}\mathrm{cm}^{-3}$。

（1）如果 E_g 与温度无关，求禁带宽度 E_g。

（2）已知 $\mu_n=1350(T/300)^{-3/2}\mathrm{cm}^2/(\mathrm{V}\cdot\mathrm{s})$，$\mu_p=480(T/300)^{-3/2}\mathrm{cm}^2/(\mathrm{V}\cdot\mathrm{s})$，计算该半导体在室温下和 400K 时的本征电导率。

（3）200K 时该材料要保证本征导电，则最高杂质浓度应为多少？（西安电子科技大学 2012 年考研真题）

10. 受主浓度为 N_A，施主浓度为 N_D，电子迁移率和空穴迁移率分别为 μ_n 和 μ_p。

（1）给出室温下电导率满足的关系式（用 N_A、N_D、μ_n、μ_p 及 q 表示）；

（2）分别给出室温下轻度和高度补偿时电导率公式；

（3）若对上述轻度补偿的半导体进行漂移迁移率的测量（海恩斯-肖克莱实验），试问测出的是电子迁移率还是空穴迁移率？什么情况下绘出的是双迁移率？（中国科学院大学 2016 年考研真题）

11. 室温下未经过杂质补偿作用的 3 块 n 型硅样品，实验测出它们的费米能级位置 E_F 分别如图 4-7 所示，3 块样品的电子迁移率为 $\mu_n = 1350/(1+N_i/10^{16})^{1/2}$，空穴迁移率为 $\mu_p = 350/(1+N_i/10^{16})^{1/2}$，$N_i$ 为离化杂质浓度，请分别计算这 3 块样品的多子浓度、少子浓度和电阻率。（西安电子科技大学 2011 年、2019 年考研真题）

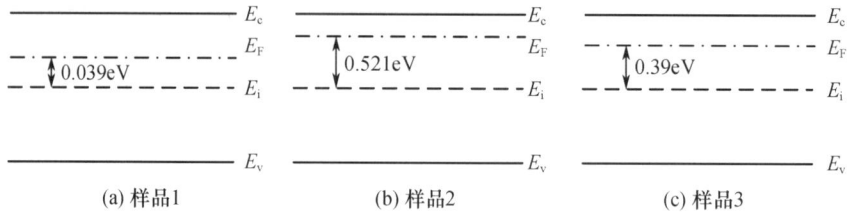

图 4-7　题 4.5-11 图

12. 在室温下一块 n 型硅材料的电阻率为 $1\Omega \cdot cm$，求其费米能级的位置。当再均匀掺入 $1 \times 10^{16}\ cm^{-3}$ 的硼后，在室温下其电阻率变为多少？再求其费米能级的位置。（浙江大学 2004 年考研真题）

13. 用本征硅材料制成一个热敏电阻，测得其在 290K 时的电阻值为 500Ω，假设硅的禁带宽度及迁移率不随温度变化，试估计在 325K 时热敏电阻的电阻值。（北京工业大学 2021 年考研真题）

★14. 本征硅是否具有最高的电阻率？如果不是，电阻率最高的硅是 n 型的还是 p 型的？室温条件下硅的最高电阻率是本征硅电阻率的多少倍？（西安电子科技大学 2015 年考研真题）

15. 若某半导体材料的电子迁移率和空穴迁移率为 $\mu_n = 3\mu_p$，其电阻率与载流子浓度有关，试求当电阻率达最大值时空穴浓度是电子浓度的几倍。

16. 在某半导体中掺入受主杂质 $N_A = 1.74 \times 10^{13}\ cm^{-3}$，在室温时，该半导体的电导率正好取得最小值 $\sigma_{min} = 2.1 \times 10^{-6}\ S/cm$，求该半导体的空穴迁移率 μ_p 和电子迁移率 μ_n。

17. 在室温下一块 p 型锗材料和一块 p 型硅材料，掺硼浓度均为 $1 \times 10^{15}\ cm^{-3}$，其各自的电阻率为多少？当温度上升到 500K 时，它们的电阻率变为多少？（浙江大学 2004 年考研真题）

★18. 一块均匀掺杂的 n 型半导体锗材料，在室温下其电阻率为 $3\Omega \cdot cm$。

（1）如何进行再次均匀掺杂使其电阻率改变为 n 型 $1\Omega \cdot cm$？

（2）如何进行再次均匀掺杂使其电阻率从 n 型 $3\Omega \cdot cm$ 改变为 p 型 $1\Omega \cdot cm$？（浙江大学 2005 年考研真题）

19. 在室温下一块均匀掺杂的 n 型硅材料和一块均匀掺杂的 p 型锗材料，其杂质浓度均为 $3 \times 10^{15}\ cm^{-3}$（杂质类型不同），求它们电阻率的比值（$\rho_{nSi}/\rho_{pGe}$）？当掺杂情况不变，环境温度升高到 500K 时，它们的电阻率比值变为多少？（浙江大学 2006 年考研真题）

20. 在室温下一块均匀掺杂的 n 型硅材料，其杂质浓度未知；再在该块材料中均匀掺入 p

型 $2 \times 10^{16} \, cm^{-3}$ 杂质后,该块材料的电阻率变为 p 型 $1\Omega \cdot cm$。求未掺 p 型杂质时该块材料的电阻率。(浙江大学 2006 年考研真题)

21. 在室温下,有一块均匀杂质浓度为 $2 \times 10^{15} \, cm^{-3}$ 的 p 型硅。

(1) 当其电阻率同另一块均匀掺杂同样杂质的锗材料电阻率相等时,该锗材料的杂质浓度是多少?

(2) 某光波均匀照射到该硅材料,并设光波被该材料均匀吸收,电子-空穴对的产生率为 $2 \times 10^{20} \, cm^{-3} \cdot s^{-1}$,该材料的少数载流子寿命为 $10\mu s$,求光照时的电阻率。(浙江大学 2002 年考研真题)

22. 已知硅原子掺杂到砷化镓材料,可取代镓原子成为施主杂质或取代砷原子成为受主杂质。假定硅原子浓度为 $1 \times 10^{15} \, cm^{-3}$,其中 5% 取代砷原子,95% 取代镓原子,并在室温下全部电离。已知室温下砷化镓材料的本征载流子浓度 $n_i = 1.8 \times 10^6 \, cm^{-3}$,在 $10^{14} \sim 10^{15} \, cm^{-3}$ 的掺杂水平时,载流子迁移率分别为 $\mu_n = 8800 cm^2/(V \cdot s)$ 和 $\mu_p = 400 cm^2/(V \cdot s)$。

(1) 求样品的多子浓度;

(2) 求样品的电导率;

(3) 求样品的霍耳系数。(中国科学院大学 2008 年考研真题)

4.6 证明题

1. 硅导带极值有 6 个,等能面为旋转椭球面,椭球长轴方向沿<100>方向,有效质量分别为 m_l 和 m_t,试证明电子的电导有效质量 m_c 为 $\frac{1}{m_c} = \frac{1}{3}\left(\frac{1}{m_l} + \frac{2}{m_t}\right)$。(东南大学 2006 年考研真题)

第 4 章习题答案及详解

4.1 名词解释

迁移率:表示单位电场强度下载流子的平均漂移速度,其大小为电场强度和载流子漂移速度的比值,单位为 $m^2/(V \cdot s)$ 或 $cm^2/(V \cdot s)$。迁移率代表了载流子导电能力的大小。

电离杂质散射:施主杂质电离后是一个带正电的离子,受主杂质电离后是一个带负电的离子。在电离施主或电离受主周围形成一个库仑势场,这一库仑势场局部地破坏了杂质附近的周期性势场,而载流子运动到电离杂质附近时,其运动速度和方向均发生改变,即电离杂质散射。

晶格振动散射:在一定温度下,晶格原子各自在其平衡位置附近做微振动,载流子在半导体中运动时,会不断地与这些热振动着的晶格原子发生碰撞,这种由于晶格热振动的碰撞使载流子速度的大小及方向不断改变即晶格振动散射。晶格振动散射主要包括光学波散射和声学波散射,其中长纵光学波和长纵声学波在散射中起主要作用。长纵光学波在离子性晶体中形成疏密相间区域时会造成半个波长区域带正电,另半个波长区域带负电,正、负电区域产生电场,形成一个附加势场;而长纵声学波会造成原子分布的疏密变化,产生体积变化,即疏处体积膨胀、密处体积压缩,产生附加势场。这两种附加势场破坏了原来势场的严格周期性,从而产生了散射。

等同的能谷间散射:硅的导带具有极值能量相同的 6 个旋转椭球等能面(锗有 4 个),载流子在这些能谷中分布相同,这些能谷称为等同的能谷;电子在这种多能谷半导体中从一个极值附近散射到另一个极值附近,即等同的能谷间散射。

中性杂质散射:低温下杂质没有充分电离,没有电离的杂质呈中性,这种中性杂质对周期性势场有一定的微扰作用,从而引起散射;只有杂质浓度很高的重掺杂半导体,当温度很低、晶格振动散射和电离杂质散射都很弱时,才起主要的散射作用。

位错散射:在 n 型(p 型)材料中,位错线俘获(释放)电子成为一串负电(正电)中心,其周围形成了一个圆柱形正(负)空间电荷区,其内部存在的电场就是引起载流子散射的附加势场。位错散射具有各向异性,电子垂直于空间电荷圆柱体运动时将受到散射。

合金散射:在三元、四元等多元化合物半导体混晶体中,同族原子在晶格位置上随机排列,对周期性势场产生一定的微扰作用,会引起载流子的散射作用。

平均自由程:半导体中的载流子相邻两次碰撞之间的平均距离,即载流子的平均自由程。

平均自由时间:载流子在电场中做漂移运动时,只有在连续两次散射之间的时间内才做加速运动,这段时间称为自由时间。自由时间长短不一,若取极值多次而求得其平均值,则称为载流子的平均自由时间。

电导有效质量:对于等能面是旋转椭球面的多极值半导体,因为沿晶体的不同方向,有效质量不同。为构建迁移率和有效质量的关系,引入了电导有效质量 m_c。例如,硅导带有 6 个极值,等能面为旋转椭球面,椭球横向有效质量和纵向有效质量分别为 m_t 和 m_l,根据不同极值旋转椭球中电子对电流的贡献,得出 $m_c = 3m_l m_t/(2m_l + m_t)$ 的关系,引入电导有效质量 m_c 之后载流子迁移率与有效质量的关系不变。

多能谷散射:在电场作用下,电子从电场中获取能量,可在能谷间转移,即能谷间散射,电子的准动量有较大的改变,伴随散射发射或吸收光学声子。同时,电子有效质量、迁移率、平均漂移速度、电导率都将发生变化。

负微分迁移率:在电场强度达到 3.2×10^3 V/cm 时,发生能谷间散射,并随散射发射或吸收一个光学声子。由于两个能谷不完全相同,从能谷 1 进入能谷 2 的电子有效质量大为增加,迁移率大大降低,平均漂移速度减小,电导率下降,出现微分负电导区,迁移率为负值。

负阻效应:在 n 型的砷化镓和磷化铟(InP)等双能谷半导体中,在高电场作用下,载流子获得足够的能量从低能谷转移到卫星谷(高能谷),有效质量增加,迁移率下降,平均漂移速度减小,电导率下降,称为负阻效应。

4.2 填空题

1. 减小 增大
2. 周期性势场被破坏 低 高 一个纵波 两个横波 同一方向 质心
3. 电离杂质 晶格振动 低温 高温 等同的能谷间 中性杂质 位错 合金 声学波 电离杂质 光学波
4. $\propto T^{3/2}$ $\propto T^{-3/2}$
5. 温度 杂质浓度 电离杂质 晶格振动
6. 1.04×10^4 cm^{-3} 0.378eV 0.80S/cm
7. μ_i μ_s μ_0 $\dfrac{1}{\mu} = \dfrac{1}{\mu_i} + \dfrac{1}{\mu_s} + \dfrac{1}{\mu_0}$

8. $\rho = \dfrac{1}{p_0 q \mu_p}$

9. 小　大

10. $\boldsymbol{k} \cdot \nabla_k f = -\dfrac{f - f_0}{\tau}$

11. 热运动速度

4.3　选择题

1. E　2. B　3. C　4. C　5. B　6. A　7. C　8. C　9. AA　10. A　11. B

4.4　简答题

1. 【答】迁移率是单位电场强度下载流子的平均漂移速度,是反映半导体中载流子导电能力的重要参数;同样的载流子浓度,载流子的迁移率越大,半导体的电导率越高。迁移率的大小不仅关系着导电能力的强弱,而且还直接决定着载流子运动的快慢,对半导体器件的工作频率有直接的影响。迁移率的大小取决于有效质量和散射概率,而有效质量和材料有关,散射概率取决于杂质浓度和温度。

2. 【答】散射概率:用来描述散射的强弱,它代表单位时间内一个载流子受到散射的次数,其数值与散射机构有关。

平均自由时间:载流子在电场中做漂移运动时,只有在连续两次散射之间的时间内才做加速运动,这段时间称为自由时间。自由时间长短不一,若取极值多次而求得的平均值,则称为载流子的平均自由时间,常用 τ 来表示。

散射概率和平均自由时间互为倒数。

假设各个散射机构之间不相关,也就是认为散射是(近似)各自独立进行的,则多种散射机构同时存在条件下的散射概率就可以简单直接相加。

3. 【答】声学波是原胞中原子沿同一方向振动,代表原胞质心的振动,振动频率相对较低;光学波是原胞中原子的振动方向相反,代表两个原子的相对振动,振动频率相对较高。

4. 【答】见表4-3。

表 4-3　答案 4.4-4 表

材料	晶胞名称与晶胞结构特点	价带结构及其特点	室温下的禁带宽度	主要散射机构	主要散射机构决定的 τ 与温度的关系
硅	金刚石结构,同种元素原子构成的两个面心立方点阵沿立方晶胞的体对角线偏移 1/4 单位嵌套而成	价带结构复杂;价带顶位于布里渊区中心;能带简并	1.12eV	声学波散射和电离杂质散射	声学波散射 $\tau_s \propto T^{-3/2}$ 电离杂质散射 $\tau_i \propto N_i^{-1} T^{3/2}$
砷化镓	闪锌矿结构,不同元素原子构成的两个面心立方点阵沿立方晶胞的体对角线偏移 1/4 单位嵌套而成	在第一布里渊区中心附近是简并的;具有重空穴带和轻空穴带;具有自旋-轨道耦合分裂出来的第三个能带。价带极大值在布里渊中心($k=0$),稍有偏离	1.43eV	声学波散射、电离杂质散射和纵光学波散射	声学波散射 $\tau_s \propto T^{-3/2}$ 电离杂质散射 $\tau_i \propto N_i^{-1} T^{3/2}$ 纵光学波散射 $\tau_o \propto \left[\exp\left(\dfrac{\hbar \omega_1}{k_0 T}\right) - 1 \right]$

5.【答】硅、锗和砷化镓三种半导体材料在室温且较纯的情况下,电子迁移率大小顺序为$\mu_{Si}<\mu_{Ge}<\mu_{GaAs}$。根据公式$\mu=q\tau/m^*$可知,迁移率与平均自由时间成正比、与电导有效质量成反比。因为对于同一样品,其平均自由时间相等,电子的电导有效质量小于空穴的电导有效质量,所以电子迁移率大于空穴迁移率。

6.【答】对掺杂的硅,其主要散射机构包括电离杂质散射和声学波散射。当杂质浓度较低时,可以忽略电离杂质散射的影响,即迁移率主要受晶格振动散射影响,随温度升高迁移率迅速下降;当杂质浓度较高时,低温时晶格振动散射较弱,主要为电离杂质散射,即随温度升高迁移率缓慢增大,到一定温度后才稍有下降;随着温度继续升高,晶格振动加剧,主要为晶格振动散射,即高温时迁移率随温度升高而降低。

7.【答】对于n型重掺杂,费米能级进入或即将进入导带,一般为费米能级在导带底距离小于$2k_0T$进入弱简并时,玻耳兹曼统计分布不再适用。要用费米统计分布,必须考虑泡利不相容原理。杂质浓度N_D在10^{19}量级以上,超出导带底状态密度N_c时,导带底能级基本被电子填满。杂质能级扩展为能带,杂质能级进入导带或价带,形成新的简并能带,使能带的状态密度发生变化,简并能带的尾部深入禁带中,导致禁带宽度变窄。

当杂质浓度增大时,多子和少子的迁移率都会单调下降;当重掺杂时,少子的迁移率大于多子的迁移率。

8.【答】不同锗样品的电导率不同,主要由杂质浓度不同引起,杂质浓度越高,样品的电导率越大。另外,温度对电导率也有一定的影响,随温度的变化不同,锗样品的电导率出现先增加后下降的趋势。在高温时,晶格振动散射是主要的,声学波散射迁移率$\mu_s\propto T^{-3/2}$,所以样品的电导率随着温度的增加而降低;在低温时,电离杂质散射是主要的,电离杂质散射迁移率$\mu_i\propto T^{3/2}$,所以样品的电导率随温度的减小而降低。三个样品都出现了温度转折点,对应着样品电导率随温度变化规律的改变。杂质浓度越大的样品,温度转折点越高,这说明在较高温度下晶格振动散射比电离杂质散射明显。

9.【答】根据迁移率的定义可知,迁移率的大小反比于散射率,半导体起主要作用的散射机构为电离杂质散射和晶格振动散射。根据迁移率的计算公式

$$\mu=\frac{q}{m^*}\frac{1}{AT^{3/2}+BN_iT^{-3/2}}$$

当$AT^{3/2}+BN_iT^{-3/2}$具有极小值时,迁移率具有极大值,对温度求导

$$dT=\frac{3}{2}AT^{1/2}-\frac{3}{2}BN_iT^{-5/2}=0$$

可得$T=\sqrt[3]{BN_i/A}$。那么对于电离杂质浓度N_i越高的半导体,迁移率μ对应的温度也越高。在低温时,晶格振动散射较弱,电离杂质散射起主要作用。根据迁移率与电离杂质散射和温度的关系式$\mu_i\propto N_i^{-1}T^{3/2}$可知,当温度相同时,杂质浓度越高迁移率越小、杂质浓度越低迁移率越高。若杂质浓度相同,低温条件下温度升高,迁移率迅速增大;随着温度的继续升高,晶格振动加剧,晶格振动散射起主要作用,即迁移率随温度升高而降低,并且随着杂质浓度的增加,迁移率下降趋势变得不大显著。因此,杂质浓度大的半导体迁移率曲线低于杂质浓度小的迁移率曲线,两条曲线分开。当温度大于400K后,本征激发加剧,半导体表现出与本征半导体相似的特性,迁移率曲线趋于一致。

10.【答】根据掺杂半导体迁移率公式

$$\mu = \frac{q}{m^*} \frac{1}{AT^{3/2} + \dfrac{BN_i}{T^{3/2}}}$$

当杂质浓度 $N_D = 10^{13} \text{ cm}^{-3}$ 时,为轻掺杂半导体。因为 N_i 很小,故电离杂质散射项 $BN_i/T^{3/2}$ 可略去,晶格振动散射起主要作用,迁移率随温度升高迅速减小。

当杂质浓度 $N_D = 10^{19} \text{ cm}^{-3}$ 时,为重掺杂半导体。在低温范围内,电离杂质散射项 $BN_i/T^{3/2}$ 起主要作用,晶格振动散射与电离杂质散射相比影响不大,故随着温度的升高,电子迁移率缓慢上升;当温度继续上升,晶格振动散射项 $AT^{3/2}$ 增加较快,迁移率下降。

11.【答】(1)低温弱电离下,有 $n_0 \propto (N_D N_c / 2)^{1/2} \exp(-\Delta E_D / 2k_0 T)$,n 型杂质砷的电离能大于 n 型杂质锑的电离能,因此 n 型杂质砷产生的载流子浓度小于 n 型杂质锑产生的载流子浓度,根据电导率公式 $\sigma = n_0 q \mu_n$ 可知,样品 1 的电导率小于样品 2 的电导率。

(2)室温下,硅材料杂质基本全部电离,两种杂质浓度相同,迁移率相同,根据电导率公式,两者电导率相同。

12.【答】对于纯半导体材料,电阻率主要由本征载流子浓度 n_i 决定,即随着 n_i 的增加而减小。而 n_i 随温度上升而急剧增加,因此电阻率随温度升高而下降。夏天温度高,所以测量的电阻率比冬天低。

13.【答】室温下杂质全部电离,载流子浓度近似等于杂质浓度,迁移率近似为常数,电阻率与杂质浓度成简单的反比关系,故可以采用电阻率测量半导体材料的纯度。

其局限性在于,该方法仅适用于轻补偿或非补偿的半导体材料。对高度补偿的半导体材料,载流子浓度和迁移率均较小,电阻率很大,并不能说明材料纯度很高。

14.【答】半导体电阻率 ρ 的大小与载流子浓度和迁移率等因素有关。本征半导体和杂质高度补偿半导体虽然载流子浓度相同,因其迁移率不同,电阻率并不相同。因为载流子的浓度乘积和杂质浓度无关,两块杂质补偿半导体为高度补偿半导体,载流子电子和空穴的浓度相等,因此三块半导体的载流子浓度相等;但是对于高度补偿的半导体,杂质电离中心对载流子有散射作用,导致载流子的迁移率下降,故本征半导体的电阻率小于杂质高度补偿半导体的电阻率。由于杂质电离中心的浓度等于两种杂质浓度之和,掺杂浓度越高,杂质电离中心对载流子的散射作用越大,导致迁移率下降得越快,故电阻率越高。因此,本征半导体和两块高度补偿半导体的电阻率依次递增。

15.【答】AB 段:温度很低,本征激发可以忽略,载流子主要由杂质电离提供,它随温度升高而增加,散射以电离杂质散射为主,迁移率也随温度升高而增大,因此电阻率随温度升高而下降。

BC 段:温度继续升高(包括室温),杂质全部电离,本征激发还不十分明显,载流子浓度基本不随温度变化,晶格振动散射开始起主导作用,迁移率随温度升高而降低,电阻率随温度升高而增大。

C 段:温度继续升高,本征激发很快增加,本征载流子数量快速增加,远远超过迁移率变化对电阻率的影响,电阻率随温度升高而急剧下降。

16.【答】在强电场作用下,载流子从电场中获得的能量很多,载流子的平均动能显著超过热平衡载流子的平均动能,因而载流子和晶格系统不再处于热平衡状态,这种状态的载流子称为热载流子。由于热载流子能量高,漂移速度大于热平衡状态下的速度,根据公式 $\tau = l/v$ 可知,在平均自由程保持不变的情况下,平均自由时间减小,因而迁移率下降。

17.【答】硅中电子的漂移速度和电场强度的关系曲线如图4-8所示。

在没有外加电场时,载流子和晶格散射时,将吸收声子和发射声子,与晶格交换动量和能量,交换的净能量为零,载流子能量与晶格相同,两者处于平衡状态;在电场存在时,载流子从电场中获得能量,并以发射声子的形式将能量传递给晶格。此时,载流子发射的声子数多于吸收的声子数;到达稳态时,单位时间载流子从电场中获得的能量与给予晶格的能量相同。但在强电场作用下,载流子从电场中获得的能量多,平均能量比热平衡状态时大,因而载流子与晶格不再处于热平衡状态。因此,引进有效温度 T_e 描写与晶格系统不处于热平衡状态的载流子,又称热载流子。由于热载流子能量高,漂移速度大于热平衡状态下的速度,平均自由时间减小、迁移率降低,平均漂移速度不按电场强度线性增加,逐渐接近于常数达到饱和速度,偏离欧姆定律。

18.【答】砷化镓的能带结构图如图4-9所示。

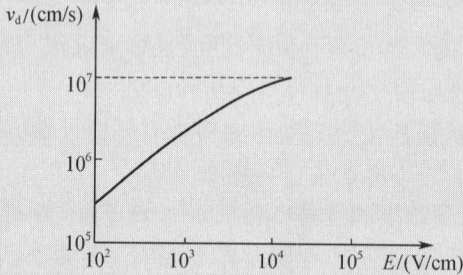

图 4-8　答案 4.4-17 图

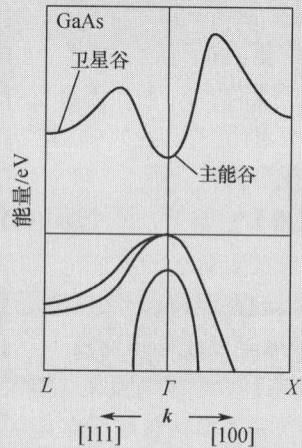

图 4-9　答案 4.4-18 图

在强电场作用下,n型砷化镓和n型硅的电子漂移速度随电场不再是线性地增加。对n型砷化镓,热电子将从主能谷跃迁到卫星谷,导致电子有效质量增大,迁移率大大降低,平均漂移速度减小,出现负阻效应。对于n型硅,在强电场情况下,载流子从电场中获得的能量很多,成为热载流子,漂移速度大于热平衡状态下的速度,平均自由时间减小,因而迁移率下降,导致平均漂移速度达到饱和,则不出现负阻。根本原因是两者能带结构不同,在强电场下砷化镓导带中电子会发生多能谷散射。

19.【答】在砷化镓能带结构中,导带最低能谷1位于布里渊区中心波矢 $k=0$ 处,在[111]方向,布里渊区边界 L 处还有一个极值约高出 0.29eV 的能谷2,称为卫星谷。当温度不太高、电场不太强时,导带电子大部分位于能谷1。能谷2的曲率比能谷1的曲率小,能谷2的有效质量大。当电场强度达到 $3\times10^3\text{V/cm}$ 后,能谷1中的电子从电场中获得足够的能量而开始转移到能谷2中,因有效质量增大导致迁移率下降,平均漂移速度减小。随着电场强度继续增大,电子从能谷1进入能谷2的数量不断增加,导致迁移率继续下降,当电场强度增加和迁移率下降相比拟时,载流子的漂移速度会达到饱和。

20.【答】在n型砷化镓两端电极上施加电压,当半导体内电场强度高于 $3\times10^3\text{V/cm}$ 时,半导体电流便以很高频率振荡,这种效应称为耿氏效应。

由于半导体材料的局部掺杂不均匀,形成一个高阻区,当在材料两端施加电压时,高阻区内电场强度比区外强,若外加电压使电场强度超过阈值,位于负微分电导区,则部分电子从低能谷转移到高能谷,高能谷中的电子有效质量大,迁移率小,因而平均漂移速度低;在高阻区面向阳极的一侧,区外电子的平均漂移速度比区内大,缺少电子形成带正电的电离施主耗尽层;在高阻区面向阴极的一侧,区外电子的平均漂移速度比区内大,形成电子的积累层;耗尽层和积累层组成空间电荷偶极层,称为偶极畴,产生一个和外电场同方向的电场,使畴内电场增强、电子的平均漂移速度不断下降;偶极畴向阳极渡越的过程中,积累的电子不断增加,耗尽层宽度也不断加大,随着畴内电场的增强,畴外电场降低。高场和低场都将越过负微分电导区,当畴外电子的平均漂移速度和畴内电子的平均漂移速度相等时,畴就停止生长而达到稳态,形成一个稳态畴。稳态畴以恒定的速度向阳极漂移,到达阳极后,耗尽层逐渐消失,畴内空间电荷减少,电场降低,相应的畴外电场开始上升,畴内、外电子的平均漂移速度都增大,电流开始上升,最后畴被阳极"吸收"而消失,半导体内电场又恢复到正常,电流达到最大值,同时一个新畴开始形成。

现在主要利用耿氏效应制造出多种工作模式的体效应微波器件。

4.5 计算题

1.【解】该硅单晶的体积为

$$V = \frac{0.12 \times 1000}{2.33} = 51.5 \, \text{cm}^3$$

锑掺杂的浓度为

$$N_D = \frac{3.0 \times 10^{-9} \times 1000}{121.8 \times 51.5} \times 6.025 \times 10^{23} = 2.88 \times 10^{14} \, \text{cm}^{-3}$$

锑掺杂为 n 型半导体,若杂质全部电离,有 $n_0 = N_D$,则电导率为

$$\sigma = n_0 q \mu_n = 2.88 \times 10^{14} \times 1.602 \times 10^{-19} \times 1450 = 6.69 \times 10^{-2} \, \text{S/cm}$$

2.【解】由题意知

$$n_0 = N_D - N_A = 4.2 \times 10^{15} \, \text{cm}^{-3}$$

根据本征半导体的电阻率 $\rho_i = 1/n_i q(\mu_n + \mu_p)$,可得

$$n_i = \frac{1}{\rho_i q(\mu_n + \mu_p)} = \frac{1}{2.2 \times 10^5 \times 1.602 \times 10^{-19} \times (1450 + 500)} = 1.46 \times 10^{10} \, \text{cm}^{-3}$$

则有

$$p_0 = \frac{n_i^2}{n_0} = \frac{(1.46 \times 10^{10})^2}{4.2 \times 10^{15}} = 5.08 \times 10^4 \, \text{cm}^{-3}$$

可知 $n_0 \gg p_0$,那么有

$$\sigma = n_0 q \mu_n = 4.2 \times 10^{15} \times 1.602 \times 10^{-19} \times 1450 = 0.98 \, \text{S/cm}$$

3.【解】根据半导体电导率的定义,则有

$$\sigma = n_0 q \mu_n + p_0 q \mu_p, \quad \sigma_i = n_i q(\mu_n + \mu_p)$$

若杂质半导体和本征半导体的电阻率相等,则有

$$n_0 q \mu_n + p_0 q \mu_p = n_i q(\mu_n + \mu_p)$$

将 $\mu_n = 3800 \, \text{cm}^2/(\text{V} \cdot \text{s})$ 和 $\mu_p = 1900 \, \text{cm}^2/(\text{V} \cdot \text{s})$ 代入上式,化简得

$$2n_0 + p_0 = 3n_i$$

再根据载流子浓度乘积 $n_0 p_0 = n_i^2$,可得电子浓度 n_0 为

$$n_{01}=\frac{1}{2}n_i=1.15\times10^{13}\,\mathrm{cm}^{-3}, \quad n_{02}=n_i=2.3\times10^{13}\,\mathrm{cm}^{-3}$$

n_{02}不符合题意,则空穴浓度 p_0 为

$$p_0=\frac{n_i^2}{n_0}=\frac{(2.3\times10^{13})^2}{1.15\times10^{13}}=4.6\times10^{13}\,\mathrm{cm}^{-3}$$

4.【解】(1) 根据载流子浓度乘积 $n_0p_0=n_i^2$,可得

$$p_0=\frac{n_i^2}{n_0}=\frac{(1.02\times10^{10})^2}{4.5\times10^4}=2.31\times10^{15}\,\mathrm{cm}^{-3}$$

即 $p_0\gg n_0$,是 p 型半导体。

(2) 根据 p 型半导体的电导率公式,可得

$$\sigma=p_0q\mu_p=2.31\times10^{15}\times1.602\times10^{-19}\times500=0.19\mathrm{S/cm}$$

(3) 以本征费米能级 E_i 为参考点,费米能级 E_F 的位置为

$$E_i-E_F=k_0T\ln\frac{p_0}{n_i}=0.32\mathrm{eV}$$

5.【解】(1) 由图 4-5(a),可查得 n 型硅材料的电阻率 $\rho=0.0625\Omega\cdot\mathrm{cm}$ 时,对应的电子浓度为 $1.5\times10^{17}\,\mathrm{cm}^{-3}$,根据补偿半导体的浓度定义,有

$$N_D=n_0+N_A=1.5\times10^{17}+1.0\times10^{17}=2.5\times10^{17}\,\mathrm{cm}^{-3}$$

不能移动的正电和负电中心浓度为

$$N_i=N_D+N_A=2.5\times10^{17}+1.0\times10^{17}=3.5\times10^{17}\,\mathrm{cm}^{-3}$$

由图 4-5(b),可查得 $\mu_n=420\mathrm{cm}^2/(\mathrm{V}\cdot\mathrm{s})$。

(2) 由题意知

$$\sigma=n_0q\mu_n=1.5\times10^{17}\times1.602\times10^{-19}\times420=10.09\mathrm{S/cm}$$

电子的电流密度为

$$J=\sigma E=10.09\times10=100.9\mathrm{A/cm}^2$$

同理,可查得空穴迁移率为 $\mu_p=115\mathrm{cm}^2/(\mathrm{V}\cdot\mathrm{s})$,则空穴的电导率为

$$\sigma=p_0q\mu_p=\frac{n_i^2}{n_0}q\mu_p=\frac{(1.02\times10^{10})^2}{1.5\times10^{17}}\times1.602\times10^{-19}\times115=1.3\times10^{-14}\mathrm{S/cm}$$

空穴的电流密度为

$$J=\sigma E=1.3\times10^{-14}\times10=1.3\times10^{-13}\mathrm{A/cm}^2$$

6.【解】(1) 室温下,杂质处于强电离区,$p_0=N_A$,则有

$$\sigma=p_0q\mu_p=10^{13}\times1.602\times10^{-19}\times500=8.01\times10^{-4}\mathrm{S/cm}$$

电流密度为

$$J=\sigma E=8.01\times10^{-4}\times10^3=0.8\mathrm{A/cm}^2$$

(2) 由题意得

$$\begin{cases}n_0=N_D-N_A=5\times10^{13}-10^{13}=4\times10^{13}\,\mathrm{cm}^{-3}\\p_0=n_i^2/n_0=\dfrac{(1.02\times10^{10})^2}{4\times10^{13}}=2.6\times10^6\,\mathrm{cm}^{-3}\end{cases}$$

可知 $n_0\gg p_0$,则电导率为

$$\sigma=n_0q\mu_n=4\times10^{13}\times1.602\times10^{-19}\times1450=9.3\times10^{-3}\mathrm{S/cm}$$

电流密度为

$$J=\sigma E=9.3\times10^{-3}\times10^3=9.3\mathrm{A/cm}^2$$

7. 【解】根据迁移率公式

$$\frac{1}{\mu}=\frac{1}{\mu_1}+\frac{1}{\mu_2}+\frac{1}{\mu_3}$$

将 $\mu_1=2000\,\mathrm{cm^2/(V\cdot s)}$、$\mu_2=1500\,\mathrm{cm^2/(V\cdot s)}$ 和 $\mu_3=500\,\mathrm{cm^2/(V\cdot s)}$ 代入上式,可得

$$\mu=316\,\mathrm{cm^2/(V\cdot s)}$$

8. 【解】本征半导体中载流子的主要散射是晶格振动散射,包括声学波和光学波两种散射机构,对于锗又以声学波散射为主,散射概率 $P_s\propto T^{3/2}$,故迁移率 $\mu_s\propto T^{-3/2}$。根据表 4-2 可得表 4-4。

表 4-4　答案 4.5-8 表

$1/T\times10^3/\mathrm{K^{-1}}$	2.60	2.18	1.80	1.40
$\ln\sigma_i/(\mathrm{S/cm})$	3.58	5.10	6.65	8.22

根据表 4-4 作出的 $\ln\sigma_i$-$1/T\times10^3$ 曲线如图 4-10 所示。

根据本征半导体的电导率,有

$$\sigma_i=qn_i(\mu_n+\mu_p)=q(N_cN_v)^{1/2}\exp\left(-\frac{E_g}{2k_0T}\right)(\mu_n+\mu_p)$$

对上式两边求对数得

$$\ln\sigma_i=\ln\left[q(N_cN_v)^{1/2}\exp\left(-\frac{E_g}{2k_0T}\right)(\mu_n+\mu_p)\right]$$

$$=\ln\left[q(N_cN_v)^{1/2}(\mu_n+\mu_p)\right]-\frac{E_g}{2k_0T}$$

斜率为 $E_g/(2k_0T)$,则

$$E_g=2k_0\times10^3\times斜率$$

根据计算可得直线的斜率为 -3.87,那么可求出本征锗材料禁带宽度为

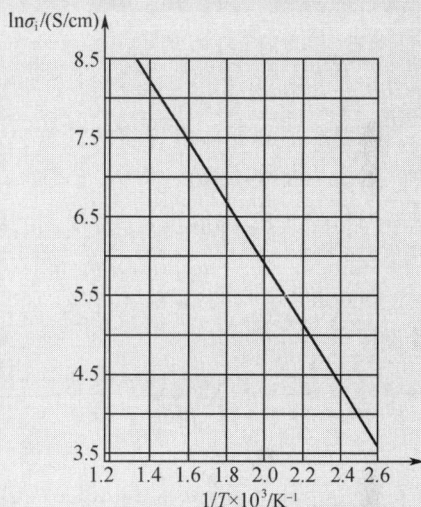

图 4-10　答案 4.5-8 图

$$E_g=\frac{2k_0\times10^3\times斜率}{q}=\frac{2\times1.38\times10^{-23}\times10^3\times3.87}{1.602\times10^{-19}}=0.67\,\mathrm{eV}$$

9. 【解】(1)由本征载流子浓度公式

$$n_i=(N_cN_v)^{1/2}\exp\left(-\frac{E_g}{2k_0T}\right)$$

在室温条件下,则有

$$(N_{c300K}N_{v300K})^{1/2}\exp\left(-\frac{E_g}{2k_0T_{300K}}\right)=1.09\times10^{16}\,\mathrm{cm^{-3}} \hspace{2em} ①$$

在 400K 条件下,则有

$$(N_{c400K}N_{v400K})^{1/2}\exp\left(-\frac{E_g}{2k_0T_{400K}}\right)=5.21\times10^{16}\,\mathrm{cm^{-3}} \hspace{2em} ②$$

将式②除以式①,得

$$\left(\frac{N_{c400K}N_{v400K}}{N_{c300K}N_{v300K}}\right)^{1/2}\exp\left(-\frac{E_g}{2k_0T_{400K}}+\frac{E_g}{2k_0T_{300K}}\right)=4.78 \hspace{2em} ③$$

又知有

$$N_c = 2\left(\frac{m_n^* k_0 T}{2\pi \hbar^2}\right)^{3/2}, \quad N_v = 2\left(\frac{m_p^* k_0 T}{2\pi \hbar^2}\right)^{3/2}$$

那么有

$$\begin{cases} \dfrac{N_{c400K}}{N_{c300K}} = \dfrac{N_{v400K}}{N_{v300K}} = \left(\dfrac{400}{300}\right)^{3/2} \\ k_0 T_{400K} = k_0 T_{300K} \times \dfrac{400}{300} \end{cases} \tag{④}$$

将式④代入式③,解得

$$E_g = 0.24\text{eV}$$

（2）本征半导体主要的散射机构为声学波散射,迁移率 $\mu \propto T^{-3/2}$,室温条件下迁移率为 $\mu_n = 1350\text{cm}^2/(\text{V} \cdot \text{s})$, $\mu_p = 480\text{cm}^2/(\text{V} \cdot \text{s})$,那么在400K下迁移率为

$$\begin{cases} \mu_n = 1350 \times \left(\dfrac{T}{300}\right)^{-3/2} = 877\text{cm}^2/(\text{V} \cdot \text{s}) \\ \mu_p = 480 \times \left(\dfrac{T}{300}\right)^{-3/2} = 312\text{cm}^2/(\text{V} \cdot \text{s}) \end{cases}$$

根据本征半导体电导率的计算公式 $\sigma_i = q n_i (\mu_n + \mu_p)$,可得室温条件下 $\sigma_i = 3.2\text{S/cm}$;400K条件下, $\sigma_i = 9.9\text{S/cm}$。

（3）假设 E_g 与温度无关,根据问题（1）的计算方法,可得

$$\left(\frac{N_{c200K} N_{v200K}}{N_{c300K} N_{v300K}}\right)^{1/2} \exp\left(-\frac{E_g}{2 k_0 T_{200K}} + \frac{E_g}{2 k_0 T_{300K}}\right) = \frac{n_{i200K}}{n_{i300K}}$$

那么有

$$\left(\frac{200}{300}\right)^{3/2} \exp\left(-\frac{0.24}{2 \times 0.026 \times \frac{2}{3}} + \frac{0.24}{2 \times 0.026}\right) = \frac{n_{i200K}}{1.09 \times 10^{16}}$$

通过计算,可得 $n_{i200K} = 5.9 \times 10^{14}\text{cm}^{-3}$。假设杂质全部电离,则最高杂质浓度要小于 $5.9 \times 10^{14}\text{cm}^{-3}$。

10.【解】（1）室温下,如果 $|N_D - N_A|$ 与 n_i 数值接近,即本征激发不可忽略,由电中性条件得

$$N_A + n_0 = N_D + p_0$$

联立载流子浓度乘积公式 $n_0 p_0 = n_i^2$,解得

$$\begin{cases} n_0 = \dfrac{(N_D - N_A) + \sqrt{(N_D - N_A)^2 + 4n_i^2}}{2} \\ p_0 = \dfrac{(N_A - N_D) + \sqrt{(N_A - N_D)^2 + 4n_i^2}}{2} \end{cases}$$

代入电导率公式,则有

$$\sigma = n_0 q \mu_n + p_0 q \mu_p$$
$$= \frac{(N_D - N_A) + \sqrt{(N_D - N_A)^2 + 4n_i^2}}{2} q \mu_n + \frac{(N_A - N_D) + \sqrt{(N_A - N_D)^2 + 4n_i^2}}{2} q \mu_p$$

室温下, $|N_D - N_A| \gg n_i$,杂质全部电离,若为n型半导体,则电中性条件为

$$n_0 = N_D - N_A$$

那么

$$p_0 = \frac{n_i^2}{N_D - N_A}$$

则电导率为

$$\sigma = n_0 q \mu_n = (N_D - N_A) q \mu_n + \frac{n_i^2}{(N_D - N_A)} q \mu_p$$

（2）假设为 n 型半导体，轻度补偿时，$N_D \gg N_A$，则 $n_0 = N_D$，$n_0 \gg p_0$，电导率为

$$\sigma = n_0 q \mu_n = N_D q \mu_n$$

高度补偿时，$N_D \approx N_A$，$n_0 \approx p_0 \approx n_i$，则有

$$\sigma = n_i q (\mu_n + \mu_p)$$

（3）当轻度补偿时，若半导体为 n 型，光注入产生的非平衡载流子浓度 $\Delta n = \Delta p$，其中 $\Delta n \ll n_0$，$\Delta p \gg p_0$，非平衡少子浓度变化很大、非平衡多子浓度相对平衡时变化很小，测出的是空穴迁移率；若半导体为 p 型，测出的是电子迁移率。当 $n = p$ 时，测出的是双迁移率。

11.【解】根据导带电子浓度的计算公式

$$n_0 = N_c \exp\left(-\frac{E_c - E_F}{k_0 T}\right) = N_c \exp\left(-\frac{E_c - E_i + E_i - E_F}{k_0 T}\right) = n_i \exp\left(-\frac{E_i - E_F}{k_0 T}\right)$$

可得 3 块样品的电子浓度分别为

$$\begin{cases} n_{01} = 1.02 \times 10^{10} \exp\left(\frac{0.039}{0.026}\right) = 4.57 \times 10^{10} \, \mathrm{cm}^{-3} \\ n_{02} = 1.02 \times 10^{10} \exp\left(\frac{0.521}{0.026}\right) = 5.14 \times 10^{18} \, \mathrm{cm}^{-3} \\ n_{03} = 1.02 \times 10^{10} \exp\left(\frac{0.39}{0.026}\right) = 3.33 \times 10^{16} \, \mathrm{cm}^{-3} \end{cases}$$

根据载流子浓度乘积 $n_0 p_0 = n_i^2$，可得

$$p_{01} = 2.28 \times 10^9 \, \mathrm{cm}^{-3}, \quad p_{02} = 20.2 \, \mathrm{cm}^{-3}, \quad p_{03} = 3.12 \times 10^3 \, \mathrm{cm}^{-3}$$

假设杂质全部电离，那么带电中心浓度 $N_i = n_0$，样品 1 的迁移率为

$$\begin{cases} \mu_{n01} = \dfrac{1350}{(1 + 4.57 \times 10^{10} / 10^{16})^{1/2}} = 1350 \, \mathrm{cm}^2/(\mathrm{V \cdot s}) \\ \mu_{p01} = \dfrac{350}{(1 + 4.57 \times 10^{10} / 10^{16})^{1/2}} = 350 \, \mathrm{cm}^2/(\mathrm{V \cdot s}) \end{cases}$$

同理，样品 2、样品 3 的迁移率分别为

$$\mu_{n02} = 59.5 \, \mathrm{cm}^2/(\mathrm{V \cdot s}), \quad \mu_{p02} = 15.4 \, \mathrm{cm}^2/(\mathrm{V \cdot s})$$

$$\mu_{n03} = 648.8 \, \mathrm{cm}^2/(\mathrm{V \cdot s}), \quad \mu_{p03} = 168.2 \, \mathrm{cm}^2/(\mathrm{V \cdot s})$$

根据电阻率公式

$$\rho = \frac{1}{n_0 q \mu_n + p_0 q \mu_p}$$

可解得 3 块样品的电阻率分别为

$$\rho_{01} = 9.99 \times 10^4 \, \Omega \cdot \mathrm{cm}, \quad \rho_{02} = 2.04 \times 10^{-2} \, \Omega \cdot \mathrm{cm}, \quad \rho_{03} = 0.29 \, \Omega \cdot \mathrm{cm}$$

12.【解】根据 n 型半导体的电阻率公式

$$\rho = 1 / n_0 q \mu_n$$

可得

$$n_0 = \frac{1}{\rho q \mu_n} = \frac{1}{1 \times 1.602 \times 10^{-19} \times 1450} = 4.3 \times 10^{15} \, \mathrm{cm}^{-3}$$

根据导带中电子浓度公式

$$n_0 = N_c \exp\left(-\frac{E_c - E_F}{k_0 T}\right) = N_c \exp\left(-\frac{E_c - E_i + E_i - E_F}{k_0 T}\right) = n_i \exp\left(-\frac{E_i - E_F}{k_0 T}\right)$$

可得

$$E_F - E_i = k_0 T \ln\frac{n_0}{n_i} = 0.026 \times \ln\frac{4.3 \times 10^{15}}{1.02 \times 10^{10}} = 0.34 \text{eV}$$

故费米能级 E_F 在本征费米能级 E_i 以上 0.34eV 处。那么，可知 $N_D = n_0 = 4.3 \times 10^{15} \text{cm}^{-3}$，当掺入受主杂质硼后,有

$$p_0 = N_A - N_D = 1 \times 10^{16} - 4.3 \times 10^{15} = 5.7 \times 10^{15} \text{cm}^{-3}$$

根据 p 型半导体的电阻率公式

$$\rho = \frac{1}{p_0 q \mu_p} = \frac{1}{5.7 \times 10^{15} \times 1.602 \times 10^{-19} \times 500} = 2.19 \Omega \cdot \text{cm}$$

再掺杂后半导体为 p 型,根据价带中电子浓度公式

$$p_0 = N_v \exp\left(\frac{E_v - E_F}{k_0 T}\right) = N_v \exp\left(\frac{E_v - E_i + E_i - E_F}{k_0 T}\right) = n_i \exp\left(\frac{E_i - E_F}{k_0 T}\right)$$

可得

$$E_i - E_F = k_0 T \ln\frac{p_0}{n_i} = 0.026 \times \ln\frac{5.7 \times 10^{15}}{1.02 \times 10^{10}} = 0.34 \text{eV}$$

故费米能级 E_F 在本征费米能级 E_i 以下 0.34eV 处。

13.【解】电阻的表达式为

$$R = \rho \frac{l}{S} = \frac{1}{n_i q (\mu_n + \mu_p) S}$$

本征载流子 n_i 的计算公式为

$$n_i = (N_c N_v)^{1/2} \exp\left(-\frac{E_g}{2 k_0 T}\right) n_i = A T^{3/2} \exp\left(-\frac{E_g}{2 k_0 T}\right)$$

式中,A 为一个常数。

假设 290K、325K 时的电阻分别为 R_1 和 R_2,则有

$$\frac{R_1}{R_2} = \left(\frac{T_2}{T_1}\right)^{3/2} \exp\left(\frac{E_g}{2 k_0 T_1} - \frac{E_g}{2 k_0 T_2}\right) = \left(\frac{T_2}{T_1}\right)^{3/2} \exp\left[\frac{E_g}{2 k_0}\left(\frac{1}{T_1} - \frac{1}{T_2}\right)\right]$$

即

$$R_2 = \frac{R_1}{\left(\dfrac{T_2}{T_1}\right)^{3/2} \exp\left[\dfrac{E_g}{2}\left(\dfrac{1}{k_0 T_1} - \dfrac{1}{k_0 T_2}\right)\right]}$$

$$= \frac{500}{\left(\dfrac{325}{290}\right)^{3/2} \times \exp\left[\dfrac{1.12}{2} \times \left(\dfrac{1}{8.62 \times 10^{-5} \times 290} - \dfrac{1}{8.62 \times 10^{-5} \times 325}\right)\right]}$$

$$= 37.8 \Omega$$

14.【解】根据本征半导体电阻率的计算公式,可得

$$\rho_i = \frac{1}{n_i q (\mu_n + \mu_p)}$$

根据半导体电阻率的计算公式,可得

$$\rho = \frac{1}{\sigma} = \frac{1}{n_0 q \mu_n + p_0 q \mu_p} = \frac{1}{n_0 q \mu_n + \dfrac{n_i^2}{n_0} q \mu_p}$$

若求电阻率 ρ 有最大值,电导率 σ 必须有最小值,则有

$$\frac{\mathrm{d}\sigma}{\mathrm{d}n_0}=q\mu_n-q\frac{n_i^2}{n_0^2}\mu_p=0$$

可得 $n_0=n_i\sqrt{\mu_p/\mu_n}$，$p_0=n_i\sqrt{\mu_n/\mu_p}$。可见,当电阻率最大时,电子和空穴迁移率不同,因此 $n_0\neq p_0$，故本征硅不具有最高的电阻率。另外,对于室温条件下的硅,$\mu_n>\mu_p$，那么低掺杂的 p 型半导体的电阻率最高。

将载流子的浓度代入电阻率公式,可得

$$\rho_{\max}=\frac{1}{\sigma_{\min}}=\frac{1}{2qn_i\sqrt{\mu_n\mu_p}}$$

那么

$$\frac{\rho_{\max}}{\rho_i}=\frac{n_iq(\mu_n+\mu_p)}{2qn_i\sqrt{\mu_n\mu_p}}=\frac{\mu_n+\mu_p}{2\sqrt{\mu_n\mu_p}}=\frac{1450+500}{2\sqrt{1450\times500}}=1.15$$

故室温下硅的最高电阻率是本征电阻率的 1.15 倍。

15.【解】根据电阻率计算公式和载流子浓度乘积,有

$$\rho=\frac{1}{\sigma}=\frac{1}{n_0q\mu_n+p_0q\mu_p}=\frac{1}{q\left(n_0\mu_n+\frac{n_i^2}{n_0}\mu_p\right)}$$

又知 $\mu_n=3\mu_p$，则有

$$\rho=\frac{1}{\sigma}=\frac{1}{q\left(n_0\mu_n+\frac{n_i^2}{3n_0}\mu_n\right)}$$

当电阻率 ρ 达到最大值,则要求 σ 最小,即

$$\frac{\mathrm{d}\sigma}{\mathrm{d}n_0}=q\mu_n-q\frac{n_i^2}{3n_0^2}\mu_n=0$$

解得

$$n_0=\frac{\sqrt{3}}{3}n_i$$

根据载流子浓度乘积 $n_0p_0=n_i^2$，有

$$p_0=\sqrt{3}\,n_i$$

故有

$$\frac{p_0}{n_0}=3$$

16.【解】根据电导率和载流子浓度乘积的计算公式

$$\begin{cases}\sigma=n_0q\mu_n+p_0q\mu_p\\n_0p_0=n_i^2\end{cases}$$

可得

$$\sigma=q\left(n_0\mu_n+\frac{n_i^2}{n_0}\mu_p\right)$$

若要求电导率 σ 达到最小值,则有

$$\frac{\mathrm{d}\sigma}{\mathrm{d}n_0}=q\mu_n-q\frac{n_i^2}{n_0^2}\mu_p=0$$

那么有 $n_0=n_i\sqrt{\mu_p/\mu_n}$，$p_0=n_i\sqrt{\mu_n/\mu_p}$，则

$$\sigma_{\min} = qn_i\sqrt{\mu_p/\mu_n}\,\mu_n + qn_i\sqrt{\mu_n/\mu_p}\,\mu_p = 2qn_i\sqrt{\mu_n\mu_p}$$

室温下杂质基本全部电离，$p_0 = N_A$，可得

$$\begin{cases} p_0 = n_i\sqrt{\mu_n/\mu_p} = 1.02\times10^{10}\sqrt{\mu_n/\mu_p} = 1.74\times10^{13}\,\mathrm{cm}^{-3} \\ \sigma_{\min} = 2qn_i\sqrt{\mu_n\mu_p} = 2\times1.602\times10^{-19}\times1.02\times10^{10}\sqrt{\mu_n\mu_p} = 2.1\times10^{-6}\,\mathrm{S/cm} \end{cases}$$

解得

$$\mu_n = 1.1\times10^6\,\mathrm{cm}^2/(\mathrm{V\cdot s}), \quad \mu_p = 0.377\,\mathrm{cm}^2/(\mathrm{V\cdot s})$$

17.【解】室温下硅、锗杂质已全部电离，$p_0 = N_A = 10^{15}\,\mathrm{cm}^{-3}$，代入电阻率公式得

$$\rho_{Ge} = \frac{1}{p_0 q\mu_p} = \frac{1}{10^{15}\times1.602\times10^{-19}\times1800} = 3.47\,\Omega\cdot\mathrm{cm}$$

$$\rho_{Si} = \frac{1}{p_0 q\mu_p} = \frac{1}{10^{15}\times1.602\times10^{-19}\times500} = 12.48\,\Omega\cdot\mathrm{cm}$$

在 500K 时，$n_{iGe} = 2.5\times10^{16}\,\mathrm{cm}^{-3}$，进入本征激发区，则有

$$n_{0Ge} = p_{0Ge} = n_{iGe} = 2.5\times10^{16}\,\mathrm{cm}^{-3}$$

而温度为 500K 时，$n_{iSi} = 3.5\times10^{14}\,\mathrm{cm}^{-3}$，可得

$$\begin{cases} p_{0Si} = \dfrac{N_A + \sqrt{N_A^2 + 4n_i^2}}{2} = 1.11\times10^{15}\,\mathrm{cm}^{-3} \\ n_{0Si} = \dfrac{n_i^2}{p_{0Si}} = 1.1\times10^{14}\,\mathrm{cm}^{-3} \end{cases}$$

杂质浓度与本征载流子浓度差不多相等，杂质导电特征已不很明显。对于硅、锗，杂质浓度较低时，主要为声学波散射，其迁移率 $\mu\propto T^{-3/2}$，故有

$$\frac{\mu_{500K}}{\mu_{300K}} = \left(\frac{300}{500}\right)^{3/2} = 0.46$$

温度为 500K 时的迁移率为

$$\mu_{nGe} = 3800\times0.46 = 1748\,\mathrm{cm}^2/(\mathrm{V\cdot s}),\ \mu_{pGe} = 1800\times0.46 = 828\,\mathrm{cm}^2/(\mathrm{V\cdot s})$$

$$\mu_{nSi} = 1450\times0.46 = 667\,\mathrm{cm}^2/(\mathrm{V\cdot s}),\ \mu_{pSi} = 500\times0.46 = 230\,\mathrm{cm}^2/(\mathrm{V\cdot s})$$

故可得

$$\rho_{Ge} = \frac{1}{n_{iGe}q(\mu_n+\mu_p)} = \frac{1}{2.5\times10^{16}\times1.602\times10^{-19}\times(1748+828)} = 9.69\times10^{-2}\,\Omega\cdot\mathrm{cm}$$

$$\rho_{Si} = \frac{1}{q(n_{0Si}\mu_n + p_{0Si}\mu_p)} = \frac{1}{1.602\times10^{-19}\times(1.1\times10^{14}\times667 + 1.11\times10^{15}\times230)} = 18.99\,\Omega\cdot\mathrm{cm}$$

18.【解】(1) 室温下，锗中杂质已全部电离，$n_0 = N_D$，根据电阻率的公式

$$\rho = \frac{1}{n_0 q\mu_n} = \frac{1}{N_D q\mu_n}$$

n 型锗材料的电阻率分别为 $3\,\Omega\cdot\mathrm{cm}$ 和 $1\,\Omega\cdot\mathrm{cm}$ 时，杂质浓度分别为

$$N_{D1} = \frac{1}{3\times1.602\times10^{-19}\times3800} = 5.48\times10^{14}\,\mathrm{cm}^{-3}$$

$$N_{D2} = \frac{1}{1\times1.602\times10^{-19}\times3800} = 1.64\times10^{15}\,\mathrm{cm}^{-3}$$

可得

$$\Delta N_D = N_{D2} - N_{D1} = 1.09\times10^{15}\,\mathrm{cm}^{-3}$$

即需要再次掺入施主杂质浓度为 $1.09\times10^{15}\,\mathrm{cm}^{-3}$。

（2）假设受主杂质全部电离，$p_0=N_A$，根据 p 型电阻率计算公式

$$\rho=\frac{1}{p_0 q \mu_p}=\frac{1}{N_A q \mu_p}$$

当电阻率为 $1\Omega \cdot cm$ 时，则有效受主杂质浓度为

$$N_A=\frac{1}{1\times 1.602\times 10^{-19}\times 1800}=3.47\times 10^{15}\,cm^{-3}$$

可得

$$\Delta N_A=N_{D1}+N_A=4.02\times 10^{15}\,cm^{-3}$$

即需要掺入受主杂质浓度为 $4.02\times 10^{15}\,cm^{-3}$。

19.【解】根据 n 型、p 型半导体电阻率的计算公式，则有

$$\frac{\rho_{nSi}}{\rho_{pGe}}=\frac{p_{0Ge}q\mu_{pGe}}{n_0 q \mu_{nSi}}=\frac{\mu_{pGe}}{\mu_{nSi}}=\frac{1800}{1450}=1.24$$

低掺杂的硅、锗主要为声学波散射，其迁移率 $\mu \propto T^{-3/2}$，温度为 500K 时，则有

$$\begin{cases} \mu_{nGe}=\left(\frac{500}{300}\right)^{-3/2}\times 3800=1766.1\,cm^2/(V\cdot s) \\[2mm] \mu_{pGe}=\left(\frac{500}{300}\right)^{-3/2}\times 1800=836.6\,cm^2/(V\cdot s) \\[2mm] \mu_{nSi}=\left(\frac{500}{300}\right)^{-3/2}\times 1450=673.9\,cm^2/(V\cdot s) \\[2mm] \mu_{pSi}=\left(\frac{500}{300}\right)^{-3/2}\times 500=232.4\,cm^2/(V\cdot s) \end{cases}$$

当温度为 500K 时，$n_{iSi}=3.5\times 10^{14}\,cm^{-3}$，硅进入过渡区，且 $N_D \gg n_i$，则有

$$\begin{cases} n_{0Si}=N_D+\frac{n_i^2}{N_D}=3\times 10^{15}+\frac{(3.5\times 10^{14})^2}{3\times 10^{15}}=3.04\times 10^{15}\,cm^{-3} \\[2mm] p_{0Si}=n_{0Si}-N_D=\frac{n_i^2}{N_D}=\frac{(3.5\times 10^{14})^2}{3\times 10^{15}}=4.08\times 10^{13}\,cm^{-3} \end{cases}$$

当温度为 500K 时，$n_{iGe}=2.5\times 10^{16}\,cm^{-3}$，锗进入本征激发区，那么

$$\frac{\rho_{Si}}{\rho_{Ge}}=\frac{n_{iGe}q(\mu_{nGe}+\mu_{pGe})}{n_{iSi}q\mu_{nSi}+p_0 q \mu_{pSi}}$$

$$=\frac{2.5\times 10^{16}\times 1.602\times 10^{-19}\times (1766.1+836.6)}{3.04\times 10^{15}\times 1.602\times 10^{-19}\times 673.9+4.08\times 10^{13}\times 1.602\times 10^{-19}\times 232.4}$$

$$=31.61$$

20.【解】根据 p 型半导体电阻率的计算公式

$$\rho=\frac{1}{p_0 q \mu_p}$$

可得

$$p_0=\frac{1}{\rho q \mu_p}=\frac{1}{1\times 1.602\times 10^{-19}\times 500}=1.25\times 10^{16}\,cm^{-3}$$

对于补偿 p 型半导体,则有

$$p_0 = N_A - N_D = 2 \times 10^{16} - N_D = 1.25 \times 10^{16} \, \text{cm}^{-3}$$

得出 $N_D = 7.5 \times 10^{15} \, \text{cm}^{-3}$,室温下杂质全部电离,那么均匀掺杂的 n 型半导体的电阻率为

$$\rho = \frac{1}{n_0 q \mu_n} = \frac{1}{N_D q \mu_n} = \frac{1}{7.5 \times 10^{15} \times 1.602 \times 10^{-19} \times 1450} = 0.57 \, \Omega \cdot \text{cm}$$

21. 【解】(1)当电阻率同另一块均匀掺杂同样杂质的锗材料的电阻率相等时,根据 p 型半导体的电阻率计算公式,可得

$$\rho = \frac{1}{p_{0Si} q \mu_{pSi}} = \frac{1}{p_{0Ge} q \mu_{pGe}}$$

则

$$p_{0Ge} = \frac{p_{0Si} \mu_{pSi}}{\mu_{pGe}} = \frac{2 \times 10^{15} \times 500}{1800} = 5.56 \times 10^{14} \, \text{cm}^{-3}$$

(2)由题意知

$$\Delta n = \Delta p = g_p \tau = 2 \times 10^{20} \times 10 \times 10^{-6} = 2 \times 10^{15} \, \text{cm}^{-3}$$

则有

$$\begin{cases} n = n_0 + \Delta n = \dfrac{(1.02 \times 10^{10})^2}{2 \times 10^{15}} + 2 \times 10^{15} = 2 \times 10^{15} \, \text{cm}^{-3} \\ p = p_0 + \Delta p = 2 \times 10^{15} + 2 \times 10^{15} = 4 \times 10^{15} \, \text{cm}^{-3} \end{cases}$$

故

$$\rho = \frac{1}{q n \mu_n + q p \mu_p}$$

$$= \frac{1}{1.602 \times 10^{-19} \times (2 \times 10^{15} \times 1450 + 4 \times 10^{15} \times 500)}$$

$$= 1.27 \, \Omega \cdot \text{cm}$$

22. 【解】(1)由题意知,施主杂质和受主杂质浓度分别为

$$\begin{cases} N_D = 1 \times 10^{15} \times 0.95 = 9.5 \times 10^{14} \, \text{cm}^{-3} \\ N_A = 1 \times 10^{15} \times 0.05 = 5.0 \times 10^{13} \, \text{cm}^{-3} \end{cases}$$

若杂质全部电离,则多子电子的浓度为

$$n_0 = N_D - N_A = 9.0 \times 10^{14} \, \text{cm}^{-3}$$

(2)根据 n 型半导体电导率的计算公式,可得

$$\sigma = n_0 q \mu_n = 9.0 \times 10^{14} \times 1.602 \times 10^{-19} \times 8800 = 1.27 \, \text{S/cm}$$

(3)样品霍耳系数为

$$R_H \approx -\frac{1}{q n_0} = -\frac{1}{1.602 \times 10^{-19} \times 9.0 \times 10^{14}} = -6.94 \times 10^3 \, \text{cm}^3/\text{C}$$

4.6 证明题

1. 【证明】硅导带极值有 6 个,等能面为旋转椭球面,则不同极值的能谷中的电子沿 x、y 和 z 方向的迁移率分别为 $\mu_1 = \dfrac{q \tau_n}{m_t}$、$\mu_2 = \dfrac{q \tau_n}{m_t}$、$\mu_3 = \dfrac{q \tau_n}{m_l}$,设 x 方向电场强度为 E_x,电流密度 J_x 为

$$J_x = \frac{n}{3} q \mu_1 E_x + \frac{n}{3} q \mu_2 E_x + \frac{n}{3} q \mu_3 E_x$$

仍令

$$J_x = nq\mu_c E_x$$

通过比较可得

$$\mu_c = \frac{1}{3}(\mu_1 + \mu_2 + \mu_3)$$

式中，μ_c 称为电导迁移率。若将 μ_c 写成如下形式

$$\mu_c = \frac{q\tau_n}{m_c}$$

将 μ_1、μ_2 和 μ_3 表达式代入得

$$\frac{1}{m_c} = \frac{1}{3}\left(\frac{1}{m_l} + \frac{2}{m_t}\right)$$

式中，m_c 为电导有效质量。

第 5 章　非平衡载流子

5.1　名词解释

平衡载流子　非平衡载流子　非平衡载流子寿命　准费米能级　直接复合　间接复合　复合中心　复合率　表面复合　表面复合速度　俄歇(Auger)复合　陷阱效应　陷阱中心　载流子扩散　爱因斯坦(Einstein)关系式　扩散长度

5.2　填空题

1. 光照产生非平衡载流子的方式称为非平衡载流子的_____。某 n 型样品受光照达到稳定状态时非平衡空穴浓度是$(\Delta p)_0$，在 $t=0$ 时刻撤除光照，非平衡载流子会通过_____而消失，其浓度随时间衰减的规律为_____。

2. 由于在一个能带内载流子热跃迁十分频繁，极短时间内就可导致一个能带内达到热平衡，因此当半导体的平衡状态遭破坏后，可以引入_____ 和 _____，它们是_____费米能级，导带和价带之间的不平衡表现在电子和空穴的准费米能级_____，样品偏离平衡状态的程度可由_____加以直观显示，非简并半导体的热平衡判据式是_____。

3. 载流子在复合的过程中一定要释放多余的能量，其能量的释放方式主要包括_____、_____和俄歇复合。

4. 外界激励下产生了比平衡状态"多"出来的这部分载流子称为_____，它通过_____而消失。根据复合机理不同，复合分为_____ 和 _____；根据复合位置不同，复合分为_____和_____。

5. 寿命 τ 与_____在_____中的位置密切相关，对于强 p 型和强 n 型材料，小注入时寿命 τ_n 为_____，寿命 τ_p 为_____。

6. 复合中心能级 E_t 的存在是由于_____造成的，对单一复合中心能级 E_t，根据 SRH 理论，小注入下寿命表达式为_____，其寿命与_____无关，式中 n_1 是_____，p_1 是_____，因式中 n_0、p_0、n_1 和 p_1 有若干数量级之差，实用中只需考虑其中的_____，从而简化问题。在间接复合中，位于_____的深能级是最有效的复合中心，而_____不能起有效的复合中心的作用。

7. 非平衡载流子的寿命是由各种复合机制决定的。如果直接复合、间接复合、俄歇复合决定的寿命分别为 τ_1、τ_2 和 τ_3，则此时非平衡载流子的寿命 τ 为_____。

8. 就复合机制来讲，表面复合仍然属于_____。如果体内复合和表面复合是单独平行发生的，且用 τ_v 和 τ_s 分别表示体内复合寿命和表面复合寿命，则体内复合概率是_____，表面复合概率是_____，总的复合概率是_____。

9. 复合中心可看作截面积为 σ 的球体，称 σ 为俘获截面。若电子和空穴的俘获截面分别

为 σ_- 和 σ_+,则电子俘获系数 r_n 与 σ_- 的关系是 $r_n=$＿＿＿＿＿＿,空穴俘获系数 r_p 与 σ_+ 的关系是 $r_p=$＿＿＿＿＿＿,以 σ 表示的小注入下非平衡载流子寿命 $\tau=$＿＿＿＿＿＿。

10. 半导体中浅能级杂质的主要作用是＿＿＿＿＿＿＿＿＿,深能级杂质所起的主要作用是＿＿＿＿＿＿＿＿＿。

11. 复合中心的作用是促进电子和空穴的复合,有效的复合中心的杂质能级必须位于禁带中线 E_i,并且对电子和空穴的俘获系数 r_n 和 r_p 必须满足＿＿＿＿＿＿。

12. 半导体中的载流子寿命不取决于材料的基本性质,而是与半导体材料中的缺陷、＿＿＿＿＿＿＿＿或应力相关,因为这些因素影响到了半导体的复合作用,非平衡载流子寿命达到极小值时的复合中心能级位置在＿＿＿＿＿＿;在半导体材料中有一些缺陷能级,它们可以俘获载流子,并＿＿＿＿＿＿在这些能级上,这种现象称为陷阱效应,最有利于形成陷阱的杂质能级的位置是＿＿＿＿＿＿＿＿＿＿＿＿＿＿＿＿＿＿。

13. 半导体中的非平衡载流子可以由光注入和＿＿＿＿＿＿两种方法产生。

14. 在半导体中,电流主要由载流子的＿＿＿＿＿、＿＿＿＿＿两种运动形式构成;当半导体中载流子浓度的分布不均匀时,载流子将做＿＿＿＿＿运动;在半导体存在外加电压情况下,载流子将做＿＿＿＿＿运动。

15. 当载流子存在浓度梯度时,会发生扩散运动,扩散流密度定义为＿＿＿＿＿＿,n 型半导体在非平衡条件下,一维情况下扩散流密度表达式是＿＿＿＿＿＿。

16. 载流子的漂移运动是由＿＿＿＿＿＿引起的,反映漂移运动能力强弱的物理量是＿＿＿＿＿＿,它的大小和＿＿＿＿＿＿有关;扩散运动是由于＿＿＿＿＿＿引起的,反映扩散运动强弱的物理量是＿＿＿＿＿＿,这两个物理量的关系为＿＿＿＿＿＿,称为＿＿＿＿＿＿。

17. 载流子是＿＿＿＿＿＿和＿＿＿＿＿＿的总称,若 n 型半导体非平衡载流子浓度不均匀,又存在外电场,则少子电流密度为＿＿＿＿＿＿＿＿＿＿＿＿＿。

18. 室温下某半导体中载流子的迁移率为 $\mu_n=1000\text{cm}^2/(\text{V}\cdot\text{s})$,载流子的扩散系数为＿＿＿＿＿＿。

5.3 选择题

1. 半导体中载流子扩散系数的大小决定于其中的(　　)。

A. 复合机构　　　　B. 散射机构　　　　C. 能带结构　　　　D. 晶体结构

2. 非平衡载流子就是(　　)。

A. 处于导带还未与价带空穴复合的电子　　B. 不稳定的电子-空穴对

C. 不停运动着的载流子　　　　　　　　　D. 偏离热平衡状态的载流子

3. 强光照射 n 型半导体产生非平衡载流子,如果是小注入,那么(　　)是正确的。

A. 非平衡电子和非平衡空穴的作用同样重要

B. 电子准费米能级远高于热平衡状态时的统一费米能级

C. 导带和价带之间不平衡并且导带和价带内部自身也是不平衡的

D. 不具备统一的费米能级且 $np<n_i^2$

E. 空穴准费米能级远低于热平衡状态时的统一费米能级

4. 对于大注入下的直接复合,非平衡载流子的寿命不再是一个常数,它与(　　)。

A. 非平衡载流子浓度成正比　　　　　　B. 平衡载流子浓度成正比

C. 非平衡载流子浓度成反比　　　　　　　　D. 平衡载流子浓度成反比

5. 稳定光照下，半导体中的载流子所处状态说法正确的是（　　）。

　　A. 电子和空穴浓度一直变化，半导体处于非平衡状态下

　　B. 电子和空穴浓度保持不变，半导体处于稳态即平衡状态

　　C. 电子和空穴浓度保持不变，半导体处于稳态但仍然是非平衡状态

6. 一般弱电场情况下，光照会产生非平衡的电子-空穴对，这里所说的非平衡是指（　　）。

　　A. 电子和空穴系统的准费米能级不同

　　B. 电子和空穴的浓度在数量上不同于其平衡值

　　C. 电子和空穴在能量上的统计分布是非平衡的

7. 用 $h\nu \geqslant E_g$ 的强光照射无穷大 n 型样品，在光照表面（$x=0$ 处）极薄区域光被完全吸收，此时下述的（　　）是正确的。

　　A. 达到稳态后，载流子浓度不再随时间变化，样品处于平衡状态

　　B. 达到稳态后，载流子浓度既不随距离变化也不随时间变化，但样品处于非平衡状态

　　C. 稳定后成为稳态扩散，载流子浓度随距离增加呈指数式衰减，寿命越短衰减越快

　　D. 形成稳态扩散后，载流子浓度随距离增加呈指数式衰减，衰减快慢与扩散长度无关

　　E. 因存在外界光照，产生了非平衡载流子，载流子浓度总在变化，不会出现稳定状态

8. 直接复合时，小注入的 n 型半导体的非平衡载流子寿命 τ_p 主要决定于（　　）。

　　A. $\dfrac{1}{\gamma n_0}$　　　　　　B. $\dfrac{1}{\gamma p_0}$　　　　　　C. $\dfrac{1}{\gamma \Delta p}$

★9. 在 SRH 理论中，小注入时 n 型半导体复合中心能级 E_t 在本征费米能级 E_i 之下，而 E_t 关于 E_i 的对称位置为 E_t'，E_F 位于 E_i 和 E_t' 之间，下述的（　　）是正确的。

　　A. 在 n_0、p_0、n_1 和 p_1 中，n_0 最大，$\tau \approx 1/N_t r_p$

　　B. 在 n_0、p_0、n_1 和 p_1 中，p_0 最大，$\tau \approx p_0/N_t r_p n_0$

　　C. 在 n_0、p_0、n_1 和 p_1 中，n_1 最大，$\tau \approx n_1/N_t r_p n_0$

　　D. 在 n_0、p_0、n_1 和 p_1 中，p_1 最大，$\tau \approx p_1/N_t r_p (n_0+p_0)$

　　E. 在 n_0、p_0、n_1 和 p_1 中，p_1 最大，$\tau \approx p_1/N_t r_p n_0$

10. 杂质、缺陷和表面状态对非平衡载流子的寿命有很大影响，下述的（　　）是正确的。

　　A. 样品其他条件相同，但表面经过细磨和适当化学腐蚀后，其寿命更短

　　B. 对同样的表面情况，样品越小，寿命越长

　　C. 深能级杂质都是最有效的复合中心，而浅能级杂质都不是有效的复合中心

　　D. 样品的其他条件相同时，表面经细磨和适当化学腐蚀的样品，其寿命要长于表面经吹砂处理或金刚砂粗磨的样品，对同样的表面情况，样品越小，寿命越短

　　E. 杂质含量和材料的缺陷相同时，表面越粗糙，寿命就越长

11. 最有效的复合中心能级位置在（　　）附近；最有利陷阱作用的能级位置在（　　）附近，常见的是（　　）的陷阱。

　　A. E_A　　　　B. E_D　　　　C. E_F　　　　D. E_i　　　　E. 少子　　　　F. 多子

12. 非平衡电子的扩散电流密度的方向是（　　）。

　　A. 扩散流密度 S_n 的方向　　　　　　B. 电子扩散方向　　　　　　C. 电子浓度梯度方向

5.4 简答题

1. 非平衡载流子一般由什么方法产生？非平衡状态与平衡状态的差异何在？用什么方法检测？如何理解准费米能级是系统偏离平衡状态的标志？（中国科学院大学 2008 年考研真题）

2. 相比于平衡状态，非平衡状态的半导体所处的外界条件有哪些改变？内部又有哪些变化？对非简并半导体如何判断其是否处于平衡状态？（西安电子科技大学 2006 年考研真题）

3. 平均自由时间与非平衡载流子的寿命有何不同？（电子科技大学 2011 年、北京工业大学 2011 年和 2012 年考研真题）

★4. 对于一块中等掺杂水平的 p 型半导体，画出下列 4 种情况下的能带简图，标出费米能级或准费米能级的位置，并总结小注入和大注入两种情况下准费米能级变化的区别（n_i 为本征载流子浓度）。

(1) 无光照；

(2) 有光照，$\Delta n = \Delta p < n_i$；

(3) 有光照，小注入，但 $\Delta n = \Delta p > n_i$；

(4) 有光照，大注入。（中国科学院大学 2009 年考研真题）

5. 掺杂、改变温度、光照激发均能改变半导体材料的电导率，它们之间有何区别？讨论本征半导体在这 3 种情况下费米能级位置的变化，并画出能带图。（中国科学院大学 2009 年考研真题）

6. 半导体与金属的不同之一是通过光照可以增加载流子浓度。产生光生载流子对光子的能量有什么要求？光照去除后，样品恢复至热平衡状态，过剩载流子复合消失，其复合机制主要有哪几种？（北京工业大学 2021 年考研真题）

7. 画出直接俄歇过程和间接俄歇过程可能发生的几种情况的能带示意图。（电子科技大学 2012 年考研真题）

8. 根据非平衡载流子通过复合中心的理论公式，求出最有效的复合中心在什么位置，并解释其物理意义。

9. 分析金在硅中形成的深能级情况，并说明掺金对载流子寿命的影响。（华东师范大学 2004 年考研真题）

10. 决定半导体材料少子寿命长短的主要因素有哪些？在半导体器件和集成电路工艺中如何改变非平衡少数载流子的寿命？（西安交通大学 2005 年考研真题）

11. 间接复合效应与陷阱效应有何异同？

12. 外加作用力之后，为什么过剩载流子浓度不能随时间持续增加？

13. 什么是扩散流密度？如图 5-1 所示，n 型均匀掺杂样品沿 x 方向加一均匀电场 $\boldsymbol{E}$，同时在 $x=0$ 的表面处光照注入非平衡载流子，光在表面极薄区域内被完全吸收。若以 $(J_n)_扩$ 表示电子扩散电流，$(J_n)_漂$ 表示电子漂移电流，$(J_p)_扩$ 表示空穴扩散电流，$(J_p)_漂$ 表示空穴漂移电流，请在图中用带箭头的直线分别绘出 $(J_n)_扩$、$(J_n)_漂$、$(J_p)_扩$ 和 $(J_p)_漂$ 并加以标注，写出该样品中的总电流密度表达式，再用爱因斯坦关系式加以改写。（西安电子科技大学 2017 年考研真题）

14. 简要说明利用光电导衰减法测量少子寿命的原理；一般在测量时，为什么在脉冲光照的同时还要加上恒定光照？（西安交通大学 2013 年考研真题）

15. 电子以一个脉冲信号的方式注入 p 型半导体中，简要描述随后半导体内部发生的过程。（西安交通大学 2008 年考研真题）

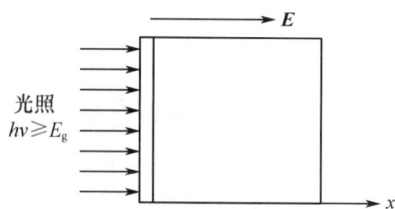

图 5-1　题 5.4-13 图

16. 以 n 型半导体为例,写出一维情况下小注入时,在漂移运动和扩散运动同时存在的条件下,少数载流子的连续性方程式;再按照下列各条件对该连续性方程式进行简化,注意不必求解方程:

（1）均匀半导体材料,电场是均匀的,表面光照恒定,且 $g_p=0$;

（2）光照射在均匀半导体上,其内部均匀地产生非平衡载流子,没电场,在 $t=0$ 时刻光照停止;

（3）在一块均匀的半导体中,用局部光脉冲照射,如图 5-2 所示,假定没有外加电场,当脉冲停止后空穴的一维连续性方程;

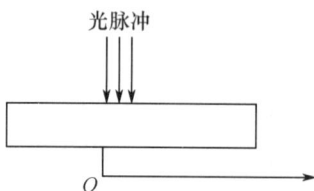

图 5-2　题 5.4-16 图

（4）其他条件同（3）,但样品加上一个均匀电场。（西北大学 2005 年、西安电子科技大学 2018 年考研真题）

17. 什么是牵引长度和德拜长度？它们由哪些因素决定？（电子科技大学 2011 年考研真题）

5.5　计算题

1. 室温下某 n 型硅样品的杂质浓度 $N_D=5.0\times10^{14}\,cm^{-3}$,若 $E_{Fn}-E_F=0.01k_0T$,这时样品是否处于平衡状态？是否小注入？为什么？计算 E_F-E_{Fp} 的值。

2. 某 n 型硅,其杂质浓度 $N_D=10^{16}\,cm^{-3}$,室温下有 $\tau_n=1\mu s$。

（1）在该半导体中光注入非平衡空穴 $\Delta p=10^6\,cm^{-3}$,求空穴准费米能级与电子准费米能级的差;

（2）设电子-空穴复合概率 $r=10^{-18}\,cm^3/s$,求非平衡载流子的直接复合率 U_d。

3. 室温下杂质浓度为 $N_A=10^{16}\,cm^{-3}$ 的硅材料,如果欲使它补偿为 n 型半导体且费米能级位于导带底下面 0.20eV 处,已知 $\mu_n=1040\,cm^2/(V\cdot s)$,$\mu_p=400\,cm^2/(V\cdot s)$。

（1）施主杂质浓度和空穴浓度分别是多少？电导率是多少？

（2）如果用光照射该样品且光被均匀吸收,此时电子的准费米能级比原来的费米能级升高了 0.0013eV,光照情况下的非平衡载流子浓度是多少？是否是小注入？为什么？附加电导率是多少？

（3）此时空穴的准费米能级与本征费米能级之差是多少？（西安电子科技大学 2010 年考研真题）

4. 在室温下一块电阻率为 $2\Omega \cdot cm$ 的均匀掺杂 n 型锗材料，当均匀受到光照射时，在其材料体内均匀产生 $\Delta n = \Delta p = 10^{15} cm^{-3}$ 的非平衡载流子。

（1）求光照时该材料的电阻率。

（2）求未受光照时该材料的费米能级位置。

（3）求受光照时该材料中电子和空穴各自的准费米能级位置。

5. 光均匀照射在 $6\Omega \cdot cm$ 的 n 型硅样品上，电子-空穴对的产生率为 $4 \times 10^{21} cm^{-3} \cdot s^{-1}$，样品寿命为 $8\mu s$。试计算光照前后样品的电导率。

6. 室温下一块均匀掺杂的 n 型硅材料，其杂质浓度小于 $10^{18} cm^{-3}$。当有一定光强均匀照射时，该材料体内均匀产生了非平衡载流子 $\Delta n_1 = \Delta p_1 = 2 \times 10^{15} cm^{-3}$，当增加光强后，该材料体内均匀产生了非平衡载流子 $\Delta n_2 = \Delta p_2 = 5 \times 10^{15} cm^{-3}$，后一种光强光照时该材料的电导率是前一种光强光照时材料电导率的 2 倍。求该块 n 型硅材料的杂质浓度。（浙江大学 2005 年考研真题）

7. 在室温下，一块杂质浓度为 $N_D = 5 \times 10^{16} cm^{-3}$ 的薄 n 型硅材料，少数载流子寿命为 $12\mu s$，在光照下体内均匀产生非平衡载流子，使其电阻率为无光照时电阻率的 1/3，求少数载流子的产生率 g。（浙江大学 2001 年考研真题）

8. 功率 $P = 10mW/cm^2$ 的入射单色光（$h\nu = 2eV$）照射在 n 型砷化镓样品上，设照射的深度 L 为 $0.05\mu m$，其中 80% 的光被样品吸收产生电子-空穴对，问：

（1）过剩载流子的产生率是多少？

（2）如果少子寿命为 $10^{-6} s$，稳定时的过剩电子与空穴各为多少？

（3）设在 $t = t_0$ 时突然关闭光，经过 $10^{-6} s$ 后，剩下的电子与空穴各为多少？

9. p 型硅中复合中心金杂质浓度 $N_t = 2 \times 10^{16} cm^{-3}$。若金施主能级对电子的俘获截面为 $63 \times 10^{-16} cm^2$，金受主能级对空穴的俘获截面为 $110 \times 10^{-16} cm^2$，试求出该材料中过剩载流子的寿命（设热载流子速度 $v_T = 1 \times 10^7 cm/s$）。（中国科学院大学 2002 年考研真题）

10. 室温下非均匀掺有施主杂质无补偿 n 型硅，其杂质分布沿 x 方向线性变化，$x \leqslant 1\mu m$，如图 5-3 所示。

（1）画出能带示意图，并标出 E_c、E_v、E_i 和 E_F。

（2）在热平衡状态下，该半导体中是否会有感生电场？若存在，试分析原因，并计算出 $x = 0$ 处的电场强度大小；若无，请分析原因。（中国科学院大学 2018 年考研真题）

★11. 有一块均匀掺杂的 n 型硅样品，杂质浓度为 $5 \times 10^{15} cm^{-3}$。

（1）在表面处注入空穴，空穴浓度是线性分布的，在 $5\mu m$ 内浓度差均为 $10^{13} cm^{-3}$，计算空穴的扩散电流密度。

（2）若使（1）中净空穴电流为 0，则需要的内电场应为多大？

12. 一块半导体均匀掺入浓度为 N_D（且 $N_D \gg n_i$）的施主杂质，测量电阻为 R_1，之后又掺入一未知浓度为 N_A（$N_A \gg N_D$）的受主杂质，测量电阻为 $0.5R_1$，若扩散系数比为 $D_n/D_p = 50$，求受主杂质浓度 N_A。（苏州大学 2010 年考研真题）

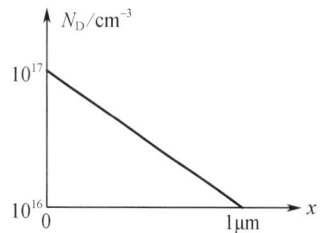

图 5-3　题 5.5-10 图

13. 半导体中总电流恒定,由电子漂移电流和空穴扩散电流组成。电子浓度恒为 $10^{16}\,\mathrm{cm}^{-3}$,空穴浓度为 $p(x)=10^{15}\exp(-x/L)\,\mathrm{cm}^{-3}\ (x\geqslant 0)$,其中 $L=12\mu\mathrm{m}$,空穴扩散系数 $D_p=12\,\mathrm{cm}^2/\mathrm{s}$,电子迁移率 $\mu_n=1000\,\mathrm{cm}^2/(\mathrm{V}\cdot\mathrm{s})$,总电流密度 $J=4.8\,\mathrm{A/cm}^2$。计算:

(1) 空穴扩散电流密度随 x 的变化关系;

(2) 电子电流密度随 x 的变化关系;

(3) 电场强度随 x 的变化关系。(西安交通大学 2018 年考研真题)

14. n 型硅片表面受均匀恒定的光照射,在表面注入的非平衡少数载流子浓度为 $5\times10^{11}\,\mathrm{cm}^{-3}$,设少子寿命为 $10\mu\mathrm{s}$,迁移率为 $500\,\mathrm{cm}^2/(\mathrm{V}\cdot\mathrm{s})$,计算室温下:

(1) 非平衡少数载流子的扩散长度;

(2) 在距离表面二倍扩散长度处少子的净复合率;

(3) 求距离表面二倍扩散长度处少子的扩散电流密度。(中国科学院大学 2012 年、2020 年考研真题)

15. 一块长方形足够厚的 p 型硅样品,电子迁移率 $\mu_n=1200\,\mathrm{cm}^2/(\mathrm{V}\cdot\mathrm{s})$,电子寿命 $\tau_n=10\mu\mathrm{s}$。在其表面处有稳定的电子注入,注入浓度 $\Delta n=7\times10^{12}\,\mathrm{cm}^{-3}$,计算室温下在离表面多远的地方,由表面扩散来到此处的过剩少子的电流密度为 $1.2\,\mathrm{mA/cm}^2$。(中国科学院大学 2004 年考研真题)

16. 室温下均匀掺入 $N_D=5.5\times10^{16}\,\mathrm{cm}^{-3}$ 施主的硅,已知 $\mu_n=1350/[1+N_i/(5\times10^{16})]^{1/2}\,\mathrm{cm}^2/(\mathrm{V}\cdot\mathrm{s})$,$\mu_p=480/[1+N_i/(5\times10^{16})]^{1/2}\,\mathrm{cm}^2/(\mathrm{V}\cdot\mathrm{s})$,其中 N_i 是离化杂质浓度。

(1) 在 $h\nu\geqslant E_g$ 的光照下,光被均匀吸收,使硅的电导率增加了一倍,计算光照产生的非平衡空穴 Δp 的浓度,是否为小注入?为什么?电子准费米能级 E_{Fn} 和空穴准费米能级 E_{Fp} 与统一费米能级 E_F 之差分别是多少?

(2) 非均匀掺杂的两个样品,施主杂质分布分别为 $N_D(x)=ax$ 和 $N_D(x)=N_0\mathrm{e}^{-ax}$,分别求两个样品内部的电场分布。(西安电子科技大学 2012 年考研真题)

17. 如图 5-4 所示,在 n 型半导体表面光照恒定,产生率为 g_p,若无电场。

(1) 求载流子所满足的连续性方程;

(2) 分别写出 $W\gg L_p$ 和 $W\ll L_p$ 下载流子随位置的变化规律。(中国科学院大学 2017 年考研真题)

18. 设一均匀杂质浓度为 N_D 的 n 型硅样品,室温下完全电离,这时稳定光照样品左半部,样品内均匀产生电子-空穴对,产生率为 g_p,如图 5-5 所示。若样品足够长,求稳态时样品两边的少子浓度分布。已知样品内的少子扩散系数为 D_p,少子寿命为 τ_p,忽略表面复合效应。(中国科学院大学 2008 年考研真题)

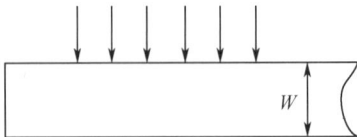

图 5-4   题 5.5-17 图   图 5-5   题 5.5-18 图

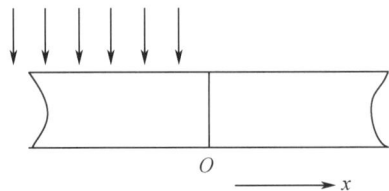

19. 设在样品 $x=0$ 处存在稳定的光注入,注入浓度为 Δp_0,样品上加均匀电场 $\boldsymbol{E}$,如图 5-6 所示,试求 x 方向上的非平衡少数载流子 $\Delta p(x)$ 的分布,并讨论弱电场和强电场时的情况。

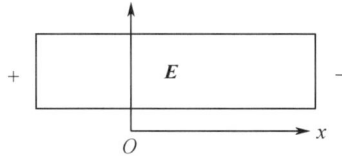

图 5-6　题 5.5-19 图

20. 用适当强度和频率的光照射一块足够厚的 n 型半导体,在其表面薄层内产生非平衡载流子,产生率 $g_p = 2.5 \times 10^{16} \, \text{cm}^{-3} \cdot \text{s}^{-1}$, $\tau = 10 \mu\text{s}$。

(1) 写出稳态时非平衡空穴分布所满足的方程,解出沿光照方向半导体中非平衡空穴的分布。

(2) 设空穴迁移率 $\mu_p = 3000 \, \text{cm}^2/(\text{V} \cdot \text{s})$,在忽略表面非平衡载流子复合的情况下,求以单位面积(1cm^2)为底,厚度为 $2L_p$ 的体积内的非平衡空穴数。(西安交通大学 2002 年考研真题)

21. 室温下,光照一个杂质浓度为 $1.5 \times 10^{15} \, \text{cm}^{-3}$ 的 p 型硅样品,均匀地产生非平衡载流子,电子-空穴对的产生率为 $10^{17} \, \text{cm}^{-3} \cdot \text{s}^{-1}$,电子迁移率 $\mu_n = 1350 \, \text{cm}^2/(\text{V} \cdot \text{s})$,样品中少子电子寿命为 $15 \mu\text{s}$。

(1) 设本征费米能级 E_i 位于带隙中央,求光照下准费米能级的位置,并和光照前的费米能级进行比较。

(2) 设表面复合速度为 100cm/s,计算单位时间、单位表面积在表面处复合的电子数。

(3) 绘出当表面复合速度 $s \to 0$ 和 $s \to \infty$ 时,表面附近少数载流子的分布示意图。(中国科学院大学 2016 年考研真题)

22. 如图 5-7 所示,一均匀掺杂的 n 型半导体薄片,在 $x = 0$ 处有稳定光照。稳态时,在 $x = 0$ 处过剩载流子浓度为 $\Delta p(0)$,A 面的表面复合速度 $s_A = \infty$(即 $\Delta p(d_1) = 0$)。A 面与 $x = 0$ 处的距离 $|d_1| \ll$ 空穴扩散长度 L_p,B 面与 $x = 0$ 处的距离 $|d_2| \gg L_p$。

(1) 求稳态时,过剩载流子浓度沿 x 方向的分布,且画出分布简图。

(2) 若上述样品中过剩载流子寿命 $\tau_p = 2 \mu\text{s}$,扩散长度 $L_p = 0.01 \text{cm}$,$\Delta p(0) = 10^{11} \, \text{cm}^{-3}$,求单位时间、单位截面积、在 $0 \leqslant x \leqslant L_p$ 的范围内复合的空穴数。(中国科学院大学 2007 年考研真题)

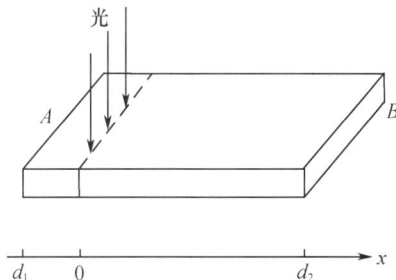

图 5-7　题 5.5-22 图

23. 对于半无限大的 n 型半导体,分别考虑平面有效光照和探针注入两种情况,如果空穴的寿命是 τ_p。

(1) 分别写出它们所满足的稳态扩散方程。

（2）求解两种情况下的非平衡少子分布。

（3）分别求出在 $x=0$ 和 $r=r_0$ 处的扩散流密度，哪种情况下扩散效率更高？为什么？（西安电子科技大学 2013 年考研真题）

24. 室温下 $t=0$ 时刻用 $h\nu \geqslant E_g$ 的光分别照射 A 和 B 两块半无限大均匀掺杂 n 型样品，空穴寿命为 τ_p。若 A 样品均匀地吸收光照，空穴产生率为 g_p，而 B 样品在表面极薄区域内光被全部吸收。

（1）分别写出 A 和 B 两块样品的非平衡空穴所满足的方程，并对 A 样品的方程进行求解。

（2）B 样品达到稳态时，若光照表面产生 $(\Delta p)_0 = 10^{13}\,\mathrm{cm}^{-3}$，$\tau_p = 5\mu s$，$\mu_p = 430\,\mathrm{cm}^2/(\mathrm{V \cdot s})$，计算 B 样品的扩散长度 L_p 以及从表面扩散进入半导体内部的空穴电流密度 $J_p(x)$。

（3）计算距离表面多远处 $\Delta p = 10^{12}\,\mathrm{cm}^{-3}$。（西安电子科技大学 2015 年考研真题）

★25. 光照一个 $1\Omega \cdot \mathrm{cm}$ 的 n 型硅样品，均匀产生非平衡载流子，电子-空穴对的产生率为 $10^{17}\,\mathrm{cm}^{-3} \cdot \mathrm{s}^{-1}$，寿命为 $10\mu s$，表面复合速度为 $100\,\mathrm{cm/s}$。已知 $1\Omega \cdot \mathrm{cm}$ 的 n 型硅，其 $N_D = 5 \times 10^{15}\,\mathrm{cm}^{-3}$，$\mu_p = 400\,\mathrm{cm}^2/(\mathrm{V \cdot s})$。

（1）求单位时间、单位表面积在表面复合的空穴数。

（2）求单位时间、单位表面积在距离表面 3 个扩散长度处的体积内复合的空穴数。（西安交通大学 2017 年考研真题）

26. 用适当频率的光脉冲照射某一 p 型半导体样品，光被样品内部均匀吸收，产生非平衡载流子，其产生率为 g_n，非平衡载流子寿命为 τ_n，光脉冲宽度 $\Delta t = 3\tau_n$。

（1）写出在该光脉冲照射结束以后非平衡载流子所满足的方程。

（2）写出光脉冲从开始照射（$t=0$，$\Delta n = 0$）直到结束整个事件中，非平衡载流子所满足的方程，画出示意图并写出光生载流子浓度的最大值。

（3）在用直流光电导衰减法测非平衡载流子寿命的实验中，根据定义，从示波器上观察的是哪一段曲线所对应的时间？

27. 用如图 5-8 所示的不同脉宽 τ 的强光脉冲照射 n 型样品，光被均匀吸收，非平衡空穴寿命 τ 与脉宽相等，产生率为 g_p。

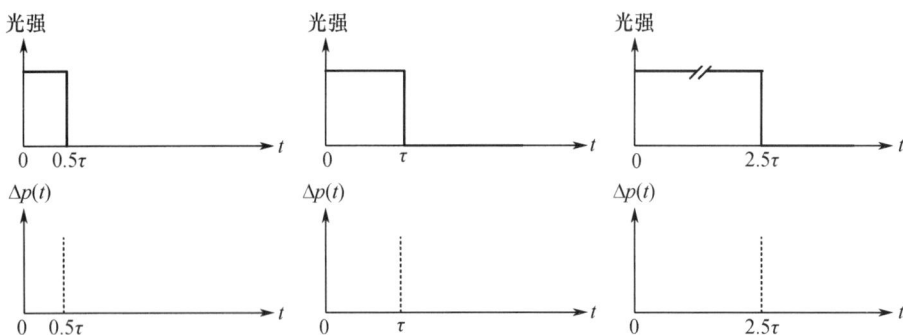

图 5-8　题 5.5-27 图

（1）列出光照下非平衡空穴所满足的方程并求出其随时间的变化关系。

（2）求不同脉宽光脉冲照射结束瞬间的非平衡空穴浓度，并画出不同脉宽光脉冲照射下非平衡空穴随时间的变化曲线。

（3）如果以光脉冲照射结束瞬间为时间起点，列出光脉冲照射结束后非平衡空穴所满足的方程并求出其随时间的变化关系。（西安电子科技大学 2014 年考研真题）

第 5 章习题答案及详解

5.1 名词解释

平衡载流子：如果没有其他外界作用,电子可以从低能量的量子态跃迁到高能量的量子态,产生导带电子和价带空穴,同时还存在相反的过程,即电子也可以从高能量的量子态跃迁到低能量的量子态,使导带中的电子和价带中的空穴不断减少;在一定温度下,这两个相反的过程之间建立动态平衡,这时的导电电子和空穴称为平衡载流子。

非平衡载流子：如果对半导体施加外界作用,破坏了热平衡的条件,其载流子浓度不再是热平衡状态时的电子浓度 n_0 和空穴浓度 p_0,比平衡状态多出来的这部分载流子称为非平衡载流子,有时也称为过剩载流子。

非平衡载流子寿命：即非平衡载流子的平均生存时间,标志着非平衡载流子浓度减小到原值的 $1/e$ 所经历的时间。

准费米能级：当半导体的平衡遭到破坏时,导带和价带之间处于不平衡状态,但是在导带和价带中,电子基本处于平衡状态。因而费米能级和统计分布函数对导带和价带各自仍然适用。可以分别引入导带费米能级和价带费米能级,它们都是局部的费米能级,称为准费米能级。导带的准费米能级称为电子准费米能级,用 E_{Fn} 表示,相应价带的准费米能级称为空穴准费米能级,用 E_{Fp} 表示。导带和价带的不平衡表现在它们的准费米能级是不重合的。

直接复合：电子在导带与价带间直接跃迁而引起非平衡载流子的复合过程就是直接复合。

间接复合：非平衡载流子通过半导体中的杂质和缺陷在禁带中形成的复合中心的复合过程就是间接复合。

复合中心：杂质和缺陷可以在禁带中引入局部化的能级,这些能级就好像台阶一样,对电子和空穴的复合起到中间站的作用,它们可以促进电子、空穴的复合,这些能促进复合过程的杂质和缺陷称为复合中心,它们的能级称为复合中心能级。

复合率：单位时间单位体积内净复合掉的电子-空穴对数称为复合率。

表面复合：是指位于半导体表面发生的复合过程。表面处的杂质和表面特有的缺陷在禁带形成复合中心能级。因而就复合机构而言,表面复合仍然是间接复合。

表面复合速度：表面复合率与表面处非平衡载流子浓度之比的比例系数,称为表面复合速度,它具有速度的量纲,表示表面复合的强弱。表面复合速度的大小,很大程度上要受到晶体表面物理性质和外界气氛的影响。

俄歇复合：载流子从高能级向低能级跃迁,发生电子与空穴复合时,把多余的能量传给另一个载流子,使这个载流子被激发到能量更高的能级上去,当它重新跃迁回低能级时,多余的能量常以声子形式放出,这种复合称为俄歇复合。

陷阱效应：杂质能级俘获并可以积累非平衡载流子的作用就称为陷阱效应。陷阱是指有显著陷阱效应的杂质能级。

陷阱中心：有显著陷阱效应的杂质能级,比如积累的非平衡载流子的数目可以与导带和价带中非平衡载流子数目相比拟的杂质能级,其相应的杂质和缺陷称为陷阱中心。陷阱中心只存储一种载流子,常为浅能级杂质。

载流子扩散:是指半导体中由于载流子浓度的不均匀,引起载流子从浓度高的地方向浓度低的地方扩散。

爱因斯坦关系式:在半导体非简并的情况下,载流子迁移率与扩散系数之间的关系,即 $D/\mu=k_0T/q$。

扩散长度:表示非平衡载流子边扩散边复合的过程中,浓度减少至原值的 $1/e$ 时所扩散的距离,即标志着非平衡载流子深入样品的平均距离。

5.2 填空题

1. 光注入　复合　$(\Delta p)_0\mathrm{e}^{-t/\tau}$

2. 导带费米能级　价带费米能级　局部的　不重合　准费米能级偏离热平衡时的费米能级位置　$n_0p_0=n_i^2$

3. 发射光子　发射声子

4. 非平衡载流子　复合　直接复合　间接复合　体内复合　表面复合

5. 复合中心　禁带　$\tau_n=1/N_tr_n$　$\tau_p=1/N_tr_p$

6. 杂质和缺陷　$\tau=\dfrac{r_n(n_0+n_1)+r_p(p_0+p_1)}{N_tr_nr_p(n_0+p_0)}$　非平衡载流子浓度　费米能级 E_F 与复合中心能级 E_t 重合时导带的平衡电子浓度　费米能级 E_F 与复合中心能级 E_t 重合时价带的平衡空穴浓度　最大者　禁带中央附近　浅能级

7. $\dfrac{1}{\tau}=\dfrac{1}{\tau_1}+\dfrac{1}{\tau_2}+\dfrac{1}{\tau_3}$

8. 间接复合　$1/\tau_v$　$1/\tau_s$　$\dfrac{1}{\tau}=\dfrac{1}{\tau_v}+\dfrac{1}{\tau_s}$

9. $\sigma_-\upsilon_T$　$\sigma_+\upsilon_T$　$\dfrac{1}{N_t\sigma\upsilon_T}$

10. 影响半导体中载流子浓度和导电类型　对载流子进行复合

11. $r_n=r_p$

12. 杂质　禁带中央　积累　与平衡时费米能级重合的位置

13. 电注入

14. 扩散　漂移　扩散　漂移

15. 单位时间通过单位面积的粒子数　$S_p=-D_p\dfrac{\mathrm{d}\Delta p(x)}{\mathrm{d}x}$

16. 电场作用　迁移率　平均自由时间和有效质量　浓度梯度　扩散系数　$D/\mu=k_0T/q$ 爱因斯坦关系式

17. 电子　空穴　$J_p=pq\mu_pE-qD_p\dfrac{\mathrm{d}\Delta p}{\mathrm{d}x}$

18. $26\mathrm{cm^2/s}$

5.3 选择题

1. D　2. D　3. E　4. C　5. C　6. B　7. C　8. A　9. E　10. D　11. DCE　12. C

5.4 简答题

1.【答】非平衡载流子产生方法通常有光照、电场和磁场等。热平衡状态下半导体的载流子浓度是一定的,产生与复合处于动态平衡状态,即单位时间单位体积产生的电子和空穴数目与复合掉的数目相等。在非平衡状态下,打破了产生与复合的相对平衡,电子和空穴的产生数目超过或小于复合掉的数目,即在半导体中产生了非平衡载流子。利用光注入引起附加光电导率的方法,可以检测非平衡载流子。

准费米能级这个概念是为了方便讨论非平衡载流子的统计分布及载流子浓度的能级而引入的。准费米能级是局部的费米能级,导带和价带间的不平衡就表现在它们的准费米能级是不重合的。无论是电子还是空穴,非平衡载流子越多,导带准费米能级 E_{Fn} 和价带准费米能级 E_{Fp} 偏离 E_F 就越远。一般在非平衡状态时,多数载流子的准费米能级和平衡时的费米能级偏离不多,少数载流子的准费米能级则偏离较大。因此,E_{Fn} 和 E_{Fp} 偏离的大小直接反映了半导体偏离热平衡状态的程度。

2.【答】相比于平衡状态,非平衡状态的半导体所处的外界条件的改变为光注入、电注入等外界作用的施加,其内部价带电子激发到导带上去,产生电子-空穴对,使导带比平衡状态时多出一部分电子 Δn,价带比平衡状态时多出一部分空穴 Δp。另外,电子和空穴在价带与导带直接跃迁引起电子和空穴的直接复合或通过禁带的能级(复合中心)进行间接复合,两种复合均会导致导带中电子和价带中空穴减少。

在一定温度下,任何非简并半导体中的热平衡载流子浓度乘积 $n_0 p_0$ 都等于该温度时的本征载流子浓度 n_i 的平方,即 $n_0 p_0 = n_i^2$,可以判断非简并半导体是否处于平衡状态。

3.【答】载流子在电场中做漂移运动时,只有在连续两次散射之间的时间内才做加速运动,这段时间称为自由时间。自由时间长短不一,若取极值多次而求得其平均值,则称为载流子的平均自由时间,常用 τ 来表示。非平衡载流子的平均生存时间称为非平衡载流子寿命,标志着非平衡载流子浓度减小到原值的 $1/e$ 所经历的时间。

前者与散射机构有关,散射越弱,平均自由时间越长;后者是由复合机构决定的,它与复合概率成反比关系。

4.【答】中等掺杂水平的 p 型半导体 4 种情况下的能带简图如图 5-9 所示。

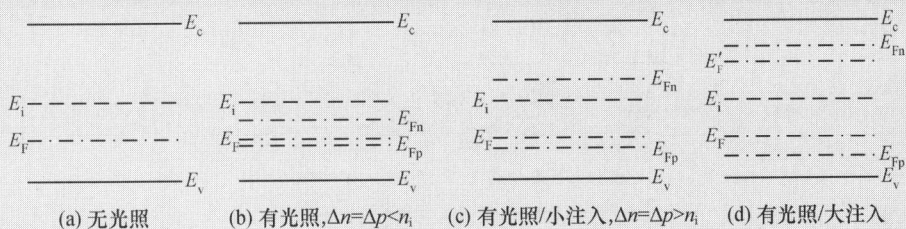

(a) 无光照   (b) 有光照,$\Delta n = \Delta p < n_i$ (c) 有光照/小注入,$\Delta n = \Delta p > n_i$ (d) 有光照/大注入

图 5-9   答案 5.4-4 图

当无光照时,平衡状态的 p 型半导体,有统一的费米能级,如图 5-9(a)所示。当有光照时,产生非平衡载流子浓度 $\Delta n = \Delta p < n_i$ 时,没有统一的费米能级,导带准费米能级 E_{Fn}、价带准费米能级 E_{Fp} 均在 E_i 下面,但对导带准费米能级 E_{Fn} 的影响远大于价带准费米能级 E_{Fp},如图 5-9(b)所示。当有光照/小注入时,$n_i < \Delta n = \Delta p \ll p_0$,价带准费米能级 E_{Fp} 在费米能级 E_F 之下,但非常靠近 E_F,导带准费米能级 E_{Fn} 在本征费米能级 E_i 以上,因为 $n < p$,所以 E_{Fn} 离导带底 E_c 的距离大于 E_{Fp} 离价带顶 E_v 的距离,如图 5-9(c)所示。当有光照/大注入时,$\Delta n = \Delta p > p_0$,那么 $n < p_0$,故 E_{Fn} 在 E_F' 之上;$n < p$,E_{Fn} 离导带底 E_c 的距离略大于 E_{Fp} 到价带顶 E_v 的距离;E_{Fp} 在 E_F 之下,但到价带顶 E_v 的距离变化不大,如图 5-9(d)所示。

5.【答】掺杂:以掺入 n 型杂质为例,杂质浓度增加,电离杂质散射起主要作用,迁移率下降趋势不太显著;掺杂后电子数增加,费米能级 E_F 上升,由 $\sigma \approx \sigma_n = n q \mu_n$ 得,半导体的电导率增大。能带图如图 5-10(a)所示。

改变温度:对于本征半导体,温度升高(下降),本征载流子浓度 n_i 迅速增大(减少),若不考虑迁移率变化的影响,由 $\sigma_i = n_i q(\mu_n + \mu_p)$ 得,电导率增大(降低),费米能级位置不变,仍处于本征态。能带图如图 5-10(b)所示。

光照激发:光照激发时,半导体有非平衡载流子产生,且 $\Delta n = \Delta p$,由附加电导率 $\Delta \sigma = \Delta p q(\mu_n + \mu_p)$ 得,电导率增大,产生电子准费米能级 E_{Fn} 和空穴准费米能级 E_{Fp},且偏离费米能级 E_F 距离相等。能带图如图 5-10(c)所示。

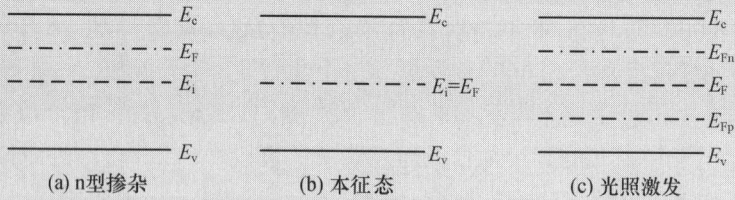

(a)n型掺杂   (b)本征态   (c)光照激发

图 5-10   答案 5.4-5 图

6.【答】用光照射半导体时,若价带中的电子吸收光子后进入导带产生电子-空穴对,则需要光子的能量大于或等于半导体的禁带宽度。光照去除后,样品恢复至热平衡状态。过剩载流子复合消失的主要机理包括直接复合和间接复合两种。电子在导带和价带之间的直接跃迁引起电子和空穴的复合称为直接复合;电子和空穴通过禁带的能级(复合中心)进行复合称为间接复合。根据间接复合过程发生的位置,又可以把它分为体内复合和表面复合两种。

7.【答】图 5-11 中,图(a)和图(d)为直接俄歇复合过程,其他均为与杂质和缺陷有关的间接俄歇复合过程。

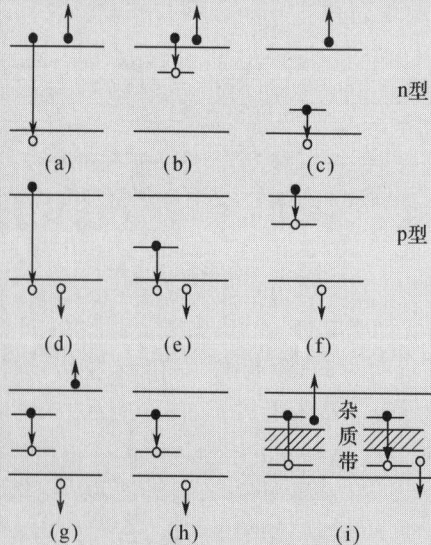

图 5-11   答案 5.4-7 图

8.【答】 通过复合中心复合的普遍理论公式为

$$U=\frac{N_t r_n r_p (np-n_i^2)}{r_n(n+n_1)+r_p(p+p_1)} \qquad ①$$

当注入非平衡载流子后，$np>n_i^2$，$U>0$，$n=n_0+\Delta n$，$p=p_0+\Delta p$，$\Delta n=\Delta p$，得

$$U=\frac{N_t r_n r_p (n_0\Delta p+p_0\Delta p+\Delta p^2)}{r_n(n_0+n_1+\Delta p)+r_p(p_0+p_1+\Delta p)}$$

则非平衡载流子寿命为

$$\tau=\frac{\Delta p}{U}=\frac{r_n(n_0+n_1+\Delta p)+r_p(p_0+p_1+\Delta p)}{N_t r_n r_p (n_0+p_0+\Delta p)}$$

小注入时 $\Delta p\ll(n_0+p_0)$，对于一般的复合中心，r_n 和 r_p 相差不大，可得

$$\tau=\frac{r_n(n_0+n_1)+r_p(p_0+p_1)}{N_t r_n r_p (n_0+p_0)} \qquad ②$$

而在小注入情况下，寿命只取决于 n_0、p_0、n_1 和 p_1 中最大的值。对于强 n 型半导体，最大值为 n_0，式②可简化为

$$\tau=\tau_p\approx\frac{1}{N_t r_p} \qquad ③$$

同样，对于强 p 型半导体，最大值为 p_0，式②可简化为

$$\tau=\tau_n\approx\frac{1}{N_t r_n} \qquad ④$$

将式③和式④代入式①，得到

$$U=\frac{np-n_i^2}{\tau_p(n+n_1)+\tau_n(p+p_1)} \qquad ⑤$$

假定 $r_n=r_p=r$，则有 $\tau_p=\tau_n=1/N_t r$，利用 $n_1=n_i\exp[(E_t-E_i)/(k_0 T)]$，$p_1=n_i\exp[(E_i-E_t)/(k_0 T)]$，则式⑤可改写为

$$U=\frac{N_t r(np-n_i^2)}{n+p+2n_i \mathrm{ch}\left(\dfrac{E_t-E_i}{k_0 T}\right)} \qquad ⑥$$

从式⑥可看出，当 $E_i\approx E_t$ 时，非平衡载流子的复合率 U 趋向极大值，即禁带中央附近是最有效的复合中心。位于禁带中央附近的深能级为最有效的复合中心，而远离禁带中央的浅能级不能起有效复合中心的作用。

9.【答】 金在硅中是深能级杂质，可形成双重能级：位于导带底以下 0.54eV 的受主能级和位于价带顶以上 0.35eV 的施主能级。在 n 型硅中，费米能级比较接近导带，电子基本填满金的能级，即金接受电子成为负电中心 Au^-，是受主能级起作用，少数载流子寿命 $\tau_p=1/N_t r_p$。在 p 型硅中，金能级基本上是空的，金释放电子成为正电中心 Au^+，是施主能级起作用，少数载流子寿命 $\tau_n=1/N_t r_n$。无论在 n 型或 p 型硅中，金都是有效的复合中心，对少数载流子寿命会产生极大的影响。另外，在掺金硅中，少数载流子寿命与金的浓度成反比，通过控制金的浓度，可以在宽广的范围内改变少数载流子的寿命。

10.【答】 在半导体材料中，少数载流子寿命的长短受复合过程微观机构的影响。复合分为直接复合和间接复合。对于直接复合，载流子的寿命主要取决于载流子的热运动速率、平衡载流子的浓度和非平衡载流子的浓度，且均成反比的关系；同时，还受禁带宽度的影响，禁带宽度越小，直接复合概率越大，寿命越短。对于间接复合，载流子的寿命主要取决于杂质和缺陷引入复合中心的能级位置和浓度、俘获截面、载流子的热运动速率；复合中心能级越靠近本征

费米能级,复合中心浓度越大,少子寿命就越短;俘获截面、载流子的热运动速率越大,杂质浓度越高,少子的寿命也越短。另外,少数载流子的寿命在很大程度上受半导体样品的形状和表面状态的影响,表面越粗糙寿命越短、表面越光滑寿命越长,样品越小寿命越短、样品越大寿命越长。

在半导体器件和集成电路工艺中,主要通过掺入一些深能级杂质,例如金(Au)和铂(Pt)作为复合中心,或者通过电子辐照引入晶体缺陷等方法来控制少子的寿命。

11.【答】间接复合效应是指非平衡载流子通过位于禁带中特别是位于禁带中央的杂质或缺陷能级 E_t 而逐渐消失的效应;陷阱效应是指杂质或缺陷在禁带中引入的能级有积累非平衡载流子的作用,积累非平衡载流子的数目可以与导带和价带中非平衡载流子相比拟。两者相同之处:都是非平衡载流子在位于禁带中的杂质和缺陷能级发生的效应。不同之处:间接复合效应是非平衡载流子通过杂质或缺陷能级发生复合而逐渐消失;陷阱效应是非平衡载流子被积累在杂质或缺陷能级中,引起杂质能级上电子数目的改变。

12.【答】半导体在外加作用力下,例如光照,均匀产生电子-空穴对,使导带比平衡时多出一部分电子 Δn,价带比平衡时多出一部分空穴 Δn,净复合率正比于非平衡载流子浓度,产生的非平衡载流子积累导致浓度增加,净复合率增加。当净复合率等于产生率时,非平衡载流子浓度,即过剩载流子浓度不能随时间持续增加。当在半导体表面产生或注入非平衡载流子时,非平衡载流子存在浓度梯度,导致扩散运动,非平衡载流子边扩散边复合,故过剩载流子浓度也不能随时间可持续增加。

13.【答】如图 5-12 所示,当载流子存在浓度梯度时,单位时间通过单位面积(垂直于 x 轴)的粒子数称为扩散流密度。

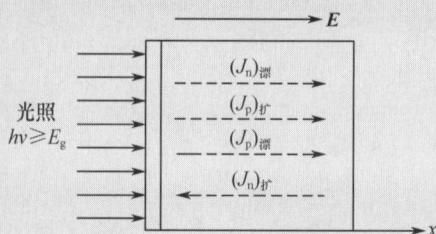

图 5-12 答案 5.4-13 图

根据题意,非平衡载流子做扩散运动,平衡和非平衡载流子均做漂移运动,则有

$$\begin{cases} J_n = (n_0 + \Delta n) q \mu_n E + q D_n \dfrac{d \Delta n}{dx} = n q \mu_n E + q D_n \dfrac{d \Delta n}{dx} \\ J_p = (p_0 + \Delta p) q \mu_p E - q D_p \dfrac{d \Delta p}{dx} = p q \mu_p E - q D_p \dfrac{d \Delta p}{dx} \end{cases}$$

总电流密度为

$$J = J_n + J_p = n q \mu_n E + q D_n \frac{d \Delta n}{dx} + p q \mu_p E - q D_p \frac{d \Delta p}{dx}$$

利用爱因斯坦关系式 $D/\mu = k_0 T/q$,上式变为

$$J = J_n + J_p = q \mu_p \left(p E - \frac{k_0 T}{q} \frac{d \Delta p}{dx} \right) + q \mu_n \left(n E + \frac{k_0 T}{q} \frac{d \Delta n}{dx} \right)$$

14.【答】测量少子的寿命时,加恒定光照是为了减少陷阱效应的影响。若不加上恒定光照,脉冲光照产生的非平衡载流子首先被样品中存在的少数载流子的陷阱俘获,然后才有少数

载流子的积累;光照停止后,陷阱中的少子要经过远高于少子寿命的时间才能被缓慢释放出来复合掉,使实际测量的少子寿命偏大,在少子衰减曲线上出现一条长长的尾巴。对整个样品加以恒定光照射,由恒定光激发的载流子可以预先填满陷阱,这样测量少子的寿命时陷阱效应就可以降低。

15.【答】电子以一个脉冲信号的方式注入 p 型半导体,成为非平衡载流子,当脉冲信号停止以后,注入的电子由注入点向两边扩散,同时不断发生复合,其峰值随时间下降。

16.【答】半导体为 n 型材料,少数载流子空穴的连续性方程为

$$\frac{\partial p}{\partial t} = D_p \frac{\partial^2 p}{\partial x^2} - \mu_p p \frac{\partial E}{\partial x} - \mu_p E \frac{\partial p}{\partial x} - \frac{\Delta p}{\tau_p} + g_p$$

(1) 表面光照恒定,且 $g_p = 0$,则 p 不随时间变化,即 $\partial p/\partial t = 0$;半导体材料均匀,平衡状态下空穴浓度 p_0 与 x 无关;电场是均匀的,因而 $\partial E/\partial x = 0$。连续性方程为

$$D_p \frac{\mathrm{d}^2 \Delta p}{\mathrm{d}x^2} - \mu_p E \frac{\partial \Delta p}{\partial x} - \frac{\Delta p}{\tau_p} = 0$$

(2) 光照在均匀半导体内部均匀地产生非平衡载流子,有 $\partial p/\partial x = 0$;没电场,在 $t = 0$ 时刻光照停止,非平衡载流子将不断复合而消失。连续性方程为

$$\frac{\partial \Delta p}{\partial t} = -\frac{\Delta p}{\tau_p}$$

(3) 当光脉冲停止后,空穴的一维连续性方程为

$$\frac{\partial \Delta p}{\partial t} = D_p \frac{\partial^2 \Delta p}{\partial x^2} - \frac{\Delta p}{\tau_p}$$

(4) 加上电场的一维连续性方程为

$$\frac{\partial \Delta p}{\partial t} = D_p \frac{\partial^2 \Delta p}{\partial x^2} - \mu_p E \frac{\partial \Delta p}{\partial x} - \frac{\Delta p}{\tau_p}$$

17.【答】牵引长度是指电场很强,扩散可以忽略时,由表面注入的非平衡载流子深入样品的平均距离,即在寿命 τ 内所漂移的平均距离,牵引长度 $L(E) = E\mu\tau$,由电场、迁移率和寿命决定。

德拜长度是用来描写正离子的电场所能影响到电子的最远距离。在半导体中,表面空间电荷层厚度随杂质浓度、介电常数和表面势等因素而改变,其厚度由一个特征长度即德拜长度 L_D 表示,主要由杂质浓度决定;杂质浓度大,德拜长度 L_D 小。

5.5 计算题

1.【解】根据导带中载流子的计算公式

$$n = N_c \exp\left(-\frac{E_c - E_{Fn}}{k_0 T}\right) = N_c \exp\left(-\frac{E_c - E_F + E_F - E_{Fn}}{k_0 T}\right) = n_0 \exp\left(-\frac{E_F - E_{Fn}}{k_0 T}\right)$$

在室温下杂质全部电离,$n_0 = N_D$,$E_{Fn} - E_F = 0.01k_0 T$,则有

$$n = n_0 \exp\left(\frac{E_{Fn} - E_F}{k_0 T}\right) = 5.0 \times 10^{14} \exp(0.01) = 5.05 \times 10^{14} \,\mathrm{cm}^{-3}$$

则有

$$\Delta n = \Delta p = n - n_0 = 5.05 \times 10^{14} - 5.0 \times 10^{14} = 5.0 \times 10^{12} \,\mathrm{cm}^{-3}$$

根据载流子浓度乘积,可得

$$p_0 = \frac{n_i^2}{n_0} = \frac{(1.02 \times 10^{10})^2}{5.0 \times 10^{14}} = 2.08 \times 10^5 \, \text{cm}^{-3}$$

根据价带中载流子的计算公式

$$p = N_v \exp\left(\frac{E_v - E_{Fp}}{k_0 T}\right) = N_c \exp\left(\frac{E_v - E_F + E_F - E_{Fp}}{k_0 T}\right) = p_0 \exp\left(\frac{E_F - E_{Fp}}{k_0 T}\right)$$

则有

$$E_F - E_{Fp} = k_0 T \ln\left(\frac{p}{p_0}\right) = 0.026 \ln\left(\frac{2.08 \times 10^5 + 5.0 \times 10^{12}}{2.08 \times 10^5}\right) = 0.44 \, \text{eV}$$

因此,该半导体没有处于平衡状态,因为 $\Delta n = \Delta p < n_0$,所以是小注入。空穴准费米能级和费米能级之间的距离为 0.44eV。

2. 【解】(1) 根据载流子浓度乘积,可得

$$p_0 = \frac{n_i^2}{n_0} = \frac{n_i^2}{N_D} = \frac{(1.02 \times 10^{10})^2}{10^{16}} = 1.04 \times 10^4 \, \text{cm}^{-3}$$

已知 $\Delta n = \Delta p = 10^6 \, \text{cm}^{-3}$,则有

$$\begin{cases} n = n_0 + \Delta n = 10^{16} + 10^6 = 10^{16} \, \text{cm}^{-3} \\ p = p_0 + \Delta p = 1.04 \times 10^4 + 10^6 = 1.01 \times 10^6 \, \text{cm}^{-3} \end{cases}$$

根据导带电子和价带空穴的计算公式,可得

$$\begin{cases} n = N_c \exp\left(-\frac{E_c - E_{Fn}}{k_0 T}\right) = N_c \exp\left(-\frac{E_c - E_i + E_i - E_{Fn}}{k_0 T}\right) = n_i \exp\left(-\frac{E_i - E_{Fn}}{k_0 T}\right) \\ p = N_v \exp\left(\frac{E_v - E_{Fp}}{k_0 T}\right) = N_c \exp\left(\frac{E_v - E_i + E_i - E_{Fp}}{k_0 T}\right) = n_i \exp\left(\frac{E_i - E_{Fp}}{k_0 T}\right) \end{cases}$$

可得

$$np = n_i^2 \exp\left(\frac{E_{Fn} - E_{Fp}}{k_0 T}\right)$$

则有

$$E_{Fn} - E_{Fp} = k_0 T \ln\left(\frac{np}{n_i^2}\right) = 0.026 \ln \frac{10^{16} \times 1.01 \times 10^6}{(1.02 \times 10^{10})^2} = 0.119 \, \text{eV}$$

(2) 根据直接复合率公式,可得

$$U_d = R - G = r(np - n_i^2) = 10^{-18} \times [10^{16} \times 1.01 \times 10^6 - (1.02 \times 10^{10})^2] = 1.0 \times 10^4 \, \text{cm}^{-3} \cdot \text{s}^{-1}$$

3. 【解】(1)根据导带中电子浓度的计算公式

$$n_0 = N_D - N_A = N_c \exp\left(-\frac{E_c - E_F}{k_0 T}\right)$$

则有

$$N_D = N_A + N_c \exp\left(-\frac{E_c - E_F}{k_0 T}\right) = 10^{16} + 2.8 \times 10^{19} \exp\left(-\frac{0.20}{0.026}\right) = 2.28 \times 10^{16} \, \text{cm}^{-3}$$

那么,多数载流子电子的浓度为

$$n_0 = N_D - N_A = 2.28 \times 10^{16} - 10^{16} = 1.28 \times 10^{16} \, \text{cm}^{-3}$$

根据载流子浓度乘积,少数载流子空穴的浓度为

$$p_0 = \frac{n_i^2}{n_0} = \frac{(1.02 \times 10^{10})^2}{1.28 \times 10^{16}} = 8.13 \times 10^3 \, \text{cm}^{-3}$$

根据 n 型半导体的电导率计算公式,则有

$$\sigma = n_0 q \mu_n = 1.28 \times 10^{16} \times 1.602 \times 10^{-19} \times 1040 = 2.13 \, \text{S/cm}$$

（2）根据导带中电子浓度的计算公式

$$n = N_c \exp\left(-\frac{E_c - E_{Fn}}{k_0 T}\right) = N_c \exp\left(-\frac{E_c - E_F + E_F - E_{Fn}}{k_0 T}\right) = n_0 \exp\left(-\frac{E_F - E_{Fn}}{k_0 T}\right)$$

光照条件下电子的准费米能级比原来的费米能级升高了 0.0013eV，则有

$$E_{Fn} - E_F = k_0 T \ln \frac{n}{n_0} = 0.0013 \text{eV}$$

可得光照后电子浓度为

$$n = n_0 \exp\left(\frac{E_{Fn} - E_F}{k_0 T}\right) = 1.28 \times 10^{16} \exp\left(\frac{0.0013}{0.026}\right) = 1.35 \times 10^{16} \text{cm}^{-3}$$

则有

$$\Delta n = \Delta p = n - n_0 = 1.35 \times 10^{16} - 1.28 \times 10^{16} = 7.0 \times 10^{14} \text{cm}^{-3}$$

因为 $\Delta n = \Delta p \ll n_0$，因此是小注入，附加电导率为

$$\Delta \sigma = \Delta n q(\mu_n + \mu_p) = 7 \times 10^{14} \times 1.602 \times 10^{-19} \times (1040 + 400) = 0.16 \text{S/cm}$$

（3）根据价带中电子浓度的计算公式

$$p = N_v \exp\left(\frac{E_v - E_{Fp}}{k_0 T}\right) = N_v \exp\left(\frac{E_v - E_i + E_i - E_{Fp}}{k_0 T}\right) = n_i \exp\left(\frac{E_i - E_{Fp}}{k_0 T}\right)$$

得空穴的准费米能级与本征费米能级之差为

$$E_i - E_{Fp} = k_0 T \ln\left(\frac{p}{n_i}\right) = k_0 T \ln\left(\frac{\Delta p + p_0}{n_i}\right) = 0.026 \ln \frac{7 \times 10^{14} + 8.13 \times 10^3}{1.02 \times 10^{10}} = 0.29 \text{eV}$$

4.【解】（1）根据 n 型材料电阻率的计算公式

$$\rho = \frac{1}{n_0 q \mu_n}$$

可得光照前电子浓度为

$$n_0 = \frac{1}{\rho q \mu_n} = \frac{1}{2 \times 1.602 \times 10^{-19} \times 3800} = 8.21 \times 10^{14} \text{cm}^{-3}$$

则有

$$p_0 = \frac{n_i^2}{n_0} = \frac{(2.33 \times 10^{13})^2}{8.21 \times 10^{14}} = 6.61 \times 10^{11} \text{cm}^{-3}$$

当光照时，该材料的电阻率为

$$\rho = \frac{1}{(n_0 + \Delta n) q \mu_n + (p_0 + \Delta p) q \mu_p}$$

$$= \frac{1}{[(8.21 \times 10^{14} + 10^{15}) \times 3800 + (6.61 \times 10^{11} + 10^{15}) \times 1800] \times 1.602 \times 10^{-19}}$$

$$= 0.72 \Omega \cdot \text{cm}$$

（2）根据导带中电子浓度的计算公式

$$n_0 = N_c \exp\left(-\frac{E_c - E_F}{k_0 T}\right)$$

室温下有 $n_0 = N_D$，未受光照时，可得

$$E_c - E_F = -k_0 T \ln \frac{N_D}{N_c} = -0.026 \ln \frac{8.21 \times 10^{14}}{1.05 \times 10^{19}} = 0.246 \text{eV}$$

（3）受光照后，电子和空穴的浓度分别为

$$\begin{cases} n = n_0 + \Delta n = 8.21 \times 10^{14} + 10^{15} = 1.82 \times 10^{15} \text{cm}^{-3} \\ p = p_0 + \Delta p = 6.61 \times 10^{11} + 10^{15} = 10^{15} \text{cm}^{-3} \end{cases}$$

根据导带电子和价带空穴的计算公式

$$\begin{cases} n = N_c \exp\left(-\dfrac{E_c - E_{Fn}}{k_0 T}\right) \\ p = N_v \exp\left(\dfrac{E_v - E_{Fp}}{k_0 T}\right) \end{cases}$$

那么,电子和空穴各自的准费米能级位置分别为

$$\begin{cases} E_c - E_{Fn} = -k_0 T \ln \dfrac{n}{N_c} = 0.026 \ln \dfrac{1.82 \times 10^{15}}{1.05 \times 10^{19}} = 0.225 \text{eV} \\ E_{Fp} - E_v = -k_0 T \ln \dfrac{p}{N_v} = -0.026 \ln \dfrac{10^{15}}{3.9 \times 10^{18}} = 0.215 \text{eV} \end{cases}$$

5.【解】根据电导率和电阻率的关系,可得

$$\sigma = \frac{1}{\rho} = \frac{1}{6} = 0.17 \text{S/cm}$$

光照产生的非平衡载流子浓度为

$$\Delta n = \Delta p = g\tau = 4 \times 10^{21} \times 8 \times 10^{-6} = 3.2 \times 10^{16} \text{cm}^{-3}$$

受光照后,非平衡载流子产生的光照电导率为

$$\Delta\sigma_{光} = \Delta n q \mu_n + \Delta p q \mu_p = 3.2 \times 10^{16} \times 1.602 \times 10^{-19} \times (1450 + 500) = 10.0 \text{S/cm}$$

则

$$\sigma_{光} = \sigma + \Delta\sigma_{光} = 0.17 + 10.0 = 10.17 \text{S/cm}$$

6.【解】设该 n 型硅的电导率为 σ,那么第一次、第二次光照后电导率分别为

$$\begin{cases} \sigma_1 = \sigma + \Delta\sigma_1 = \sigma + \Delta p_1 q(\mu_n + \mu_p) \\ \sigma_2 = \sigma + \Delta\sigma_2 = \sigma + \Delta p_2 q(\mu_n + \mu_p) \end{cases}$$

根据题意,可知

$$\frac{\sigma_2}{\sigma_1} = \frac{\sigma + \Delta p_2 q(\mu_n + \mu_p)}{\sigma + \Delta p_1 q(\mu_n + \mu_p)} = 2$$

化简后,则有

$$\sigma = (\Delta p_2 - 2\Delta p_1) q(\mu_n + \mu_p)$$
$$= (5 \times 10^{15} - 2 \times 2 \times 10^{15}) \times 1.602 \times 10^{-19} \times (1450 + 500)$$
$$= 0.31 \text{S/cm}$$

因为杂质浓度小于 10^{18}cm^{-3},故假设杂质全部电离,$n_0 = N_D$,再根据电导率公式,可得

$$n_0 = N_D = \frac{\sigma}{q\mu_n} = \frac{0.31}{1.602 \times 10^{-19} \times 1450} = 1.33 \times 10^{15} \text{cm}^{-3}$$

7.【解】根据电阻率的计算公式,可得光照前后的电阻率为

$$\begin{cases} \rho = \dfrac{1}{n_0 q \mu_n} \\ \rho_{光} = \dfrac{1}{n_0 q \mu_n + \Delta p q(\mu_n + \mu_p)} \end{cases}$$

根据题意,可知

$$\rho_{光} = \frac{1}{3}\rho$$

可得

$$2 n_0 \mu_n = \Delta p (\mu_n + \mu_p)$$

假设杂质全部电离，$n_0 = N_D$，又知 $\Delta p = g\tau_p$，可得

$$g = \frac{2N_D\mu_n}{\tau_p(\mu_n + \mu_p)} = \frac{2 \times 5 \times 10^{16} \times 1450}{12 \times 10^{-6} \times (1450 + 500)} = 6.2 \times 10^{21}\,\text{cm}^{-3} \cdot \text{s}^{-1}$$

8.【解】(1) 由题意知，过剩载流子的产生率为

$$g = \frac{P \times 80\%}{h\nu L} = \frac{10 \times 10^{-3} \times 0.8}{2 \times 1.602 \times 10^{-19} \times 0.05 \times 10^{-3}} = 4.99 \times 10^{20}\,\text{cm}^{-3} \cdot \text{s}^{-1}$$

(2) 稳定时的过剩电子与空穴分别为

$$\Delta p = \Delta n = g\tau = 4.99 \times 10^{20} \times 10^{-6} = 4.99 \times 10^{14}\,\text{cm}^{-3}$$

(3) 经过 10^{-6} s 还剩下的电子与空穴分别为

$$\Delta n(t) = \Delta p(t) = \Delta p\,\text{e}^{-\frac{t}{\tau}} = 4.99 \times 10^{20} \times \frac{1}{\text{e}} = 1.83 \times 10^{14}\,\text{cm}^{-3}$$

9.【解】p 型硅少子寿命由俘获系数 r_n 所决定，俘获截面和俘获系数的关系为

$$r_n = \sigma_- v_T$$

过剩载流子电子寿命为

$$\tau_n = \frac{1}{N_t r_n} = \frac{1}{N_t \sigma_- v_T} = \frac{1}{2 \times 10^{16} \times 63 \times 10^{-16} \times 10^7} = 7.94 \times 10^{-10}\,\text{s}$$

10.【解】(1) 杂质浓度从左向右逐渐降低，根据导带电子的浓度计算公式

$$n_0(x) = N_D(x) = N_c \exp\left[\frac{E_F(x) - E_c}{k_0 T}\right]$$

则有

$$E_c - E_F = k_0 T \ln\frac{N_c}{N_D(x)}$$

根据图 5-3 可得，电子的浓度为

$$n_0(x) = N_D(x) = 10^{17} - 9 \times 10^{16}x = 10^{17}(1 - 0.9x) \quad (0 \leqslant x \leqslant 1)$$

则有

$$E_c - E_F = k_0 T[\ln N_c - \ln N_D(x)] = k_0 T[\ln N_c - \ln 10^{17}(1 - 0.9x)]$$

杂质分布 $N_D(x)$ 随 x 线性减小，则 E_c、E_v、E_i 相对 E_F 不断增大，能带图如图 5-13 所示。

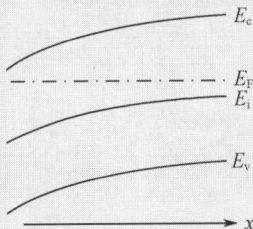

图 5-13　答案 5.5-10 图

(2) 在热平衡条件下，该半导体中有感生电场，主要因为在非均匀的 n 型硅中，存在多子电子的浓度梯度，产生电子的扩散运动，扩散运动产生扩散电流；电子离开后，留下不能移动的带正电中心，使半导体内部不再保持电中性，形成从左向右的内建电场 **E**，内建电场产生漂移电流。在热平衡条件下，扩散运动和漂移运动达到动态平衡，净电流为零。电子的热平衡方程为

$$J_n = n_0(x)q\mu_n E(x) + qD_n \frac{\text{d}n_0(x)}{\text{d}x} = 0$$

即

$$E(x) = -\frac{D_n}{n_0(x)\mu_n}\frac{\mathrm{d}n_0(x)}{\mathrm{d}x} = -\frac{D_n}{N_D(x)\mu_n}\frac{\mathrm{d}N_D(x)}{\mathrm{d}x}$$

对杂质浓度求导得

$$\frac{\mathrm{d}N_D(x)}{\mathrm{d}x} = -9 \times 10^{16}\,\mathrm{cm}^{-4}$$

当 $x=0$ 时,根据爱因斯坦关系式 $D_n/\mu_n = k_0 T/q$,则有

$$E(0) = -\frac{k_0 T}{q n_0(0)}\frac{\mathrm{d}n_0(x)}{\mathrm{d}x} = 0.026 \times \frac{1}{10^{17} \times (1-0.9 \times 0)} \times (-9 \times 10^{16}) = 2.34 \times 10^{-2}\,\mathrm{V/cm}$$

11. 【解】(1)空穴浓度呈线性分布,则其浓度梯度为

$$\frac{\mathrm{d}p(x)}{\mathrm{d}x} = \frac{\Delta p}{W} = \frac{-10^{13}}{5 \times 10^{-4}} = -2 \times 10^{16}\,\mathrm{cm}^{-4}$$

根据爱因斯坦关系式,可求得扩散系数为

$$D_p = \frac{k_0 T}{q}\mu_p = 0.026 \times 500 = 13\,\mathrm{cm}^2/\mathrm{s}$$

根据空穴扩散电流密度公式得

$$(J_p)_{扩} = -qD_p\frac{\mathrm{d}p(x)}{\mathrm{d}x} = -1.602 \times 10^{-19} \times 13 \times (-2 \times 10^{16}) = 0.042\,\mathrm{A/cm}^2$$

(2) 若使(1)中净空穴电流为 0,则有

$$(J_p)_{扩} + (J_p)_{漂} = 0$$

那么有

$$p(x)q\mu_p E(x) = qD_p\frac{\mathrm{d}p(x)}{\mathrm{d}x}$$

根据爱因斯坦关系式,可得

$$E(x) = \frac{1}{p(x)}\frac{D_p}{\mu_p}\frac{\mathrm{d}p(x)}{\mathrm{d}x} = \frac{1}{p(x)}\frac{k_0 T}{q}\frac{\mathrm{d}p(x)}{\mathrm{d}x}$$

从表面到半导体内 $5\,\mu\mathrm{m}$ 范围内,少子空穴的浓度为

$$p(x) = p_0 + \Delta p(x) = \frac{n_i^2}{n_0} + \left(10^{13} - \frac{10^{13}}{5}x\right)$$

$$= \frac{(1.02 \times 10^{10})^2}{5 \times 10^{15}} + 10^{13} \times \left(1 - \frac{x}{5}\right) \quad (0 \leqslant x \leqslant 5)$$

$$= 2.08 \times 10^4 + 10^{13}(1 - 0.2x)$$

那么,从表面到半导体内 $5\,\mu\mathrm{m}$ 范围内电场大小为

$$E(x) = \frac{1}{p(x)}\frac{k_0 T}{q}\frac{\mathrm{d}p(x)}{\mathrm{d}x} = \frac{1}{2.08 \times 10^4 + 10^{13}(1-0.2x)} \times 0.026 \times (-2 \times 10^{12})$$

$$= \frac{5.2 \times 10^{-3}}{2.08 \times 10^4 + 10^{13}(1-0.2x)}$$

12. 【解】第一次掺杂,因为 $N_D \gg n_i$,假设施主杂质全部电离,则有 $n_0 = N_D$,那么

$$R_1 = \rho_n\frac{l}{S} = \frac{1}{N_D q \mu_n}\frac{l}{S}$$

第二次掺杂 $N_A \gg N_D$,半导体补偿为 p 型,即 $p_0 = N_A - N_D$,则有

$$0.5R_1 = \rho_p\frac{l}{S} = \frac{1}{(N_A - N_D)q\mu_p}\frac{l}{S}$$

上面两式相除,可得

$$\frac{N_D\mu_n}{(N_A-N_D)\mu_p}=\frac{1}{2}$$

根据爱因斯坦关系式得

$$\frac{D}{\mu}=\frac{k_0T}{q}$$

当 $D_n/D_p=50$ 时,可得 $\mu_n/\mu_p=50$,故有 $N_A=101N_D$。

13.【解】(1) 根据扩散电流的计算公式,可得空穴扩散电流密度随 x 的变化关系为

$$(J_p)_{\text{扩}}=-qD_p\frac{dp}{dx}=-qD_p(-1/L)10^{15}\exp(-x/L)$$

$$=1.602\times10^{-19}\times12\times\frac{1}{12\times10^{-4}}\times10^{15}\exp\left(-\frac{x}{12\times10^{-4}}\right)$$

$$=1.602\exp\left(-\frac{x}{12\times10^{-4}}\right)\text{A/cm}^2$$

(2) 总电流为电子漂移电流和空穴扩散电流之和,即

$$J_{\text{总}}=(J_n)_{\text{漂}}+(J_p)_{\text{扩}}$$

可得电子电流密度随 x 的变化关系为

$$(J_n)_{\text{漂}}=4.8-1.602\exp\left(-\frac{x}{12\times10^{-4}}\right)\text{A/cm}^2$$

(3) 根据电子漂移电流密度计算公式

$$(J_n)_{\text{漂}}=\sigma E(x)=nq\mu_n E(x)$$

可得电场强度随 x 的变化关系为

$$E(x)=\frac{(J_n)_{\text{漂}}}{nq\mu_n}=\frac{4.8-1.602\exp\left(-\frac{x}{12\times10^{-4}}\right)}{10^{16}\times1.602\times10^{-19}\times1000}=3-\exp\left(-\frac{x}{12\times10^{-4}}\right)\text{V/cm}$$

14.【解】(1) 根据爱因斯坦关系式,则有

$$D_p=\frac{k_0T}{q}\mu_p=0.026\times500=13\text{cm}^2/\text{s}$$

根据扩散长度公式,可得

$$L_p=\sqrt{D_p\tau_p}=\sqrt{13\times10\times10^{-6}}=1.14\times10^{-2}\text{cm}$$

(2) 恒定光照射下,少子稳定扩散,少子浓度满足一维稳定扩散方程,即

$$D_p\frac{d^2\Delta p(x)}{dx^2}=\frac{\Delta p(x)}{\tau}$$

其解为光照表面的 $(\Delta p)_0$ 衰减形式,即

$$\Delta p(x)=(\Delta p)_0 e^{-\frac{x}{L_p}}$$

两倍扩散长度非平衡少子浓度为

$$\Delta p(2L_p)=(\Delta p)_0 e^{-\frac{2L_p}{L_p}}=\frac{5\times10^{11}}{e^2}=6.77\times10^{10}\text{cm}^{-3}$$

在两倍扩散长度处净复合率为

$$U=\frac{\Delta p(2L_p)}{\tau}=\frac{6.77\times10^{10}}{10\times10^{-6}}=6.77\times10^{15}\text{cm}^{-3}\cdot\text{s}^{-1}$$

（3）根据少子的扩散电流密度公式

$$(J_p)_{\text{扩}} = -qD_p\frac{\mathrm{d}\Delta p(x)}{\mathrm{d}x}$$

可得两倍扩散长度非平衡少子扩散电流密度为

$$(J_p)_{\text{扩}} = -qD_p\frac{\mathrm{d}\Delta p(x)}{\mathrm{d}x} = qD_p\frac{\Delta p(2L_p)}{L_p}$$

$$= 1.602\times10^{-19}\times13\times\frac{6.77\times10^{10}}{1.14\times10^{-2}}$$

$$= 1.24\times10^{-5}\,\mathrm{A/cm^2}$$

15.【解】 根据爱因斯坦关系式 $D_n/\mu_n = k_0T/q$，可得

$$D_n = \mu_n\frac{k_0T}{q} = 1200\times0.026 = 31.2\,\mathrm{cm^2/s}$$

扩散长度为

$$L_n = \sqrt{D_n\tau_n} = \sqrt{31.2\times10\times10^{-6}} = 1.77\times10^{-2}\,\mathrm{cm}$$

样品足够厚，则有

$$\Delta n(x) = (\Delta n)_0\exp\left(-\frac{x}{L_n}\right)$$

少子电子的扩散电流密度为

$$(J_n)_{\text{扩}} = qD_n\frac{\mathrm{d}\Delta n(x)}{\mathrm{d}x} = qD_n(\Delta n)_0\left(-\frac{1}{L_n}\right)\exp\left(-\frac{x}{L_n}\right)$$

那么有

$$1.2\times10^{-3} = -1.602\times10^{-19}\times31.2\times7\times10^{12}\left(-\frac{1}{1.77\times10^{-2}}\right)\exp\left(-\frac{x}{1.77\times10^{-2}}\right)$$

解得

$$x = 8.83\times10^{-3}\,\mathrm{cm}$$

16.【解】（1）室温下杂质全部电离，有 $n_0 = N_D = N_i = 5.5\times10^{16}\,\mathrm{cm^{-3}}$，可得

$$\begin{cases}\mu_n = \dfrac{1350}{[1+N_i/(5\times10^{16})]^{1/2}} = \dfrac{1350}{[1+5.5\times10^{16}/(5\times10^{16})]^{1/2}} = 931.6\,\mathrm{cm^2/(V\cdot s)} \\[3mm] \mu_p = \dfrac{480}{[1+N_i/(5\times10^{16})]^{1/2}} = \dfrac{480}{[1+5.5\times10^{16}/(5\times10^{16})]^{1/2}} = 331.2\,\mathrm{cm^2/(V\cdot s)}\end{cases}$$

根据电导率的计算公式及题意有

$$2n_0q\mu_n = n_0q\mu_n + \Delta pq(\mu_n+\mu_p)$$

可得

$$\Delta p = \frac{\mu_n}{\mu_n+\mu_p}n_0 = \frac{931.6}{931.6+331.2}\times5.5\times10^{16} = 4.06\times10^{16}\,\mathrm{cm^{-3}}$$

由此可知 $\Delta n = \Delta p \approx n_0$，不是小注入。

根据载流子浓度乘积得

$$p_0 = \frac{n_i^2}{n_0} = \frac{(1.02\times10^{10})^2}{5.5\times10^{16}} = 1.89\times10^3\,\mathrm{cm^{-3}}$$

可得光照后载流子浓度分别为

$$\begin{cases}n = n_0+\Delta n = 5.5\times10^{16}+4.06\times10^{16} = 9.56\times10^{16}\,\mathrm{cm^{-3}} \\ p = p_0+\Delta p = 1.89\times10^3+4.06\times10^{16} = 4.06\times10^{16}\,\mathrm{cm^{-3}}\end{cases}$$

根据载流子的计算公式,可得

$$\begin{cases} n=N_c\exp\left(-\dfrac{E_c-E_{Fn}}{k_0T}\right)=N_c\exp\left(-\dfrac{E_c-E_F+E_F-E_{Fn}}{k_0T}\right)=n_0\exp\left(\dfrac{E_{Fn}-E_F}{k_0T}\right) \\[4mm] p=N_v\exp\left(\dfrac{E_v-E_{Fp}}{k_0T}\right)=N_c\exp\left(\dfrac{E_v-E_F+E_F-E_{Fp}}{k_0T}\right)=p_0\exp\left(\dfrac{E_F-E_{Fp}}{k_0T}\right) \end{cases}$$

可得

$$\begin{cases} E_{Fn}-E_F=k_0T\ln\dfrac{n}{n_0}=0.026\ln\dfrac{9.56\times10^{16}}{5.5\times10^{16}}=0.014\text{eV} \\[4mm] E_F-E_{Fp}=k_0T\ln\dfrac{p}{p_0}=0.026\ln\dfrac{4.06\times10^{16}}{1.89\times10^3}=0.8\text{eV} \end{cases}$$

(2) 半导体处于平衡状态时,则有

$$J_{n漂}(x)+J_{n扩}(x)=0$$

即

$$n_0(x)q\mu_nE(x)=-D_nq\frac{\mathrm{d}n_0(x)}{\mathrm{d}x}=-D_nq\frac{\mathrm{d}N_D(x)}{\mathrm{d}x}$$

那么有

$$E(x)=-D_n\frac{1}{n_0(x)\mu_n}\frac{\mathrm{d}n_0(x)}{\mathrm{d}x}=-D_n\frac{1}{N_D(x)\mu_n}\frac{\mathrm{d}N_D(x)}{\mathrm{d}x}$$

当 $N_D(x)=ax$ 时,则有

$$E(x)=-D_n\frac{1}{N_D(x)\mu_n}\frac{\mathrm{d}N_D(x)}{\mathrm{d}x}=-D_n\frac{1}{ax\mu_n}a=-\frac{k_0T}{q}\frac{1}{x}$$

当 $N_D(x)=N_0\mathrm{e}^{-ax}$ 时,则有

$$E(x)=-D_n\frac{1}{N_D(x)\mu_n}\frac{\mathrm{d}N_D(x)}{\mathrm{d}x}=-D_n\frac{1}{N_0\mathrm{e}^{-ax}\mu_n}N_0\mathrm{e}^{-ax}(-a)=\frac{k_0T}{q}a$$

17.【解】(1) 根据连续性方程,可知

$$\frac{\partial p}{\partial t}=D_p\frac{\partial^2 p}{\partial x^2}-\mu_pE\frac{\partial p}{\partial x}-\mu_pp\frac{\partial E}{\partial x}-\frac{\Delta p}{\tau_p}+g_p$$

因为是恒定光照,故有

$$\frac{\partial p}{\partial t}=0$$

又因半导体无电场、内部无光照产生非平衡载流子,则有

$$\mu_pE\frac{\partial p}{\partial x}=0, \mu_pp\frac{\partial E}{\partial x}=0 , g_p=0$$

因此,半导体内部少子的连续性方程为

$$D_p\frac{\mathrm{d}^2 p}{\mathrm{d}x^2}=\frac{\Delta p}{\tau_p}$$

(2) 连续性方程的通解为

$$\Delta p(x)=A\exp\left(-\frac{x}{L_p}\right)+B\exp\left(\frac{x}{L_p}\right)$$

当 $W\gg L_p$ 时,若 $x\to\infty$,$\Delta p=0$,必有 $B=0$,那么

$$\Delta p(x)=A\exp\left(-\frac{x}{L_p}\right)$$

当 $x=0$ 时, $\Delta p(0)=(\Delta p)_0=g_p\tau_p$, 得 $A=g_p\tau_p$, 则有

$$\Delta p(x)=g_p\tau_p\exp\left(-\frac{x}{L_p}\right)$$

因此,载流子随位置的变化规律为

$$p(x)=p_0+\Delta p(x)=p_0+g_p\tau_p\exp\left(-\frac{x}{L_p}\right)$$

当 $W\ll L_p$ 时, 在 $x=W$ 处, $\Delta p(W)=0$, 则有

$$\begin{cases} A+B=(\Delta p)_0 \\ A\exp\left(-\dfrac{W}{L_p}\right)+B\exp\left(\dfrac{W}{L_p}\right)=0 \end{cases}$$

可解得

$$\Delta p(x)=(\Delta p)_0\frac{\mathrm{sh}\left(\dfrac{W-x}{L_p}\right)}{\mathrm{sh}\left(\dfrac{W}{L_p}\right)}$$

上式可化简为

$$\Delta p(x)\approx(\Delta p)_0\frac{\dfrac{W-x}{L_p}}{\dfrac{W}{L_p}}=(\Delta p)_0\left(1-\frac{x}{W}\right)$$

可得载流子随位置的变化规律为

$$p(x)=p_0+g_p\tau_p\left(1-\frac{x}{W}\right)$$

18.【解】均匀掺杂且稳定光照,当 $x\leqslant 0$ 时,少子空穴的连续性方程为

$$D_p\frac{\mathrm{d}^2 p(x)}{\mathrm{d}x^2}-\frac{p-p_0}{\tau_p}+g_p=0$$

其解为

$$p_1(x)=p_0+g_p\tau_p+A_1\exp\left(-\frac{x}{L_p}\right)+B_1\exp\left(\frac{x}{L_p}\right)$$

式中, $L_p=\sqrt{D_p\tau_p}$ 。

当 $x\to -\infty$ 时, $p_1(x)$ 不可能无限增大,则 $A_1=0$, 即

$$p_1(x)=p_0+g_p\tau_p+B_1\exp\left(\frac{x}{L_p}\right)$$

当 $x\geqslant 0$ 时,少子的连续性方程为

$$D_p\frac{\mathrm{d}^2 p(x)}{\mathrm{d}x^2}-\frac{p-p_0}{\tau_p}=0$$

其解为

$$p_2(x)=p_0+A_2\exp\left(-\frac{x}{L_p}\right)+B_2\exp\left(\frac{x}{L_p}\right)$$

因为样品足够长,故 $x\to\infty$ 时, $p_2(+\infty)=p_0$, 因此必有 $B_2=0$, 即

$$p_2(x)=p_0+A_2\exp\left(-\frac{x}{L_p}\right)$$

已知当 $x=0$ 时，$p_1(0)=p_2(0)$，可得

$$B_1+g_p\tau_p=A_2$$

又因为 $x=0$ 处，$(J_p)_{扩}$ 连续，有

$$\left.\frac{\mathrm{d}p_1(x)}{\mathrm{d}x}\right|_{x=0}=\left.\frac{\mathrm{d}p_2(x)}{\mathrm{d}x}\right|_{x=0}$$

可得 $B_1=-A_2$，解得

$$B_1=-\frac{g_p\tau_p}{2}, A_2=\frac{g_p\tau_p}{2}$$

室温下杂质完全电离，有 $p_0=\frac{n_i^2}{n_0}=\frac{n_i^2}{N_D}$，则有

$$p(x)=\begin{cases}\dfrac{n_i^2}{N_D}+g_p\tau_p-\dfrac{g_p\tau_p}{2}\exp\left(\dfrac{x}{L_p}\right) & (x\leqslant 0)\\[3mm]\dfrac{n_i^2}{N_D}+\dfrac{g_p\tau_p}{2}\exp\left(-\dfrac{x}{L_p}\right) & (x\geqslant 0)\end{cases}$$

少子空穴浓度随 x 的分布曲线如图 5-14 所示。

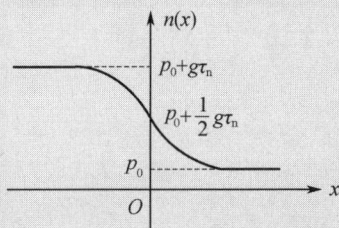

图 5-14　答案 5.5-18 图

19.【解】漂移实验中，注入 Δp 后，样品内有复合、漂移和扩散作用，连续性方程为

$$\frac{\partial p}{\partial t}=D_p\frac{\partial^2 p}{\partial x^2}-\mu_p E\frac{\partial p}{\partial x}-\mu_p p\frac{\partial E}{\partial x}-\frac{\Delta p}{\tau_p}+g_p$$

若表面光照恒定，且 $g_p=0$，则 p 不随时间变化，即 $\partial p/\partial t=0$；若电场是均匀的，因而 $\partial E/\partial x=0$，则上式变为

$$D_p\frac{\mathrm{d}^2 p}{\mathrm{d}x^2}-\mu_p E\frac{\partial p}{\partial x}-\frac{\Delta p}{\tau_p}=0$$

其普遍解为

$$\Delta p(x)=Ae^{\lambda_1 x}+Be^{\lambda_2 x}$$

其中，λ_1 和 λ_2 是下面方程的两个根

$$D_p\lambda^2-\mu_p E\lambda-\frac{1}{\tau}=0$$

令 $L_p(E)=E\mu_p\tau$ 为牵引长度，上式变为 $L_p^2\lambda^2-L_p(E)\lambda-1=0$，其解为

$$\left.\begin{array}{c}\lambda_1\\\lambda_2\end{array}\right\}=\frac{L_p(E)\pm\sqrt{L_p(E)+4L_p^2}}{2L_p^2}$$

显然，$\lambda_1>0$，$\lambda_2<0$。非平衡少数载流子是随 x 衰减的，因此式 $\Delta p(x)=Ae^{\lambda_1 x}+Be^{\lambda_2 x}$ 中第一项必为零；又有 $x=0$ 时，$\Delta p(0)=(\Delta p)_0$，则有

$$\Delta p(x)=(\Delta p)_0 e^{\lambda_2 x}$$

其中，$\lambda_2 = \dfrac{L_p(E) - \sqrt{L_p^2(E) + 4L_p^2}}{2L_p^2}$。

当电场很弱时，$L_p(E) = L_p$，有 $\lambda_2 \approx -1/L_p$，得

$$\Delta p(x) = (\Delta p)_0 \exp\left(-\frac{x}{L_p}\right)$$

当电场很强时，$L_p(E) \gg L_p$，有 $\lambda_2 \approx -1/L_p(E)$，得

$$\Delta p(x) = (\Delta p)_0 \exp\left[-\frac{x}{L_p(E)}\right]$$

20.【解】(1) 达到稳定状态时，非平衡空穴分布所满足的方程为

$$D_p \frac{\mathrm{d}^2 \Delta p(x)}{\mathrm{d}x^2} - \frac{\Delta p}{\tau_p} = 0$$

当 $x = 0$ 时，$\Delta p(x) = g_p \tau_p$，那么

$$\Delta p(x) = g_p \tau_p \exp\left(-\frac{x}{L_p}\right)$$

(2) 光照下非平衡载流子达到稳定状态时的浓度为

$$\Delta p = g_p \tau_p = 2.5 \times 10^{16} \times 10 \times 10^{-6} = 2.5 \times 10^{11}\,\mathrm{cm}^{-3}$$

根据爱因斯坦关系式，可得少子扩散系数为

$$D_p = \frac{k_0 T}{q} \mu_p = 0.026 \times 3000 = 78\,\mathrm{cm}^2/\mathrm{s}$$

根据扩散长度的公式，可得

$$L_p = \sqrt{D_p \tau_p} = \sqrt{78 \times 10 \times 10^{-6}} = 0.028\,\mathrm{cm}$$

那么沿光照方向非平衡空穴的分布为

$$\Delta p(x) = 2.5 \times 10^{11} \exp\left(-\frac{x}{0.028}\right)$$

在单位面积和厚度为 $x - (x + \mathrm{d}x)$ 内的非平衡空穴的数量为 $\mathrm{d}N_p = \Delta p(x) \times 1 \times \mathrm{d}x$，那么在单位面积和厚度为 $2L_p$ 的体积内，非平衡空穴的数量为

$$N_p = \int_0^{2L_p} \left[2.5 \times 10^{11} \exp\left(-\frac{x}{0.028}\right)\right] \times 1 \times \mathrm{d}x$$

$$= 2.5 \times 10^{11} \times \int_0^{2 \times 0.028} \exp\left(-\frac{x}{0.028}\right) \mathrm{d}x$$

$$= 6.05 \times 10^9$$

21.【解】(1) 光照前，室温下杂质全部电离，有 $p_0 = N_A = 1.5 \times 10^{15}\,\mathrm{cm}^{-3}$，可得

$$n_0 = \frac{n_i^2}{p_0} = \frac{(1.02 \times 10^{10})^2}{1.5 \times 10^{15}} = 6.94 \times 10^4\,\mathrm{cm}^{-3}$$

非平衡载流子浓度为

$$\Delta n = \Delta p = g_n \tau_n = 10^{17} \times 15 \times 10^{-6} = 1.5 \times 10^{12}\,\mathrm{cm}^{-3}$$

对于 p 型硅，光照后电子和空穴浓度分别为

$$\begin{cases} n = n_0 + \Delta n = 6.94 \times 10^4 + 1.5 \times 10^{12} = 1.5 \times 10^{12}\,\mathrm{cm}^{-3} \\ p = p_0 + \Delta p = 1.5 \times 10^{15} + 1.5 \times 10^{12} = 1.5 \times 10^{15}\,\mathrm{cm}^{-3} \end{cases}$$

根据导带电子和价带空穴浓度计算公式

$$\begin{cases} n = N_c \exp\left(-\dfrac{E_c - E_{Fn}}{k_0 T}\right) = N_c \exp\left(-\dfrac{E_c - E_i + E_i - E_{Fn}}{k_0 T}\right) = n_i \exp\left(-\dfrac{E_i - E_{Fn}}{k_0 T}\right) \\ p = N_v \exp\left(-\dfrac{E_{Fp} - E_v}{k_0 T}\right) = N_v \exp\left(-\dfrac{E_{Fp} - E_i + E_i - E_v}{k_0 T}\right) = n_i \exp\left(-\dfrac{E_{Fp} - E_i}{k_0 T}\right) \end{cases}$$

可得光照下准费米能级的位置

$$
\begin{cases}
E_{Fn}-E_i=k_0 T\ln\dfrac{n}{n_i}=0.026\ln\dfrac{1.5\times10^{12}}{1.02\times10^{10}}=0.13\text{eV} \\[3mm]
E_i-E_{Fp}=k_0 T\ln\dfrac{p}{n_i}=0.026\ln\dfrac{1.5\times10^{15}}{1.02\times10^{10}}=0.31\text{eV}
\end{cases}
$$

同理,可得光照前的费米能级位置

$$
E_i-E_F=k_0 T\ln\dfrac{p_0}{n_i}=0.026\ln\dfrac{1.5\times10^{15}}{1.02\times10^{10}}=0.31\text{eV}
$$

相比光照前,E_{Fp} 几乎没有变化,而 E_{Fn} 比原来提高了 0.44eV。

(2) 单位时间、单位表面积,在表面处复合的电子数为

$$
N=s_n\big[n(x)-n_0\big]\big|_{x=0}\times1\times1=s_n\cdot(\Delta n)_0=100\times1.5\times10^{12}=1.5\times10^{14}
$$

(3) 非平衡电子的连续性方程为

$$
D_n\frac{\mathrm{d}^2 n(x)}{\mathrm{d}x^2}-\frac{n(x)-n_0}{\tau_n}+g_n=0
$$

因在表面产生复合,故 $\Delta n(\infty)=g_n\tau_n$,其解为

$$
n(x)=n_0+A\exp\left(-\frac{x}{L_n}\right)+g_n\tau_n
$$

式中,$L_n=\sqrt{D_n\tau_n}$,为扩散长度。

扩散到达表面的少子在表面被复合掉,有

$$
D_n\frac{\partial\Delta n(x)}{\partial x}\bigg|_{x=0}=s\big[n(0)-n_0\big]
$$

可得

$$
A=-g_n\tau_n\frac{s\tau_n}{L_n+s\tau_n}
$$

最后得到

$$
n(x)=n_0+g_n\tau_n\left[1-\frac{s\tau_n}{L_n+s\tau_n}\exp\left(-\frac{x}{L_n}\right)\right]
$$

当 $s\to0$ 时,在 $x=0$ 处,$n(0)=n_0+\Delta n(0)=n_0+g_n\tau_n$,表面电子分布图如图 5-15(a)所示。

当 $s\to\infty$ 时,有

$$
n(x)=n_0+g_n\tau_n-g_n\tau_n\exp\left(-\frac{x}{L_n}\right)
$$

在 $x=0$ 处,$n(0)=n_0+\Delta n(0)=n_0$,表面电子分布图如图 5-15(b)所示。

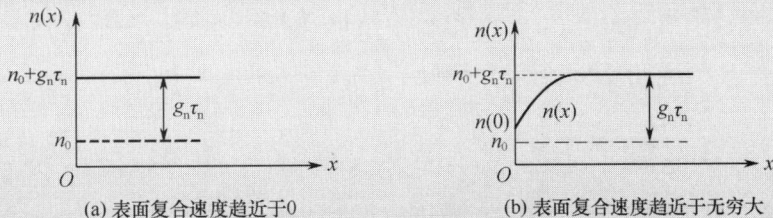

(a) 表面复合速度趋近于0

(b) 表面复合速度趋近于无穷大

图 5-15   答案 5.5-21 图

22.【解】(1) 稳态时连续性方程为

$$D_p \frac{d^2 \Delta p(x)}{dx^2} = \frac{\Delta p(x)}{\tau}$$

其普遍解为

$$\Delta p(x) = A\exp\left(-\frac{x}{L_p}\right) + B\exp\left(\frac{x}{L_p}\right)$$

式中，$L_p = \sqrt{D_p \tau_p}$，为扩散长度。

当 $x = 0$ 时，$\Delta p(0) = (\Delta p)_0$，则有

$$A + B = (\Delta p)_0$$

当 $x < 0$ 时，因为 $\Delta p(d_1) = 0$，可得

$$A\exp\left(-\frac{d_1}{L_p}\right) + B\exp\left(\frac{d_1}{L_p}\right) = 0$$

解得

$$\begin{cases} A = \Delta p(0) \dfrac{\exp(d_1/L_p)}{\exp(d_1/L_p) - \exp(-d_1/L_p)} \\ B = -\Delta p(0) \dfrac{\exp(-d_1/L_p)}{\exp(d_1/L_p) - \exp(-d_1/L_p)} \end{cases}$$

因此

$$\Delta p(x) = (\Delta p)_0 \frac{\text{sh}\left[(d_1 - x)/L_p\right]}{\text{sh}(d_1/L_p)}$$

当 $|d_1| = L_p$，上式可化简得

$$\Delta p(x) = (\Delta p)_0 \left(1 - \frac{x}{d_1}\right)$$

当 $x > 0$ 时，因为 $|d_2| \gg L_p$，在 $x \to \infty$ 时不可能成为无穷大，故 $B = 0$，同理可得

$$\Delta p(x) = (\Delta p)_0 \exp\left(-\frac{x}{L_p}\right)$$

即过剩载流子浓度沿 x 方向的分布为

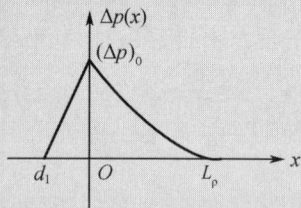

$$\Delta p(x) = \begin{cases} (\Delta p)_0 (1 - x/d_1), & x \leqslant 0 \\ (\Delta p)_0 \exp(-x/L_p), & x \geqslant 0 \end{cases}$$

过剩载流子空穴分布简图如图 5-16 所示。

(2) 单位时间、单位截面积、在 $0 \leqslant x \leqslant L_p$ 的范围内非平衡空穴的数量 N_p 为

$$N_p = \int_0^{L_p} \Delta p(x) \times 1 \times dx = \int_0^{L_p} (\Delta p)_0 \exp\left(-\frac{x}{L_p}\right) dx$$

$$= (\Delta p)_0 L_p (1 - e^{-1})$$

图 5-16　答案 5.5-22 图

故有

$$N_p = (\Delta p)_0 L_p (1 - e^{-1}) = 10^{11} \times 0.01 \times (1 - 0.368) = 6.32 \times 10^8$$

则单位时间、单位截面积在 $0 \leqslant x \leqslant L_p$ 的范围内复合的空穴数为

$$N = U \times 1 = \frac{N_p}{\tau_p} \times 1 = \frac{6.32 \times 10^8}{2 \times 10^{-6}} = 3.16 \times 10^{14}$$

23.【解】(1)平面有效光照连续性方程为

$$D_{\mathrm{p}}\frac{\mathrm{d}^2\Delta p(x)}{\mathrm{d}x^2}=\frac{\Delta p(x)}{\tau_{\mathrm{p}}}$$

探针注入连续性方程为

$$D_{\mathrm{p}}\frac{1}{r^2}\frac{\mathrm{d}}{\mathrm{d}r}\left(r^2\frac{\mathrm{d}\Delta p}{\mathrm{d}r}\right)=\frac{\Delta p}{\tau_{\mathrm{p}}}$$

(2) 两种情况下的非平衡少子空穴分布分别为

$$\begin{cases}\Delta p(x)=(\Delta p)_0\exp\left(-\dfrac{x}{L_{\mathrm{p}}}\right)\\[2mm]\Delta p(r)=(\Delta p)_0\left(\dfrac{r_0}{r}\right)\exp\left(-\dfrac{r-r_0}{L_{\mathrm{p}}}\right)\end{cases}$$

(3) $x=0$ 处的扩散流密度为

$$(S_{\mathrm{p}})_{\mathrm{扩}}=-D_{\mathrm{p}}\frac{\mathrm{d}\Delta p(x)}{\mathrm{d}x}=D_{\mathrm{p}}\frac{(\Delta p)_0}{L_{\mathrm{p}}}\exp\left(-\frac{x}{L_{\mathrm{p}}}\right)=\frac{D_{\mathrm{p}}}{L_{\mathrm{p}}}(\Delta p)_0$$

在 $r=r_0$ 处的扩散流密度为

$$(S_{\mathrm{p}})_{\mathrm{扩}}=-D_{\mathrm{p}}\frac{\mathrm{d}\Delta p}{\mathrm{d}r}=\left(\frac{D_{\mathrm{p}}}{r_0}+\frac{D_{\mathrm{p}}}{L_{\mathrm{p}}}\right)(\Delta p)_0$$

可以看出,探针注入在 $r=r_0$ 处的扩散流密度,相比有效光照在 $x=0$ 处的扩散流密度多出 $(\Delta p)_0 D_{\mathrm{p}}/r_0$ 一项,表明探针注入扩散的效率比平面的要高。因为平面情况下,浓度梯度完全依靠载流子进入半导体内的复合;在球对称情况下,径向运动也能引起载流子的扩散,造成浓度梯度,增强了扩散的效率。当 $r_0=L_{\mathrm{p}}$ 时,几何形状引起的扩散的效果很显著,远超过复合引起的扩散。

24.【解】(1) A 样品均匀吸收光照,其非平衡空穴所满足的方程为

$$\frac{\partial\Delta p(t)}{\partial t}=-\frac{\Delta p(t)}{\tau_{\mathrm{p}}}+g_{\mathrm{p}}$$

其解为

$$\Delta p(t)=g_{\mathrm{p}}\tau_{\mathrm{p}}+A\mathrm{e}^{-\frac{t}{\tau_{\mathrm{p}}}}$$

当 $t=0$ 时,$\Delta p(t)=0$,可得 $A=-g_{\mathrm{p}}\tau_{\mathrm{p}}$,故非平衡空穴 $\Delta p(t)$ 的变化规律为

$$\Delta p(t)=g_{\mathrm{p}}\tau_{\mathrm{p}}(1-\mathrm{e}^{-\frac{t}{\tau_{\mathrm{p}}}})$$

B 样品的非平衡空穴所满足的方程为

$$\frac{\partial\Delta p(x,t)}{\partial t}=D_{\mathrm{p}}\frac{\mathrm{d}^2\Delta p(x)}{\mathrm{d}x^2}-\frac{\Delta p(x)}{\tau_{\mathrm{p}}}+g_{\mathrm{p}}$$

(2) B 样品达到稳态时,其方程为

$$D_{\mathrm{p}}\frac{\mathrm{d}^2\Delta p(x)}{\mathrm{d}x^2}=\frac{\Delta p(x)}{\tau_{\mathrm{p}}}$$

若 B 样品为半无限大,方程的解为

$$\Delta p(x)=(\Delta p)_0\exp\left(-\frac{x}{L_{\mathrm{p}}}\right)$$

由题中条件可得扩散长度为

$$L_{\mathrm{p}}=\sqrt{D_{\mathrm{p}}\tau_{\mathrm{p}}}=\sqrt{\frac{k_0 T}{q}\mu_{\mathrm{p}}\tau_{\mathrm{p}}}=\sqrt{0.026\times430\times5\times10^{-6}}=7.48\times10^{-3}\,\mathrm{cm}$$

表面向体内扩散引起空穴电流密度为

$$(J_p)_{\text{扩}} = -qD_p \frac{\mathrm{d}\Delta p(x)}{\mathrm{d}x} = k_0 T \mu_p \frac{(\Delta p)_0}{L_p} = 0.026 \times 1.602 \times 10^{-19} \times 430 \times \frac{10^{13}}{7.48 \times 10^{-3}}$$

$$= 2.39 \times 10^{-3} \text{A/cm}^2$$

（3）设距离表面 x 远处，$\Delta p = 10^{12} \text{cm}^{-3}$，则有

$$\Delta p(x) = 10^{12} = (\Delta p)_0 \exp\left(-\frac{x}{L_p}\right) = 10^{13} \exp\left(-\frac{x}{7.48 \times 10^{-3}}\right)$$

可得

$$x = -7.48 \times 10^{-3} \times \ln \frac{10^{12}}{10^{13}} = 0.017 \text{cm}$$

25.【解】（1）设单位时间、单位表面积在表面复合的空穴数即复合率 U_s 为

$$U_s = D_p \frac{\partial^2 \Delta p(x)}{\partial x^2}\bigg|_{x=0} = s_p[p(0) - p_0]$$

式中，s_p 为空穴的表面复合速度，p_0 是平衡空穴浓度。

小注入所遵循的连续性方程为

$$D_p \frac{\partial^2 \Delta p(x)}{\partial x^2} - \frac{\Delta p(x)}{\tau_p} + g_p = 0$$

设表面复合的面位于 $x=0$ 处，则上面的方程满足如下的边界条件

$$\Delta p(\infty) = g_p \tau_p$$

故方程的解为

$$\Delta p(x) = C \exp\left(-\frac{x}{L_p}\right) + g_p \tau_p$$

即

$$p(x) = p_0 + C \exp\left(-\frac{x}{L_p}\right) + g_p \tau_p$$

其中，$L_p = \sqrt{D_p \tau_p}$ 为空穴扩散长度，则有

$$C = -g_p \tau_p \frac{s_p L_p}{D_p + s_p L_p} = -g_p \tau_p \frac{s_p \tau_p}{L_p + s_p \tau_p}$$

可得

$$p(x) = p_0 + \tau_p g_p \left(1 - \frac{s_p \tau_p}{L_p + s_p \tau_p} \mathrm{e}^{-\frac{x}{L_p}}\right)$$

在 $x=0$ 处，有

$$p(0) - p_0 = \tau_p g_p \left(1 - \frac{s_p \tau_p}{L_p + s_p \tau_p}\right)$$

又知

$$L_p = \sqrt{\frac{k_0 T}{q} \mu_p \tau_p} = \sqrt{0.026 \times 400 \times 10 \times 10^{-6}} = 10.2 \times 10^{-3} \text{cm}$$

则单位时间、单位表面积在表面复合的空穴数为

$$U_s = s_p[p(0) - p_0] = 100 \times \left[10 \times 10^{-6} \times 10^{17} \times \left(1 - \frac{100 \times 10 \times 10^{-6}}{10.2 \times 10^{-3} + 100 \times 10 \times 10^{-6}}\right)\right]$$

$$= 9.1 \times 10^{13} \text{cm}^{-2} \cdot \text{s}^{-1}$$

（2）单位表面积在距离表面三个扩散长度处体积内复合的空穴数为

$$N_p = \int_0^{3L_p} \Delta p(x) \times 1 \times \mathrm{d}x = \int_0^{3L_p} \left[\tau_p g_p \left(1 - \frac{s_p \tau_p}{L_p + s_p \tau_p} \mathrm{e}^{\frac{x}{L_p}} \right) \right] \mathrm{d}x$$

$$= \tau_p g_p L_p \left[3 + \frac{s_p \tau_p}{L_p + s_p \tau_p} (\mathrm{e}^{-3} - 1) \right]$$

代入已知数据得

$$N_p = 10 \times 10^{-6} \times 10^{17} \times 10.2 \times 10^{-3} \times \left[3 + \frac{100 \times 10 \times 10^{-6}}{10.2 \times 10^{-3} + 100 \times 10 \times 10^{-6}} (\mathrm{e}^{-3} - 1) \right]$$

$$= 2.97 \times 10^{10}$$

故单位时间复合掉的空穴数为

$$\frac{\Delta p}{\tau} = \frac{2.97 \times 10^{10}}{10^{-5}} = 2.97 \times 10^{15}\,\mathrm{s}^{-1}$$

26.【解】（1）以脉冲光照射结束后为时间起点，非平衡电子所满足的方程为

$$\frac{\partial \Delta n(t)}{\partial t} = -\frac{\Delta n(t)}{\tau_n} \quad (t \geqslant \Delta t)$$

其解为

$$\Delta n(t) = (\Delta n)_0 \mathrm{e}^{-\frac{t}{\tau_n}} \quad (t \geqslant \Delta t)$$

（2）脉冲光开始照射直到结束，非平衡载流子所满足的方程为

$$\frac{\partial \Delta n(t)}{\partial t} = g_n - \frac{\Delta n(t)}{\tau_n}$$

其解为

$$\Delta n(t) = g_n \tau_n + A \mathrm{e}^{-\frac{t}{\tau_n}} \quad (0 \leqslant t \leqslant \Delta t)$$

当 $t = 0$ 时，$\Delta n(t) = 0$，代入上式中，可得 $A = -g_n \tau_n$，那么非平衡电子 $\Delta n(t)$ 的变化规律为

$$\Delta n(t) = g_n \tau_n (1 - \mathrm{e}^{-\frac{t}{\tau_n}}) \quad (0 \leqslant t \leqslant \Delta t)$$

如图 5-17 所示。光生载流子浓度最大值为

$$\Delta n(t) = g_n \tau_n$$

（3）用直流光电导衰减法测非平衡载流子寿命的实验中，根据题（2）答案可得，当 $t = 3\tau_n$ 时，有

$$\Delta n(3\tau_n) = g_n \tau_n (1 - \mathrm{e}^{-\frac{3\tau_n}{\tau_n}}) = g_n \tau_n \left(1 - \frac{1}{\mathrm{e}^3} \right)$$

根据寿命标志，可知寿命是指 $3\tau_n \sim 4\tau_n$ 曲线对应的时间，即从示波器上观察的是 $t = 3\tau_n$ 至 $t = 4\tau_n$ 那部分曲线，曲线所对应的函数为

$$\Delta n(t) = g_n \tau_n \left(1 - \frac{1}{\mathrm{e}^3} \right) \mathrm{e}^{-\frac{t}{\tau_n}} (0 \leqslant t \leqslant \tau_n)$$

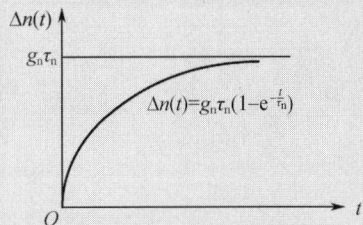

图 5-17　答案 5.5-26 图

27.【解】（1）光照下非平衡空穴所满足的方程为

$$\frac{\partial \Delta p(t)}{\partial t} = g_p - \frac{\Delta p(t)}{\tau_p} (0 \leqslant t \leqslant \tau)$$

可得

$$\frac{\partial (\Delta p - g_p \tau_p)}{\Delta p - g_p \tau_p} = -\frac{\partial t}{\tau_p}$$

对上式两边积分,则有

$$\ln(\Delta p - g_p\tau_p) = -\frac{t}{\tau_p} + C$$

对上式两边均取 e 的指数,得

$$\Delta p(t) = g_p\tau_p - A^{-\frac{t}{\tau_p}}$$

当 $t = 0$ 时,$\Delta p(t) = 0$,代入上式,可得 $A = -g_p\tau_p$。

因此,非平衡电子 $\Delta p(t)$ 的变化规律为

$$\Delta p(t) = g_p\tau_p(1 - e^{-\frac{t}{\tau_p}}) \quad (0 \leqslant t \leqslant \tau)$$

(2)非平衡空穴寿命与脉冲宽度相等,则有

$$\tau_{p1} = 0.5\tau, \quad \tau_{p2} = \tau, \quad \tau_{p3} = 2.5\tau$$

那么

$$\begin{cases} \Delta p(\tau_{p1}) = 0.5g_p\tau(1 - e^{-1}) \\ \Delta p(\tau_{p2}) = g_p\tau(1 - e^{-1}) \\ \Delta p(\tau_{p3}) = 2.5g_p\tau(1 - e^{-1}) \end{cases}$$

不同脉宽光照下非平衡空穴随时间变化曲线如图 5-18 所示。

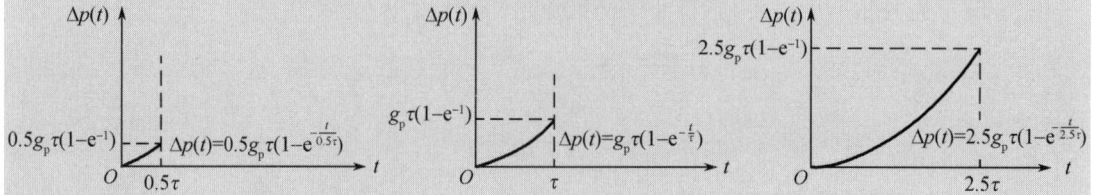

图 5-18 答案 5.5-27 图

(3)由题意知

$$\frac{\partial \Delta p(t)}{\partial t} = -\frac{\Delta p(t)}{\tau}$$

其通解为 $\Delta p(t) = Ce^{-\frac{t}{\tau}}$,再根据题(2)可知,非平衡载流子所满足的方程为

$$\begin{cases} \Delta p(\tau_{p1}) = 0.5g_p\tau(1 - e^{-1})e^{-\frac{t}{0.5\tau}} \\ \Delta p(\tau_{p2}) = g_p\tau(1 - e^{-1})e^{-\frac{t}{\tau}} \\ \Delta p(\tau_{p3}) = 2.5g_p\tau(1 - e^{-1})e^{-\frac{t}{2.5\tau}} \end{cases}$$

第6章 pn结

6.1 名词解释

空间电荷区　内建(接触)电势差　势垒高度　耗尽层近似　势垒电容　扩散电容　雪崩击穿
热电击穿　隧道(齐纳)击穿　隧道结

6.2 填空题

1. 空间电荷区的宽度随杂质浓度的增加而_____,随反偏电压的增大而_____。

2. 内建电势差的大小主要取决于_____、_____和_____三大类。

3. 对于硅、锗和砷化镓材料,同一杂质浓度下,_____材料 pn 结的内建电动势最大,_____材料 pn 结的内建电动势最小。随着温度的上升,内建电动势_____(填"增大""减小""不变"),原因是_____。

4. pn 结的理想伏安特性与实际伏安特性并不是完全吻合的,其原因是在正向偏压下忽略了_____电流,在反向偏压下忽略了_____电流。

5. 当 pn 结施加的反向偏压增大到某一数值时,反向电流密度突然开始迅速增大的现象称为_____,其种类为_____、_____和_____。低掺杂、宽势垒更有利于_____。

6. pn 结电容包括_____和_____两部分。前者起因于_____,后者起因于_____;反向偏压下主要发挥作用的是_____。

7. pn 结在高频下整流特性显著减弱甚至消除,常规功能也失效,其原因是产生了_____。_____ pn 结接触面积,能使 pn 结更加适合在高频电路中使用。

6.3 选择题

1. 对于 pn 结而言,同等掺杂条件下,禁带宽度越大,正向导通电压(　　)。
A. 越大　　　　　　B. 越小　　　　　　C. 不变

2. 相同偏压下,单边突变 p^+n 结单位面积的电容量主要由(　　)决定。
A. n 区杂质浓度　　B. p^+ 区杂质浓度　　C. pn 结面积

★3. pp^+ 和 nn^+ 结为浅结,它们常用于(　　)。
A. 小信号整流　　B. 欧姆接触　　　C. 可变电容　　　　D. 稳压二极管

4. pn 结击穿指(　　)。
A. 反向电压随电流增加迅速增加　　　B. 正向电流随反向电压增加迅速增加
C. 正向电压随电流增加迅速增加　　　D. 反向电流随反向电压增加迅速增加

5. 有关隧道二极管的正向 I-V 特性及其应用正确的是(　　)。

A. *I-V* 特性基本与普通 pn 结相同　　　B. *I-V* 曲线上存在一个负阻区

C. 可以用作整流二极管　　　D. 可用于高频振荡

6.4　简答题

1. 平衡 pn 结的空间电荷区示意图如图 6-1 所示,画出空间电荷区中载流子漂移运动和扩散运动的方向(在图 6-1 右侧直线上添加箭头即可),并说明扩散电流和漂移电流之间的关系。

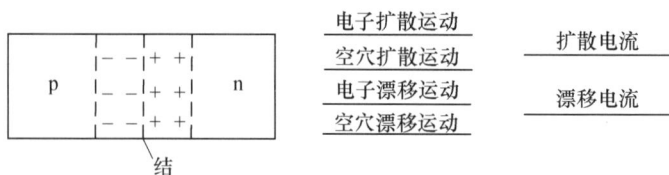

图 6-1　题 6.4-1 图

2. 如图 6-2 所示为 pn 结接触前、后的平衡能带图,E_c 为导带底,E_v 为价带顶,E_i 为禁带中心,E_{Fn}、E_{Fp} 分别为 n 型和 p 型半导体的费米能级。

(1) 试用本征载流子浓度 n_i,能量 E_c、E_v 和 E_i 表示 n 型和 p 型半导体的多数载流子浓度 n_{n0} 和 p_{p0};

(2) 用 n_{n0}、p_{p0} 和 n_i 表述 pn 结的接触电势差 V_D;

(3) 用接触电势差 V_D 表述 n 区和 p 区半导体的少数载流子浓度 p_{n0} 和 n_{p0}。(中国科学院大学 2005 年考研真题)

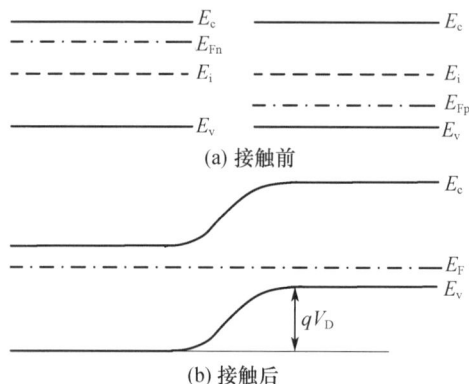

图 6-2　题 6.4-2 图

3. 为什么 pn 结空间电荷区内会有电场? 什么位置的电场最大?

4. 简述至少 5 种 pn 结的作用及其用途。(中国科学院大学 2018 年考研真题)

5. 在平面工艺中,为制造器件或集成电路需要进行杂质扩散。杂质扩散和载流子扩散这两种扩散之间有相似之处,都是在浓度不均匀情况下以热运动作为扩散的基础,本质上又有很大的区别,请根据表 6-1 左列内容完成右列内容,对两者区别进行比较。(西安电子科技大学 2011 年考研真题)

表 6-1　题 6.4-5 表

杂质扩散	载流子扩散
(1) 要在高温下进行	(1)
(2) 中性原子的扩散,不形成电流	(2)
(3) 一定条件下可以改变材料的导电类型	(3)
(4) 以替位方式进行	(4)
(5) 不存在产生与复合	(5)

6. 载流子耗尽假设是 pn 结物理问题分析中的一个重要假设,试说明其物理依据。(中国科学院大学 2002 年考研真题)

7. 简述理想 pn 结模型的 4 个条件。(浙江大学 2002 年考研真题)

8. 简述 pn 结的整流效应。(中国科学院大学 2008 年考研真题)

9. 画出半导体 pn 结在正向偏压、零偏压和反向偏压下的能带图,并简述 pn 结的 I-V 特性。(中国科学院半导体研究所 2003 年考研真题)

10. pn 结加正向偏压时,正向电流由什么组成? 推导出正向电流与外加偏压的关系。

11. 简述大注入情况及大注入情况下的电流密度-电压关系。

12. 写出包含理想因子 m 的 pn 结的电流-电压关系公式。

(1) 简述测量理想因子 m 的实验方法。

(2) 如何判断一个二极管 pn 结电流中,是以扩散电流为主,还是以复合电流为主?

(3) 如何测量击穿电压?

(4) 能否利用击穿电压随温度变化的规律判断出该二极管击穿机理是隧道击穿还是雪崩击穿?(北京工业大学 2011 年考研真题)

13. 在测试 pn 结反向电流时,有光照和无光照时是否一样? 哪种情况下数值大? 为什么?(中国科学院半导体研究所 2002 年考研真题)

14. 利用平衡 pn 结的性质,推导爱因斯坦公式,并写出 pn 结区费米能级梯度。

15. 室温下,一个硅 p^+n 突变结。

(1) 写出理想情况下该 p^+n 结的伏安特性表达式,并简要分析偏压不变时正向电流随温度的变化。

(2) 不考虑表面效应和串联电阻的影响,在实际中正偏小电流和大电流下影响 pn 结理想伏安特性的因素分别是什么?(北京工业大学 2019 年考研真题)

16. pn 结电容主要包括哪两大类? 分析说明 pn 结的电容特性,各自的影响因素有哪些? 变化趋势如何?

17. 为什么说 pn 结电容在反向偏压下以势垒电容为主,大的正向偏压下以扩散电容为主? 请定性说明。(北京工业大学 2013 年考研真题)

★18. 简述 pn 结的隧道效应,给出该隧道结的 I-V 特性示意图,并用能带图加以说明;分析隧道二极管中负阻特性的形成机制。(浙江大学 2006 年考研真题)

19. 有一 pn 结,请简单回答下面问题:

(1) 说明内建势垒的来由,并说明其温度关系(室温附近);

(2) 什么因素决定"理想反向饱和电流"和"实际反向饱和电流"的大小;

(3) 用高于带隙的光照射该 pn 结,在短路状态和开路状态下,内建势垒将如何变化?

(4) 请设计一种在高频条件下使用的 pn 结二极管,应考虑哪些因素? 为什么?

6.5　计算题

1. n 型半导体硅中施主的浓度为 $3\times10^{15}\,\mathrm{cm^{-3}}$，在表面 $100\mu\mathrm{m}$ 薄层内，均匀掺入同种施主杂质，掺入浓度为 $3\times10^{16}\,\mathrm{cm^{-3}}$。求这种结构的接触电势差，并画出能带结构图。

2. 线性缓变 pn 结势垒区中，空间电荷密度为 $\rho(x)=q(N_{\mathrm{A}}-N_{\mathrm{D}})=-qa_{\mathrm{j}}x(a_{\mathrm{j}}>0)$，其中 q 为电子电荷，N_{A} 和 N_{D} 为受主浓度与施主浓度，势垒区的边界在 $x=-X_{\mathrm{D}}/2$ 和 $x=X_{\mathrm{D}}/2$ 处。

（1）该 pn 结的电场和电势分布；

（2）画出电场、电势和电势能的分布示意图。（华东师范大学 2004 年考研真题）

3. 已知硅突变结两边杂质浓度 $N_{\mathrm{A}}=10^{16}\,\mathrm{cm^{-3}}$，$N_{\mathrm{D}}=10^{20}\,\mathrm{cm^{-3}}$。

（1）求势垒高度和势垒宽度（300K 时）；

（2）空间电荷区的最大电场强度，并画出电场 $E(x)$ 及电势 $V(x)$ 分布示意图。（中国科学院大学 2003 年、北京工业大学 2009 年考研真题）

4. 对于一个正向偏压下的 $\mathrm{p^+n}$ 结：

（1）画出结区附近 $I_{\mathrm{p}}(x)$ 及 $I_{\mathrm{n}}(x)$ 的曲线，并分析说明 p 区的空穴电流如何逐步转换成 n 区的电子电流。

（2）在结区附近，电子和空穴的浓度分布 $p(x)$ 和 $n(x)$ 是怎样的？

（3）画出结区附近电子和空穴的准费米能级示意图；

（4）求流过 $\mathrm{p^+n}$ 结的电流密度并说明其特点。当外加正向电压突然变为反向电压时，该 $\mathrm{p^+n}$ 结的电流会不会即刻从正向电流变为反向饱和电流？分析原因。（中国科学院大学 2018 年考研真题）

5. 有一个硅 $\mathrm{p^+n}$ 结，两边杂质浓度分别为 $N_{\mathrm{A}}=5\times10^{18}\,\mathrm{cm^{-3}}$，$N_{\mathrm{D}}=10^{16}\,\mathrm{cm^{-3}}$，若空穴寿命为 $\tau_{\mathrm{p}}=1\mu\mathrm{s}$，电子寿命为 $\tau_{\mathrm{n}}=2\mu\mathrm{s}$，结面积 $A=0.02\mathrm{cm^2}$。试求室温时正向电流为 1mA 时的外加电压（已知 p 型区电子迁移率 $\mu_{\mathrm{n}}=500\mathrm{cm^2/(V\cdot s)}$，n 型区空穴迁移率 $\mu_{\mathrm{p}}=180\mathrm{cm^2/(V\cdot s)}$）。（中国科学院大学 2007 年考研真题）

6. 已知 pn 结的伏安特性为

$$J=q\left(\frac{D_{\mathrm{p}}p_{\mathrm{n0}}}{L_{\mathrm{p}}}+\frac{D_{\mathrm{n}}n_{\mathrm{p0}}}{L_{\mathrm{n}}}\right)\left[\exp\left(\frac{qV}{k_0T}\right)-1\right]=J_0\left[\exp\left(\frac{qV}{k_0T}\right)-1\right]$$

假定硅和砷化镓的 pn 结中，杂质浓度相同，而且 $L_{\mathrm{p}}=L_{\mathrm{n}}=L$，$D_{\mathrm{p}}=D_{\mathrm{n}}=D$，硅和砷化镓的 L 和 D 相近，试求硅和砷化镓的 pn 结的反向饱和电流之比（给出表达式即可）。（中国科学院大学 2000 年考研真题）

7. 室温下，若 pn 结在 0.15V 正向偏压下通过 $5\mu\mathrm{A}$ 电流，加上同样大小的反向偏压，其反向电流等于多少？（中国科学院大学 2002 年考研真题）

8. 在室温下，一个硅材料的理想二极管和一个锗材料的理想二极管的反向饱和电流密度相等，当温度升高到 500K 时，两个二极管的反向饱和电流密度之比变为多少？（已知硅的温度系数 $\alpha=4.73\times10^{-4}\,\mathrm{eV/K}$、$\beta=636\mathrm{K}$，锗的温度系数 $\alpha=4.774\times10^{-4}\,\mathrm{eV/K}$、$\beta=235\mathrm{K}$；设在温度变化中，各个二极管中相关的杂质浓度、扩散系数、扩散长度均保持不变）（浙江大学 2003 年考研真题）

9. 厚度为 L 的 n 型硅晶薄片，不均匀地掺入施主杂质磷，非均匀浓度分布给定为 $N_{\mathrm{D}}(x)=N_0+(N_L-N_0)x/L$，设硅晶薄片在平衡状态下迁移率和扩散系数 D 为常数，求距前表面 x 处

的平衡电场和前后表面的电势差。(苏州大学 2010 年考研真题)

10. 在 n 型锗上合金铟形成 p^+n 结二极管,结面积为 $1mm^2$。

(1) 测量此二极管的势垒电容,得偏压 $V=0$ 时,$C_0=300pF$,反向偏压 $V=-1V$ 时,$C_1=180pF$,求 pn 结的接触电势差 V_D;

(2) 求零偏压时的势垒宽度 X_D;

(3) $\mu_n=3600cm^2/(V \cdot s)$,求 n 型衬底的电导率。(中国科学院大学 2004 年考研真题)

★11. 制造双极型晶体管通常是在高掺杂的 n 型硅单晶衬底上外延一层 n 型外延层,再在外延层中扩散硼,然后扩散磷杂质而成。

(1) 画出经过上述过程后所形成的双极型晶体管的剖面结构示意图,指出在哪些区域利用了杂质的补偿作用,制成的是 npn 还是 pnp 晶体管?

(2) 若 n 型硅单晶衬底是掺锑而成的,锑的电离能为 $0.039eV$,室温下 E_F 位于导带底之下 $0.026eV$ 处,画出对应的能带图,计算此时锑的浓度、导带中的电子浓度和衬底材料的电阻率 ρ(已知费米积分 $F_{1/2}(-1)=0.12$)。

(3) 如果 n 型外延层中的掺杂是均匀的,杂质浓度为 $4.6 \times 10^{15} cm^{-3}$,计算室温下 E_F 的位置、电子浓度、空穴浓度和外延层的电阻率 ρ(以 E_i 为参考)。

(4) 在外延层中扩散硼后,硼是非均匀分布的,如果在硼扩散区域内的某一深度处硼的浓度为 $5.2 \times 10^{15} cm^{-3}$,计算室温下 E_F 的位置(以 E_i 为参考)、电子浓度和空穴浓度。

(5) 若禁带宽度与温度无关,样品温度升至 600K,计算这时的本征载流子浓度以及(4)中的电子浓度和空穴浓度。

(6) 欲使制造的晶体管能够在较高的温度下正常工作,可采用什么途径? 为什么?(西安电子科技大学 2006 年考研真题)

6.6 证明题

1. 试推导 pn 结的内建电势差 $V_D=\dfrac{k_0 T}{q} \ln \dfrac{N_A N_D}{n_i^2}$(式中,$k_0$ 为玻耳兹曼常数,T 为热力学温度,q 为电子电量,N_A、N_D 分别为 p 型区和 n 型区杂质浓度,n_i 为本征载流子浓度)。(北京工业大学 2007 年考研真题)

第 6 章习题答案及详解

6.1 名词解释

空间电荷区:当两块半导体形成 pn 结时,由于 n 区和 p 区之间存在着载流子浓度梯度,导致空穴从 p 区向 n 区、电子从 n 区向 p 区的扩散运动;对于 p 区,空穴离开后,留下不可动的带负电电离受主,在 pn 结附近 p 区一侧形成一个负电荷区;同理,在 pn 结附近 n 区一侧出现了由电离施主构成的一个正电荷区,通常就把在 pn 结附近的这些电离施主和电离受主所带的电荷称为空间电荷,它们所在的区域称为空间电荷区。

内建(接触)电势差:平衡 pn 结的空间电荷区两端间的电势差 V_D 称为接触电势差或内建电势差。

势垒高度：平衡 pn 结内建（接触）电势差相对应的电子电势能之差，即能带的弯曲量 qV_D 称为 pn 结的势垒高度。

耗尽层近似：对于一般的 pn 结，通常在空间电荷区中的载流子数量不会太多，可以近似认为空间电荷区中的电荷绝大多数是由电离杂质中心所提供的，即可简单地把空间电荷区近似看成耗尽层，这就是所谓的耗尽层近似。

势垒电容：当 pn 结外加电压变化时，引起电子和空穴在势垒区的存入或取出作用，导致势垒区的空间电荷数量随外加电压而减少或增多，这种现象与电容的充、放电作用类似，这种耗尽层宽窄变化所等效的电容称为势垒电容，以 C_T 表示。

扩散电容：外加电压变化时，n 区扩散区内积累的非平衡空穴增加（减少），与它保持中性的电子也相应增加（减少）；同理，p 区扩散区内积累的非平衡电子增加（减少），与它保持中性的空穴也相应增加（减少）。这种由于扩散区的电荷数量随外加电压的变化所产生的电容效应，称为 pn 结的扩散电容，以 C_D 表示。

雪崩击穿：当反向偏压很大时，pn 结势垒区内的电子和空穴由于受到内部强电场的漂移作用，具有很大的动能，它们与势垒区内的晶格原子发生碰撞时，能把价键中的价电子碰撞出来，成为导电电子，同时产生一个空穴，新产生的载流子在强电场作用下，再去碰撞其他中性原子，又产生新的自由电子-空穴对，如此继续下去，载流子数量急剧增加，这种繁殖载流子的方式称为载流子的倍增效应。倍增效应使单位时间内产生大量的载流子，迅速增大了反向电流，导致 pn 结击穿。

热电击穿：当 pn 结上施加反向电压时，流过 pn 结的反向电流会引起损耗；反向电压逐渐增大，对应于一定的反向电流所消耗的功率增大，引起结温上升，反响饱和电流密度迅速增大，产生的热能量也迅速增大，进而导致结温上升，反向饱和电流密度继续增大。无限循环致使反向饱和电流密度无限增大而发生击穿，这种热不稳定性引起的击穿称为热电击穿。

隧道（齐纳）击穿：半导体在强电场作用下，由于隧道效应，使大量电子从价带穿过禁带直接进入导带引起反向电流猛增的现象，称为隧道击穿。

隧道结：两边都是重掺杂的 pn 结，正向电流一开始随正向偏压的增大而迅速上升达到一个极大值，即峰值电流；随后电压增大，电流反而减小达到一个极小值，即谷值电流；继而随电压增大，电流继续上升。在此过程中，出现随电压的增大电流反而减小的负阻现象。反向时，反向电流随反向偏压的增大而迅速增大，这种 pn 结通常称为隧道结。

6.2 填空题

1. 减小　增大
2. 杂质浓度　温度　材料的禁带宽度
3. 砷化镓　锗　减小　本征载流子浓度增加
4. 势垒区复合　势垒区产生
5. 击穿　雪崩击穿　齐纳击穿　热电击穿　雪崩击穿
6. 势垒电容　扩散电容　势垒区的空间电荷数量随外加电压而变化　扩散区的电荷数量随外加电压而变化　势垒电容
7. 电容　减小

6.3 选择题

1. A　2. A　3. B　4. D　5. BD

6.4 简答题

1.【答】扩散电流和漂移电流之间的关系如图 6-3 所示。

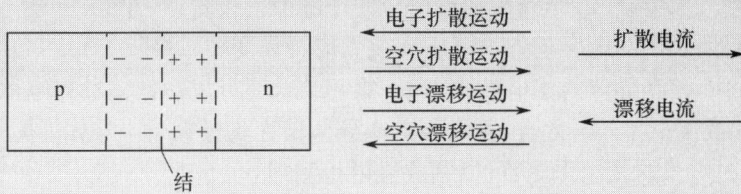

图 6-3 答案 6.4-1 图

在一块 n 型(或 p 型)半导体单晶上,用适当的工艺方法把 p 型(或 n 型)杂质掺入其中,两者交界面处就形成了 pn 结。由于存在浓度梯度,电子从 n 区向 p 区、空穴从 p 区向 n 区进行扩散运动,分别留下了不可动的带正电的施主离子和带负电的受主离子,形成正电荷区和负电荷区,产生从 n 区指向 p 区的内建电场;在内建电场作用下,载流子做漂移运动。显然,电子和空穴的漂移运动方向和它们各自的扩散运动方向相反,内建电场逐渐增强,载流子的漂移运动逐渐加强。在无外加电压的情况下,载流子的扩散电流和漂移电流最终达到动态平衡。

2.【答】(1) n 型和 p 型半导体的多数载流子浓度 n_{n0} 和 p_{p0} 分别为

$$\begin{cases} n_{n0} = N_c \exp\left(-\dfrac{E_c - E_i + E_i - E_{Fn}}{k_0 T}\right) = n_i \exp\left(-\dfrac{E_i - E_{Fn}}{k_0 T}\right) \\ p_{p0} = N_v \exp\left(\dfrac{E_v - E_i + E_i - E_{Fp}}{k_0 T}\right) = n_i \exp\left(\dfrac{E_i - E_{Fp}}{k_0 T}\right) \end{cases}$$

(2) pn 结的接触电势差 V_D 为

$$V_D = \frac{E_{Fn} - E_{Fp}}{q} = \frac{E_{Fn} - E_i}{q} + \frac{E_i - E_{Fp}}{q} = \frac{k_0 T}{q} \ln\left(\frac{n_{n0} p_{p0}}{n_i^2}\right)$$

(3) 根据接触电势差 V_D,可得

$$\frac{q V_D}{k_0 T} = \ln\left(\frac{n_{n0} p_{p0}}{n_i^2}\right)$$

对上式两边求负指数,可得

$$\exp\left(-\frac{q V_D}{k_0 T}\right) = \frac{n_i^2}{n_{n0} p_{p0}}$$

根据载流子浓度乘积 $n_{n0} p_{n0} = n_i^2$、$n_{p0} p_{p0} = n_i^2$,可得

$$\begin{cases} p_{n0} = p_{p0} \exp\left(-\dfrac{q V_D}{k_0 T}\right) \\ n_{p0} = n_{n0} \exp\left(-\dfrac{q V_D}{k_0 T}\right) \end{cases}$$

3.【答】n 型半导体和 p 型半导体形成 pn 结时,由于存在着载流子浓度梯度,导致电子从 n 区向 p 区、空穴从 p 区向 n 区进行扩散运动,分别留下了不可动的带正电的施主离子和带负电的受主离子,这些电荷产生从 n 区指向 p 区的内建电场;在 p 区和 n 区的交界面处,电场强度最大。

4.【答】pn 结的作用及其用途主要有以下几种:

(1)单向导电性,可以制作整流二极管和检波二极管。

(2)击穿特性,制作稳压二极管和雪崩二极管。

(3)隧道效应,高掺杂 pn 结利用隧道效应制作隧道二极管。

(4)电容特性,利用结电容随外加电压变化效应制作变容二极管。

(5)光电效应,使半导体的光电效应与 pn 结相结合还可以制作多种光电器件。如利用前向偏置异质结的载流子注入与复合,可以制造半导体激光二极管与半导体发光二极管;利用光辐射对 pn 结反向电流的调制作用,可以制成光电探测器。

(6)光生伏特效应,可制成太阳能电池。

5.【答】杂质扩散和载流子扩散主要区别见表 6-2。

表 6-2　答案 6.4-5 表

杂质扩散	载流子扩散
(1) 要在高温下进行	(1) 与温度关系不大
(2) 中性原子的扩散,不形成电流	(2) 带电粒子的扩散,形成电流
(3) 一定条件下可以改变材料的导电类型	(3) 不改变材料的导电类型
(4) 以替位方式进行	(4) 逆浓度梯度的方向运动
(5) 不存在产生与复合	(5) 存在产生与复合

6.【答】一般在室温附近,pn 结的绝大部分势垒区,n 区的施主杂质和 p 区的受主杂质基本全部电离,但载流子浓度比 n 区和 p 区的多数载流子浓度小得多,好像已耗尽了。即认为其中载流子浓度很小,可以忽略,空间电荷密度就等于电离杂质浓度。

7.【答】理想 pn 结模型符合以下 4 个基本条件。

(1)小注入条件,即注入少数载流子浓度比平衡多数载流子浓度小得多。

(2)突变耗尽层条件,即外加电压和接触电势差都落在耗尽层上,耗尽层中的电荷由电离施主和电离受主的电荷组成,耗尽层外的半导体是电中性的。因此,注入的少数载流子在 p 区和 n 区是纯扩散运动。

(3)通过耗尽层的电子电流和空穴电流为常量,不考虑耗尽层中载流子的产生及复合作用。

(4)玻耳兹曼边界条件,即在耗尽层两端,载流子分布满足玻耳兹曼统计分布。

8.【答】pn 结整流特性:pn 结具有单向导电性,正向电流密度随正向偏压呈指数关系迅速增大,反向电流密度为常量,与外加电压无关,这称为 pn 结整流效应。

pn 结加正向偏压时,产生的外电场与其内建电场方向相反,势垒宽度和势垒高度相应减小,势垒区的电场减弱,扩散电流大于漂移电流,即产生了电子从 n 区向 p 区以及空穴从 p 区向 n 区的净扩散电流。通过 pn 结的正向电流,就是流入 p 区电子和流入 n 区空穴的扩散电流之和,它随外加正向偏压的增大而增大。

pn 结加反向偏压时,产生的外电场与其内建电场的方向一致,势垒宽度和高度相应增加,势垒区的电场增强,漂移电流大于扩散电流。n 区空穴和 p 区电子被势垒区强电场驱离,内部的少子就来补充,形成反向偏压下的电子抽取电流和空穴抽取电流。通过 pn 结的反向电流,就是这两种少子抽取电流之和。由于少子浓度很低,扩散长度基本不变化,所以反向偏压时少子的浓度梯度也较小。当反向偏压很大时,边界处的少子可以认为是零,这时少子的浓度梯度不再随电压变化,所以在反向偏压下,pn 结的电流较小且趋于不变。

9.【答】pn结正向偏压、零偏压和反向偏压下的能带图,如图6-4所示。

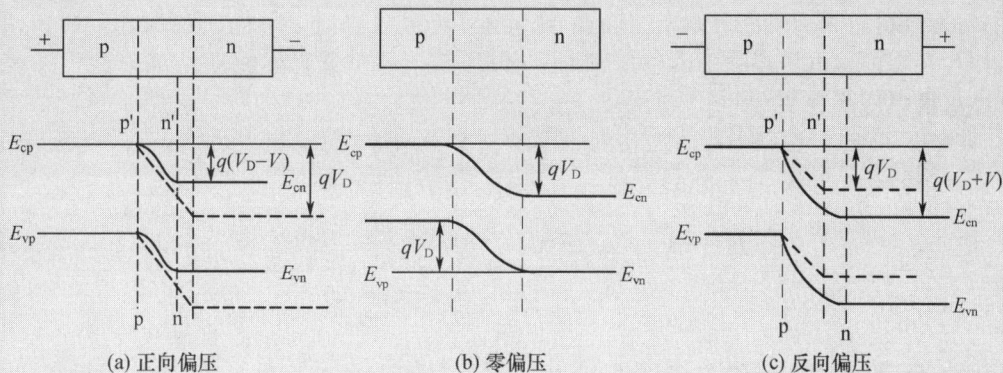

图 6-4　答案 6.4-9 图

　　pn结正向偏压时,外电场与内建电场方向相反,势垒区电场减弱,势垒区变薄;多子扩散电流大于漂移电流,形成正向导通电流;外加电压为零时,多子扩散电流等于漂移电流达到动态平衡,净电流为零;反向偏压时,外电场与内建电场方向相同,势垒区电场增强,势垒区增厚;多子扩散电流小于漂移电流,形成少子的反向抽取电流,电流很小。

　　10.【答】在 pn 结上加正向偏压 V 后,正向偏压在空间电荷区产生与内建电场方向相反的电场,减弱了势垒区的内建电场,产生了电子从 n 区向 p 区和空穴从 p 区向 n 区的净扩散电流,n 区电子通过势垒区扩散进入 p 区,在 p 区和势垒区的边界 $-x_p$ 处形成电子的积累,成为 p 区的非平衡少数载流子,在边界 $-x_p$ 处的浓度比 p 区内部的浓度高,形成向 p 区内部的电子扩散电流。同理,在 n 区和势垒区的边界 x_n 处形成空穴的积累,形成向 n 区内部的空穴扩散电流。正向电流是这两种扩散电流之和。

　　在 pn 结区边界 $-x_p$ 和 x_n 处的少子浓度分别为

$$\begin{cases} \Delta n_p(-x_p)=n(-x_p)-n_{p0}=n_{p0}\left[\exp\left(\dfrac{qV}{k_0 T}\right)-1\right] \\[2mm] \Delta p_n(x_n)=p(x_n)-p_{n0}=p_{n0}\left[\exp\left(\dfrac{qV}{k_0 T}\right)-1\right] \end{cases}$$

　　小注入时,扩散区不存在电场,在 p 区和势垒区边界 $-x_p$ 处,电子的扩散电流为

$$J_n(-x_p)=qD_n\dfrac{\Delta n_p(-x_p)}{L_n}\bigg|_{x=-x_p}=qD_n\dfrac{n_{p0}}{L_n}\left[\exp\left(\dfrac{qV}{k_0 T}\right)-1\right]$$

　　同理,在 n 区和势垒区的边界 x_n 处,空穴的扩散电流为

$$J_p(x_n)=-qD_p\dfrac{\Delta p_n(x_n)}{L_p}\bigg|_{x=x_n}=qD_p\dfrac{p_{n0}}{L_p}\left[\exp\left(\dfrac{qV}{k_0 T}\right)-1\right]$$

　　pn 结的总扩散电流为

$$J=J_n(-x_p)+J_p(x_n)=q\left(\dfrac{D_p p_{n0}}{L_p}+\dfrac{D_n n_{p0}}{L_n}\right)\left[\exp\left(\dfrac{qV}{k_0 T}\right)-1\right]$$

　　11.【答】通常把正向偏压较大时,注入的非平衡少数载流子浓度接近或者超过该区多数载流子浓度的情况称为大注入情况。下面以 p^+n 结为例进行讨论,因为 p^+n 结的正向电流主要是从 p^+ 注入 n 区的空穴电流,当大注入时,注入的空穴浓度 $\Delta p_n(x_n)$ 很大,在 n 区和势垒区边界 x_n 处形成积累,它们在向 n 区内部扩散时,在空穴扩散区形成一定的浓度分布 $\Delta p_n(x)$,

为了维持电中性,多子电子也增加同等数量;因为电子浓度梯度将使电子在空穴的扩散方向也发生扩散运动,电子一旦离开原来的位置,就破坏了电中性条件,于是在空穴和电子间的静电力就产生一个内建电场。由于内建电场,正向偏压 V 在空穴扩散区降落一部分,用 V_p 表示,若势垒区的电压降为 V_J,则有

$$V = V_J + V_p$$

n 区和势垒区边界 x_n 处的空穴和电子电流密度分别为

$$J_p = q\mu_p p_n(x_n) E(x_n) - qD_p \frac{\mathrm{d}\Delta p_n(x)}{\mathrm{d}x}\bigg|_{x=x_n} \qquad ①$$

$$J_n = q\mu_n n_n(x_n) E(x_n) + qD_n \frac{\mathrm{d}\Delta n_n(x)}{\mathrm{d}x}\bigg|_{x=x_n} \qquad ②$$

因为 $J_n = 0$,$D_n/\mu_n = D_p/\mu_p = k_0 T/q$,以及 $\mathrm{d}\Delta p_n(x)/\mathrm{d}x = \mathrm{d}\Delta n_n(x)/\mathrm{d}x$,由式②得在 n 区和势垒区边界 x_n 处的电场强度 E 为

$$E = -\frac{D_p}{\mu_p}\frac{1}{n_n(x_n)}\frac{\mathrm{d}\Delta n_n(x)}{\mathrm{d}x}\bigg|_{x=x_n} \qquad ③$$

代入式①,得

$$J_p = -qD_p\left[1 + \frac{p_n(x_n)}{n_n(x_n)}\right]\frac{\mathrm{d}\Delta p_n(x)}{\mathrm{d}x}\bigg|_{x=x_n} \qquad ④$$

当大注入时,则有

$$\begin{cases} n_n(x_n) = n_{n0} + \Delta n_n(x_n) \approx \Delta n_n(x_n) \\ p_n(x_n) = p_{n0} + \Delta p_n(x_n) \approx \Delta p_n(x_n) \end{cases}$$

故有

$$n_n(x_n) \approx p_n(x_n)$$

正向电流密度 J_F 为

$$J_F = J_p \approx -q(2D_p)\frac{\mathrm{d}\Delta p_n(x)}{\mathrm{d}x}\bigg|_{x=x_n} \qquad ⑤$$

p^+n 结势垒高度 $q(V_D - V_J)$,在 n 区边界 x_n 处的空穴浓度为

$$p_n(x_n) = p_{p0}\exp\left(-\frac{q(V_D - V_J)}{k_0 T}\right) = p_{n0}\exp\left(\frac{qV_J}{k_0 T}\right) \qquad ⑥$$

在空穴扩散区有电压降 V_p,在 n 区边界 x_n 处的电子浓度为

$$n_n(x_n) = n_{n0}\exp\left(\frac{qV_p}{k_0 T}\right) \qquad ⑦$$

式⑥和式⑦相乘,得

$$n_n(x_n)p_n(x_n) = n_{n0}p_{n0}\exp\left[\frac{q(V_p + V_J)}{k_0 T}\right] = n_i^2\exp\left(\frac{qV}{k_0 T}\right)$$

又因为 $n_n(x_n) = p_n(x_n)$,得

$$p_n(x_n) = n_i\exp\left(\frac{qV}{2k_0 T}\right)$$

空穴在扩散区的分布近似线性分布,即

$$\frac{\mathrm{d}\Delta p_n(x)}{\mathrm{d}x}\bigg|_{x=x_n} \approx \frac{n_i}{L_p}\exp\left(\frac{qV}{2k_0 T}\right)$$

代入式⑦,得大注入情况下的 J-V 关系为

$$J_F \approx -\frac{q(2D_p)n_i}{L_p}\exp\left(\frac{qV}{2k_0T}\right)$$

12.【答】(1)包含理想因子 m 的 pn 结的电流-电压(I-V)关系公式为

$$I=I_s\left[\exp\left(\frac{qV}{mk_0T}\right)-1\right]$$

式中

$$I_s=AJ_s=q\left(\frac{D_n \cdot n_{p0}}{L_n}+\frac{D_p \cdot p_{n0}}{L_p}\right)$$

由 I-V 关系得

$$\ln\left(\frac{I}{I_s}+1\right)=\frac{qV}{mk_0T}$$

采用 I-V 测试仪测量出 pn 结二极管的 I、V 数值并作图,近似为直线,求得其斜率为 $k=q/mk_0T$,即可求出 $m=q/kk_0T$。

(2)若 $m=1$,则以扩散电流为主;若 $m=2$,则以复合电流为主。

(3)加反向偏压使其不断增大,测量 pn 结的反向电流;当反向电流突然增大时,记录此时的电压,即击穿电压。

(4)可以。pn 结雪崩击穿时,电压随温度的升高而升高,V_{BR} 具有正温度系数;pn 结隧道击穿时,电压随温度的升高而降低,V_{BR} 具有负温度系数。

13.【答】在测试 pn 结反向电流时,有光照和无光照时,反向电流大小不一样,有光照时反向电流大。根据反向饱和电流密度的定义可知,其大小主要取决于 n 区和 p 区少子的浓度。当有光照射时,产生非平衡载流子电子-空穴对,少子的数量急剧增加,故反向饱和电流密度快速增加,导致电流增加,故有光照时电流比无光照时电流大。

14.【答】热平衡状态的 pn 结,在势垒区载流子扩散运动和漂移运动同时存在,电子的扩散电流密度和漂移电流密度分别为

$$(J_n)_{扩}=qD_n\frac{dn(x)}{dx} \qquad ①$$

$$(J_n)_{漂}=q\mu_n n(x)E \qquad ②$$

平衡状态时,通过势垒区的电子电流等于零,即有

$$J_n=(J_n)_{扩}+(J_n)_{漂}=qD_n\frac{dn(x)}{dx}+q\mu_n n(x)E=0$$

可得

$$\mu_n n(x)E=-D_n\frac{dn(x)}{dx} \qquad ③$$

在 pn 结势垒区内,各处电势 $V(x)$ 不相等,是 x 的函数,即有

$$E=-\frac{dV(x)}{dx} \qquad ④$$

势垒区中,电子浓度 $n(x)$ 随静电势能 $-qV(x)$ 函数为

$$n(x)=n_0\exp\left[-\frac{qV(x)}{k_0T}\right]$$

求导得

$$\frac{dn(x)}{dx}=n(x)\frac{q}{k_0T}\frac{dV(x)}{dx} \qquad ⑤$$

将式④、⑤代入式③,可得到电子的爱因斯坦关系式

$$\frac{D_n}{\mu_n} = \frac{k_0 T}{q}$$

同理,可得空穴的爱因斯坦关系式

$$\frac{D_p}{\mu_p} = \frac{k_0 T}{q}$$

因此可得,电子的电流密度为

$$J_n = q\mu_n n(x)\left[E + \frac{k_0 T}{q}\frac{\mathrm{d}}{\mathrm{d}x}\ln n(x)\right] = 0$$

又因为 $n(x) = n_i \exp\left[(E_F - E_i)/k_0 T\right]$,所以

$$\ln n(x) = \ln n_i + \frac{E_F - E_i}{k_0 T}$$

则有

$$\frac{\mathrm{d}}{\mathrm{d}x}\ln n(x) = \frac{1}{k_0 T}\left(\frac{\mathrm{d}E_F}{\mathrm{d}x} - \frac{\mathrm{d}E_i}{\mathrm{d}x}\right)$$

则有

$$J_n = q\mu_n n(x)\left[E + \frac{1}{q}\left(\frac{\mathrm{d}E_F}{\mathrm{d}x} - \frac{\mathrm{d}E_i}{\mathrm{d}x}\right)\right]$$

而本征费米能级 E_i 的变化与电子势能 $-qV(x)$ 的变化一致

$$\frac{\mathrm{d}E_i}{\mathrm{d}x} = -q\frac{\mathrm{d}V(x)}{\mathrm{d}x} = qE$$

则有电子的电流密度为

$$J_n = \mu_n n(x)\frac{\mathrm{d}E_F}{\mathrm{d}x}$$

同理,空穴的电流密度为

$$J_p = \mu_p p(x)\frac{\mathrm{d}E_F}{\mathrm{d}x}$$

对于平衡 pn 结,J_n、J_p 均为零,因此 pn 结区费米能级梯度

$$\frac{\mathrm{d}E_F}{\mathrm{d}x} = 0, E_F = 常数$$

15.【答】(1)$p^+ n$ 结的伏安特性表达式为

$$I = I_s\left[\exp\left(\frac{qV}{k_0 T}\right) - 1\right]$$

对于 $p^+ n$ 结,式中

$$I_s = AJ_s = Aq\left(\frac{D_n \cdot n_{p0}}{L_n} + \frac{D_p \cdot p_{n0}}{L_p}\right) \approx A\frac{qD_p \cdot p_{n0}}{L_p}$$

根据扩散长度的定义和载流子的浓度乘积,则有

$$I_s = Aq\left(\frac{D_p}{\tau_p}\right)\frac{n_i^2}{N_D} \propto T^{\frac{\gamma}{2}}\left[T^3 \exp\left(-\frac{E_g}{k_0 T}\right)\right] = T^{3+\frac{\gamma}{2}}\exp\left(-\frac{E_g}{k_0 T}\right)$$

由上式可知,$T^{3+\gamma/2}$ 随温度变化得很慢,故 I_s 随温度变化主要由 $\exp(-E_g/k_0 T)$ 决定。因此,I_s 随温度的升高而迅速增大,并且 E_g 越大的半导体,I_s 变化得越快。

(2)不考虑表面效应和串联电阻的影响,在实际中影响伏安特性的主要因素为势垒区的产生及复合和大注入条件。在正偏小电流条件下,影响 pn 结伏安特性的因素主要为复合电

流;在大电流条件下,大注入在扩散区的载流子产生了内建电场,使堆积少数载流子的运动加速,导致扩散系数增大,主要的影响因素为扩散电流。

16.【答】pn结电容主要包括势垒电容 C_T 和扩散电容 C_D 两大类。当外加电压发生变化时,空间电荷区宽度要相应地随之改变,即存储的电荷数量要随之变化,如同电容充、放电。

势垒电容:当 pn 结两端加正向偏压时,势垒宽度变窄,空间电荷数量减少(n 区的电子和 p 区的空穴中和了势垒区中一部分电离施主和电离受主),即在外加正向偏压增加时,将有一部分电子和空穴"存入"势垒区。反之,正向偏压减小时,势垒区电场增强,其宽度增加,空间电荷数量增多,有一部分电子和空穴从势垒区"取出"。加反向偏压类似。这种势垒区的空间电荷数量随外加电压而变化,如电容充、放电的电容称为势垒电容。

扩散电容:正向偏压时,由 n 区扩散到 p 区的电子,堆积在 p 区扩散区内紧靠 pn 结的附近,到远离交界面处形成一定的浓度梯度分布曲线。正向偏压增加时,n 区扩散区内积累的非平衡电子和与它保持电中性的空穴也要增加,同样 p 区扩散区内积累的非平衡空穴和与它保持电中性的电子也要增加。这种由于扩散区的电荷数量随外加电压的变化所产生的电容就是扩散电容。

势垒电容大小和结面积、杂质浓度有关。突变结的势垒电容与结的面积及轻掺杂一侧的杂质浓度的平方根成正比,和电压(V_D-V)的平方根成反比。而线性缓变结的势垒电容与结的面积及杂质浓度梯度的立方根成正比,和电压(V_D-V)的立方根成反比。扩散电容随正向偏压按指数关系增加,并随频率的增加而减小。

17.【答】势垒电容是指势垒区的空间电荷数量随外加电压的变化所产生的电容,即外加电压引起电子和空穴在势垒区的存入和取出;扩散电容是指扩散区的电荷数量随外加电压的变化所产生的电容。当 pn 结加反向偏压时,pn 结的势垒电容可等效为一个平板电容,势垒宽度对应于两个平行极板的距离,势垒宽度与外加电压有关,势垒电容随外加电压呈非线性变化;而扩散电容在反向偏压下,扩散区的少子浓度从平衡值逐渐下降为零,即电荷数量不随外加电压而变化,故扩散电容逐渐接近于零。

当 pn 结加正向偏压时,在扩散区内少子堆积的高度和外加电压呈指数性增长,那么扩散电容随外加电压也呈指数性增长;相反,在正向偏压作用下,由于势垒高度降低使势垒区的宽度变窄,空间电荷数量减少,同时大量载流子流过势垒区,导致正向偏压时势垒电容逐渐趋为一个常数。

因此,pn 结电容在反向偏压下以势垒电容为主,大的正向偏压下以扩散电容为主。

18.【答】图 6-5(a)为隧道结的 I-V 特性示意图,从图中可以看出随着正向偏压的增加,电流出现先增加后减小的现象,即负阻特性;反向偏压时,反向电流随反向偏压的增大而迅速增加。图 6-5(b)为隧道结的能带图,在隧道结两边的杂质浓度很大,势垒区很薄。由于量子力学的隧道效应,n 区导带的电子可能穿过禁带到 p 区价带,p 区价带的电子也可能穿过禁带到 n 区导带,从而产生隧道电流。隧道长度越短,电子穿过隧道的概率越大,从而产生显著的隧道电流,这种现象称为 pn 结的隧道效应。当外加电压为零时,p 区价带和 n 区导带具有相同的量子态,费米能级相等,在 pn 结的两边,费米能级以下没有空量子态,费米能级以上的量子态没有被电子占据,隧道电流为零,对应图 6-5(a)特性曲线 0 点;当加一很小的正向偏压,n 区的能带相对升高,这时 pn 结两边能量相等的量子态中,p 区费米能级以上有空量子态,而 n 区导带的费米能级以下有量子态被电子占据,因此 n 区导带中电子可能穿过隧道到 p 区价带中,产生从 n 区向 p 区的正向隧道电流,对应曲线上的 1 点;继续增大正向偏压,势垒高度不断下降,有更多的电子从 n 区穿过隧道到 p 区的空量子态,隧道电流不断增大,当 p 区费米能级和 n 区导带底一样高,pn 结两边能量相同的量子态达到最多,正向电流达到极大值 I_p,对应曲线上的 2 点;再增加正向偏压,势垒高度进一步降低,在 pn 结两边能量相同的量子态数量减少,使 n 区导带中可能穿过隧道的电子数及 p 区价带中可能接受穿过隧道的电子的空量子态均减少,这时隧道电流减小,对应曲线上的 3 点,出现负阻。

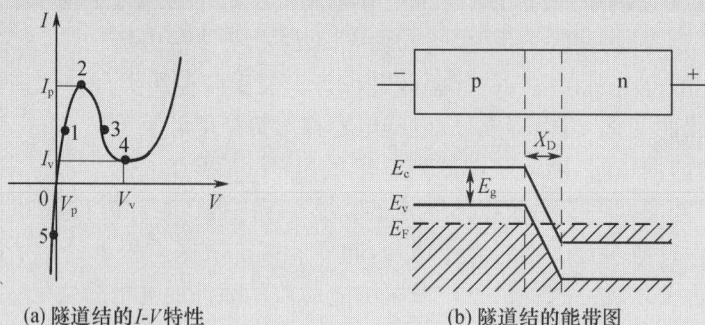

(a) 隧道结的 I-V 特性   (b) 隧道结的能带图

图 6-5   答案 6.4-18 图

19.【答】(1) n 型半导体和 p 型半导体形成 pn 结时,空穴从 p 区向 n 区、电子从 n 区向 p 区扩散,分别在 p 区和 n 区留下不可动的带负电荷的受主与带正电荷的施主,形成空间电荷区,产生了从 n 区指向 p 区的电场,两端间的电势差称为接触电势差,相应的电子电势能差为内建势垒。当温度升高时,接触电势差降低,内建势垒降低;同理,当温度降低时,内建势垒增大。

(2) 反向电流是由少数载流子的漂移运动形成的,根据理想反向饱和电流的计算公式可知,其主要影响因素有少子的扩散系数、扩散长度和浓度,本质上的影响因素主要有禁带宽度、温度和材料种类等。实际反向饱和电流除受理想反向饱和电流影响外,还存在势垒区载流子的产生电流影响。当 pn 结加反向偏压时,势垒区内的电场加强,在势垒区内,由于热激发作用,通过复合中心产生的电子-空穴对来不及复合就被强电场驱走,即势垒区内通过复合中心的载流子产生率大于复合率,具有净产生率,形成另一部分反向电流,即势垒区的产生电流。

(3) 如果用高于带隙的光照射该 pn 结,在 pn 结中产生非平衡载流子电子-空穴对,在内建电场驱动下,电子向 n 区运动、空穴向 p 区运动,使 p 端电势升高、n 端电势降低,即在 pn 结两端形成了光生电动势,与 pn 接触电势方向相反。在开路状态下,等价于在 pn 结两端施加一个正向偏压,使势垒高度降低;在短路状态下,pn 结两端堆积的非平衡载流子数量很少,光生电动势基本为零,故势垒高度基本不变。

(4) 设计高频 pn 结二极管,主要考虑的因素为减小 pn 结电容,包括尽量减小 pn 结的结面积、减小载流子的扩散长度和缩短载流子的寿命。

6.5   计算题

1.【解】根据导带电子浓度计算公式 $n_0 = N_c \exp[-(E_c - E_F)/k_0 T]$,可得

$$\begin{cases} E_{F1} = E_c + k_0 T \ln \dfrac{n_{01}}{N_c} = E_c + k_0 T \ln \dfrac{N_{D1}}{N_c} \\ E_{F2} = E_c + k_0 T \ln \dfrac{n_{02}}{N_c} = E_c + k_0 T \ln \dfrac{N_{D1} + N_{D2}}{N_c} \end{cases}$$

半导体形成 nn 同质结,可得接触电势差为

$$V_D = \frac{E_{F2} - E_{F1}}{q} = \frac{k_0 T}{q} \ln \frac{N_{D1} + N_{D2}}{N_{D1}} = 0.026 \ln \frac{3 \times 10^{15} + 3 \times 10^{16}}{3 \times 10^{15}} = 0.062 V$$

因此,对于同型同质结,接触电势差很小,其能带结构如图 6-6 所示。

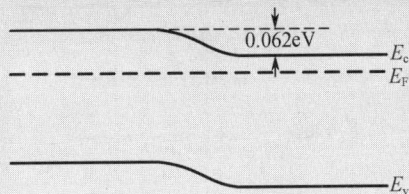

图 6-6   答案 6.5-1 图

2. 【解】(1) 根据一维泊松方程,可得

$$\frac{dV^2(x)}{dx^2} = -\frac{\rho(x)}{\varepsilon_r \varepsilon_0} = \frac{qa_j x}{\varepsilon_r \varepsilon_0} \quad (-X_D/2 \leqslant x \leqslant X_D/2)$$

对上式积分,得

$$E(x) = -\frac{dV(x)}{dx} = -\frac{qa_j}{2\varepsilon_r \varepsilon_0} x^2 + A$$

令 $E(-X_D/2) = E(X_D/2) = 0$,可得

$$A = \frac{qa_j}{2\varepsilon_r \varepsilon_0} (X_D/2)^2$$

则势垒区中各点电场 $E(x)$ 的分布为

$$E(x) = -\frac{qa_j}{2\varepsilon_r \varepsilon_0} \left[x^2 - (X_D/2)^2 \right]$$

对上式积分,可得

$$V(x) = \frac{qa_j}{6\varepsilon_r \varepsilon_0} x^3 - \frac{qa_j X_D^2}{8\varepsilon_r \varepsilon_0} x - B$$

设 $x = 0$ 处,$V(0) = 0$,积分常数 $B = 0$,则势垒区电势 $V(x)$ 的分布为

$$V(x) = \frac{qa_j}{6\varepsilon_r \varepsilon_0} x^3 - \frac{qa_j X_D^2}{8\varepsilon_r \varepsilon_0} x$$

(2) 由(1)知,$x = 0$ 处,电场 $E(x)$ 最大,即

$$E_m = \frac{qa_j X_D^2}{8\varepsilon_r \varepsilon_0}$$

且在 $x = \pm X_D/2$ 时,得到势垒区边界处的电势为

$$V(-X_D/2) = \frac{qa_j X_D^3}{24\varepsilon_r \varepsilon_0}, V(X_D/2) = -\frac{qa_j X_D^3}{24\varepsilon_r \varepsilon_0}$$

那么 pn 结接触电势差 V_D 为

$$V_D = V(-X_D/2) - V(X_D/2) = \frac{qa_j X_D^3}{12\varepsilon_r \varepsilon_0}$$

因此,电场、电势和电势能的分布示意图如图 6-7 所示。

3. 【解】(1) 根据 pn 结的接触电势差,有

$$V_D = \frac{k_0 T}{q} \ln \frac{N_A N_D}{n_i^2} = 0.026 \ln \frac{10^{16} \times 10^{20}}{(1.02 \times 10^{10})^2} = 0.96 V$$

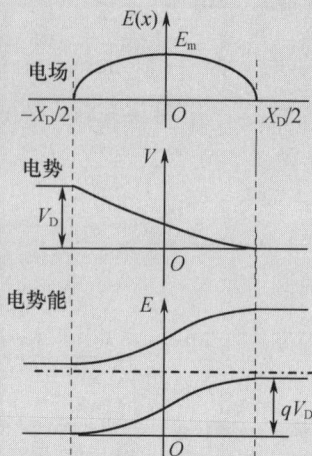

图 6-7 答案 6.5-2 图

对于 pn^+ 结，因 $N_D \gg N_A$，$x_p \gg x_n$，则势垒宽度 X_D 为

$$X_D \approx x_p = \sqrt{\frac{2\varepsilon_r\varepsilon_0 V_D}{qN_A}} = \sqrt{\frac{2 \times 11.9 \times 8.854 \times 10^{-14} \times 0.96}{1.602 \times 10^{-19} \times 10^{16}}} = 3.55 \times 10^{-5} \text{cm}$$

（2）最大电场强度为

$$E_m = -\frac{qN_A X_D}{\varepsilon_r\varepsilon_0} = -\frac{1.602 \times 10^{-19} \times 10^{16} \times 3.55 \times 10^{-5}}{11.9 \times 8.854 \times 10^{-14}} = -5.4 \times 10^4 \text{V/cm}$$

根据 $x_n N_D = x_p N_A$，可得

$$x_n = x_p \frac{N_A}{N_D} = 3.55 \times 10^{-5} \times \frac{10^{16}}{10^{20}} = 3.55 \times 10^{-9} \text{cm}$$

根据突变结势垒区的泊松方程

$$\begin{cases} \dfrac{dV_1^2(x)}{dx^2} = \dfrac{qN_A}{\varepsilon_r\varepsilon_0} & (-x_p < x < 0) \\[3mm] \dfrac{dV_2^2(x)}{dx^2} = -\dfrac{qN_D}{\varepsilon_r\varepsilon_0} & (0 < x < x_n) \end{cases}$$

式中，$V_1(x)$、$V_2(x)$ 分别为负、正空间电荷区各点的电势；根据边界条件 $E_1(-x_p) = 0$、$E_2(x_n) = 0$，可得

$$\begin{cases} E_1(x) = -\dfrac{dV_1(x)}{dx} = -\dfrac{qN_A(x+x_p)}{\varepsilon_r\varepsilon_0} \\[3mm] E_2(x) = -\dfrac{dV_2(x)}{dx} = \dfrac{qN_D(x-x_n)}{\varepsilon_r\varepsilon_0} \end{cases}$$

设 p 型中性区的电势为零，即 $V_1(-x_p) = 0$、$V_2(x_n) = V_D$，同时在 $x=0$ 处，电势是连续的，可得

$$\begin{cases} V_1(x) = -\dfrac{qN_A(x^2+x_p^2)}{2\varepsilon_r\varepsilon_0} + \dfrac{qN_A x_p}{\varepsilon_r\varepsilon_0}x \\[3mm] V_2(x) = V_D - \dfrac{qN_D(x^2+x_n^2)}{2\varepsilon_r\varepsilon_0} + \dfrac{qN_D x_n}{\varepsilon_r\varepsilon_0}x \end{cases}$$

电场 $E(x)$ 及电势 $V(x)$ 分布示意图如图 6-8 所示。

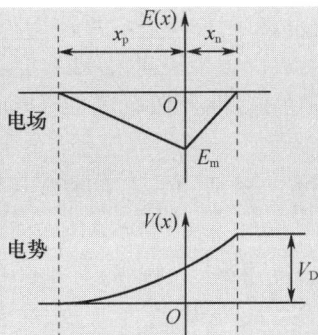

图 6-8　答案 6.5-3 图

4.【解】(1) 在正向偏压下,p^+n 结势垒区附近空穴电流 $I_p(x)$ 和电子电流 $I_n(x)$ 的曲线如图 6-9 所示。

在正向偏压下,p 区中的空穴向 p 区边界 x_p 漂移,越过势垒区进入 n 区,空穴一边继续向 n 区内部扩散,一边不断与从 n 区内部向 n 区边界 x_n 漂移过来的电子复合,直至空穴电流全部转变为电子电流。

(2) 在 p^+n 结势垒区附近,电子浓度 $n(x)$ 和空穴浓度 $p(x)$ 的分布如图 6-10 所示。

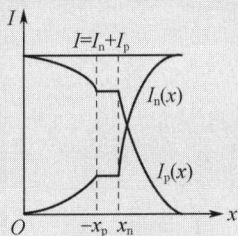

图 6-9　答案 6.5-4(1)图

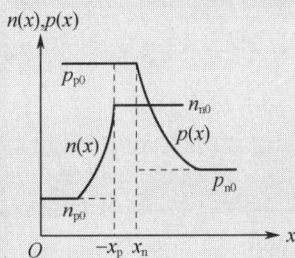

图 6-10　答案 6.5-4(2)图

(3) 在 p^+n 结势垒区附近,电子和空穴的准费米能级如图 6-11 所示。

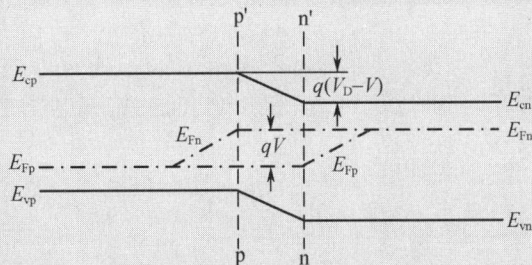

图 6-11　答案 6.5-4(3)图

(4) 理想 pn 结在正向偏压下,电流密度 J 为

$$J=\left(\frac{qD_n n_{p0}}{L_n}+\frac{qD_p p_{n0}}{L_p}\right)\left[\exp\left(\frac{qV}{k_0 T}\right)-1\right]$$

根据载流子浓度乘积 $n_{p0}p_{p0}=n_{n0}p_{n0}=n_i^2$ 及 $p_{p0}\gg n_{n0}$ 可知,$n_{p0}\ll p_{n0}$,故流过 p^+n 结的电流密度为

$$J=\frac{qD_p p_{n0}}{L_p}\left[\exp\left(\frac{qV}{k_0 T}\right)-1\right]$$

注入电流为单向空穴电流,由 p 区注入 n 区。当外加正向偏压变为反向偏压时,该 p^+n 结的电流不会立即变为反向饱和电流。因为正向偏压时,会在 n 区堆积很多少子空穴,加上反向偏压对空穴的反向抽取需要一定的时间,所以电压突然反向时,电流不会立刻变为反向饱和电流。

5.【解】正向偏压条件下,流过 p^+n 结的电流密度为

$$J=\frac{qD_{p}p_{n0}}{L_{p}}\left[\exp\left(\frac{qV}{k_0T}\right)-1\right]$$

根据爱因斯坦关系式得 $D_{p}/\mu_{p}=k_0T/q$,可得

$$D_{p}=\mu_{p}\frac{k_0T}{q}$$

又知 $L_{p}=\sqrt{D_{p}\tau_{p}}$,则有

$$J=\frac{qD_{p}p_{n0}}{L_{p}}\left[\exp\left(\frac{qV}{k_0T}\right)-1\right]=p_{n0}\sqrt{\frac{qk_0T\mu_{p}}{\tau_{p}}}\left[\exp\left(\frac{qV}{k_0T}\right)-1\right]$$

又知电流 $I=A\cdot J$ 及 $p_{n0}=n_{i}^{2}/n_{n0}=n_{i}^{2}/N_{D}$,则有

$$V=\frac{k_0T}{q}\ln\left[\frac{I}{A}\frac{N_{D}}{n_{i}^{2}}\sqrt{\frac{\tau_{p}}{qk_0T\mu_{p}}}+1\right]$$

$$=0.026\ln\left[\frac{1\times10^{-3}}{0.02}\times\frac{10^{16}}{(1.02\times10^{10})^{2}}\times\sqrt{\frac{1\times10^{-6}}{(1.602\times10^{-19})^{2}\times0.026\times180}}+1\right]$$

$$=0.607V$$

6.【解】根据 pn 结的伏安特性,可得反向饱和电流密度为

$$J=-J_{s}=-q\left(\frac{D_{n}}{L_{n}}n_{p0}+\frac{D_{p}}{L_{p}}p_{n0}\right)$$

已知 $p_{n0}=n_{i}^{2}/n_{n0}$,$n_{p0}=n_{i}^{2}/p_{p0}$,$D_{p}=D_{n}=D$,$L_{p}=L_{n}=L$,则有

$$J=-q\frac{D}{L}(n_{p0}+p_{n0})=-q\frac{D}{L}\left(\frac{1}{p_{p0}}+\frac{1}{n_{n0}}\right)n_{i}^{2}$$

根据本征载流子的计算公式可知

$$n_{i}^{2}\propto A(m_{n}^{*}m_{p}^{*})^{3/2}\exp\left(-\frac{E_{g}}{k_0T}\right)$$

根据题中的已知条件,硅和砷化镓的 pn 结中两者反向饱和电流之比为

$$\frac{J_{Si}}{J_{GaAs}}=\frac{(m_{nSi}^{*}m_{pSi}^{*})^{3/2}\exp\left(-\frac{E_{gSi}}{k_0T}\right)}{(m_{nGaAs}^{*}m_{pGaAs}^{*})^{3/2}\exp\left(-\frac{E_{gGaAs}}{k_0T}\right)}=\left(\frac{m_{nSi}^{*}m_{pSi}^{*}}{m_{nGaAs}^{*}m_{pGaAs}^{*}}\right)^{3/2}\exp\left(\frac{E_{gGaAs}-E_{gSi}}{k_0T}\right)$$

7.【解】pn 结在正向偏压作用下,$I\text{-}V$ 方程为

$$I_{iE}=AJ=AJ_{s}\left[\exp\left(\frac{qV}{k_0T}\right)-1\right]$$

可得

$$AJ_{s}=\frac{I_{iE}}{\exp\left(\frac{qV}{k_0T}\right)-1}=\frac{5\times10^{-6}}{\exp\left(\frac{0.15}{0.026}\right)-1}=1.57\times10^{-8}A$$

pn 结在反向偏压作用下,$I\text{-}V$ 方程为

$$I_{反}=AJ_{s}\left[\exp\left(\frac{-qV}{k_0T}\right)-1\right]$$

当反向偏压为 0.15V 时,则有

$$I_{反}=AJ_s\left[\exp\left(\frac{-qV}{k_0T}\right)-1\right]=1.57\times10^{-8}\left[\exp\left(\frac{-0.15}{0.026}\right)-1\right]=-1.57\times10^{-8}\text{A}$$

8.【解】根据温度变化,禁带宽度变化规律公式为

$$E_g(T)=E_g(0)-\frac{\alpha T^2}{T+\beta}$$

300K、500K 下,硅的禁带宽度分别为

$$E_g(300)=1.17-\frac{4.73\times10^{-4}\times300^2}{300+636}=1.125\text{eV}$$

$$E_g(500)=1.17-\frac{4.73\times10^{-4}\times500^2}{500+636}=1.065\text{eV}$$

300K、500K 下,锗的禁带宽度分别为

$$E_g(300)=0.7437-\frac{4.774\times10^{-4}\times300^2}{300+235}=0.663\text{eV}$$

$$E_g(500)=0.7437-\frac{4.774\times10^{-4}\times500^2}{500+235}=0.581\text{eV}$$

理想 pn 结,反向饱和电流密度 J 为

$$J=-J_s=-\left(\frac{qD_n n_{p0}}{L_n}+\frac{qD_p p_{n0}}{L_p}\right)$$

根据载流子浓度乘积 $n_{p0}p_{p0}=n_{n0}p_{n0}=n_i^2$,可得

$$J=-\left(\frac{qD_n n_{p0}}{L_n}+\frac{qD_p p_{n0}}{L_p}\right)=-\left(\frac{qD_n}{L_n p_{p0}}+\frac{qD_p}{L_p n_{n0}}\right)n_i^2$$

根据本征载流子的计算公式,可得

$$n_i^2=N_cN_v\exp\left(-\frac{E_g}{k_0T}\right)\propto T^3\exp\left(-\frac{E_g}{k_0T}\right)$$

当温度由室温 300K 升高到 500K 时,则有

$$J_{\text{Si500K}}=J_{\text{Si300K}}\left(\frac{500}{300}\right)^3\exp\left(-\frac{E_{g\text{Si500K}}}{k_0T_{500K}}+\frac{E_{g\text{Si300K}}}{k_0T_{300K}}\right)$$

$$J_{\text{Ge500K}}=J_{\text{Ge300K}}\left(\frac{500}{300}\right)^3\exp\left(-\frac{E_{g\text{Ge500K}}}{k_0T_{500K}}+\frac{E_{g\text{Ge300K}}}{k_0T_{300K}}\right)$$

已知在室温下二者反向饱和电流相等,则有

$$\frac{J_{\text{Si500K}}}{J_{\text{Ge500K}}}=\frac{J_{\text{Si300K}}\left(\frac{500}{300}\right)^3\exp\left(-\frac{E_{g\text{Si500K}}}{k_0T_{500K}}+\frac{E_{g\text{Si300K}}}{k_0T_{300K}}\right)}{J_{\text{Ge300K}}\left(\frac{500}{300}\right)^3\exp\left(-\frac{E_{g\text{Ge500K}}}{k_0T_{500K}}+\frac{E_{g\text{Ge300K}}}{k_0T_{300K}}\right)}$$

$$=\frac{\exp\left(-\frac{1.065}{0.026}\times\frac{3}{5}+\frac{1.125}{0.026}\right)}{\exp\left(-\frac{0.581}{0.026}\times\frac{3}{5}+\frac{0.663}{0.026}\right)}$$

$$=735.1$$

9.【解】在平衡状态下,电子电流为漂移电流和扩散电流之和,则有

$$J_n=n(x)q\mu_n E(x)+qD_n\frac{\mathrm{d}n(x)}{\mathrm{d}x}=N(x)q\mu_n E(x)+qD_n\frac{\mathrm{d}n(x)}{\mathrm{d}x}=0$$

根据扩散电流的公式,可得

$$(J_n)_{\text{扩}} = qD_n \frac{dn(x)}{dx} = qD_n \frac{dN(x)}{dx} = qD_n \frac{N_L - N_0}{L}$$

则有

$$E(x) = qD_n \frac{N_L - N_0}{L} \frac{1}{q\mu_n N_D(x)} = qD_n \frac{N_L - N_0}{L} \frac{1}{q\mu_n [N_0 + (N_L - N_0)x/L]}$$

根据爱因斯坦关系式 $D_n/\mu_n = k_0 T/q$,可得

$$E(x) = \frac{k_0 T(N_L - N_0)}{qL} \frac{1}{N_0 + (N_L - N_0)x/L}$$

对上式进行积分,可得前后表面电势差为

$$\Delta V = -\int_0^L E(x)dx = \frac{k_0 T(N_L - N_0)}{qL} \int_0^L \frac{1}{N_0 + (N_L - N_0)x/L}dx = \frac{k_0 T}{q} \ln \frac{N_L}{N_0}$$

10.【解】(1) 根据 p^+n 结势垒电容的计算公式

$$C_T = A\sqrt{\frac{q\varepsilon_r \varepsilon_0 N_D}{2(V_D - V)}}$$

已知偏压 $V = 0$V 时,$C_0 = 300$pF;偏压 $V = -1$V 时,$C_1 = 180$pF,则有

$$\begin{cases} 1 \times 10^{-2} \times \sqrt{\dfrac{1.602 \times 10^{-19} \times 16.2 \times 8.854 \times 10^{-14} \times N_D}{2(V_D - 0)}} = 300 \times 10^{-12} \\ 1 \times 10^{-2} \times \sqrt{\dfrac{1.602 \times 10^{-19} \times 16.2 \times 8.854 \times 10^{-14} \times N_D}{2(V_D + 1)}} = 180 \times 10^{-12} \end{cases}$$

解得接触电势差 $V_D = 0.563$V,衬底杂质浓度 $N_D = 4.41 \times 10^{15} \text{cm}^{-3}$。

(2) 对于 p^+n 结,$N_A \gg N_D$,n 型区势垒宽度 x_n 远大于 p 型区势垒宽度 x_p,则有

$$X_D \approx x_n = \sqrt{\frac{2\varepsilon_r \varepsilon_0 V_D}{qN_D}} = \sqrt{\frac{2 \times 16.2 \times 8.854 \times 10^{-14} \times 0.563}{1.602 \times 10^{-19} \times 4.41 \times 10^{15}}} = 4.78 \times 10^{-5} \text{cm}$$

(3) 根据电导率的计算公式,n 型衬底的电导率为

$$\sigma = n_0 q\mu_n = qN_D\mu_n = 1.602 \times 10^{-19} \times 4.41 \times 10^{15} \times 3600 = 2.54 \text{S/cm}$$

11.【解】(1) 双极型晶体管的剖面结构示意图如图 6-12 所示。

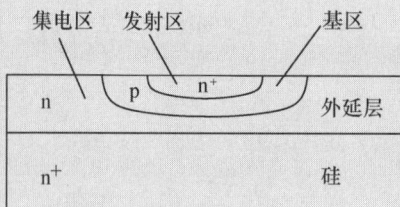

图 6-12 答案 6.5-11(1)图

杂质补偿有两处,即扩散硼的基区和扩散磷的发射区,双极型晶体管是 npn 晶体管。

(2) 因为 $E_c - E_F = 0.026$eV $= k_0 T$,发生弱简并,简并半导体的电子浓度 n_0 为

$$n_0 = N_c \frac{2}{\sqrt{\pi}} F_{1/2}\left(\frac{E_F - E_c}{k_0 T}\right) = 2.8 \times 10^{19} \times \frac{2}{\sqrt{\pi}} F_{1/2}(-1) = 3.79 \times 10^{18} \text{cm}^{-3}$$

根据电中性条件:电离施主浓度 n_D^+ 与电子浓度相等 n_0,即 $n_0 = n_D^+$,那么

$$n_0 = \frac{N_D}{1 + 2\exp\left(-\dfrac{E_D - E_F}{k_0 T}\right)}$$

可得

$$\begin{aligned}N_D&=n_0\left[1+2\exp\left(-\frac{E_D-E_F}{k_0T}\right)\right]\\&=n_0\left\{1+2\exp\left[\frac{E_c-E_D-(E_c-E_F)}{k_0T}\right]\right\}\\&=3.79\times10^{18}\times\left[1+2\exp\left(\frac{0.039-0.026}{0.026}\right)\right]\\&=1.63\times10^{19}\text{cm}^{-3}\end{aligned}$$

根据 n 型半导体电阻率的计算公式，衬底的电阻率 ρ 为

$$\rho=\frac{1}{qn_0\mu_n}=\frac{1}{1.602\times10^{-19}\times3.79\times10^{18}\times1450}=1.14\times10^{-3}\Omega\cdot\text{cm}$$

对应的能带图如图 6-13 所示。

(3) 室温下全部电离，根据载流子浓度乘积，电子浓度、空穴浓度分别为

$$\begin{cases}n_0=N_D=4.6\times10^{15}\text{cm}^{-3}\\p_0=\dfrac{n_i^2}{N_D}=\dfrac{(1.02\times10^{10})^2}{4.6\times10^{15}}=2.26\times10^4\text{cm}^{-3}\end{cases}$$

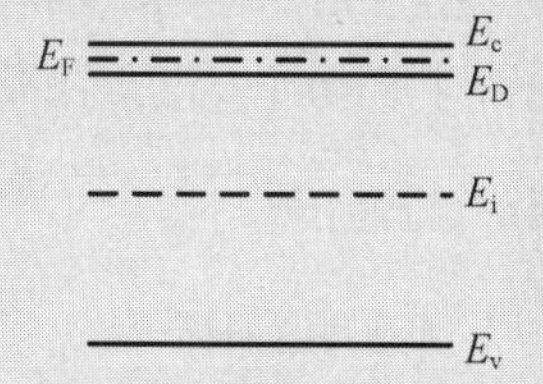

图 6-13　答案 6.5-11(2)图

根据导带中电子浓度的计算公式，可得

$$\begin{aligned}n_0&=N_c\exp\left(-\frac{E_c-E_F}{k_0T}\right)=N_v\exp\left(-\frac{E_c-E_i+E_i-E_F}{k_0T}\right)\\&=n_i\exp\left(-\frac{E_i-E_F}{k_0T}\right)\end{aligned}$$

可得

$$E_F=E_i+k_0T\ln\frac{n_0}{n_i}=E_i+k_0T\ln\frac{N_D}{n_i}=E_i+0.026\ln\frac{4.6\times10^{15}}{1.02\times10^{10}}=E_i+0.34\text{eV}$$

根据 n 型电阻率的计算公式，可得外延层的电阻率 ρ 为

$$\rho=\frac{1}{qN_D\mu_n}=\frac{1}{1.602\times10^{-19}\times4.6\times10^{15}\times1450}=0.936\Omega\cdot\text{cm}$$

(4) 根据杂质补偿、载流子浓度乘积，空穴浓度、电子浓度分别为

$$\begin{cases}p_0=N_A-N_D=5.2\times10^{15}-4.6\times10^{15}=6\times10^{14}\text{cm}^{-3}\\n_0=\dfrac{n_i^2}{p_0}=\dfrac{(1.02\times10^{10})^2}{6\times10^{14}}=1.73\times10^5\text{cm}^{-3}\end{cases}$$

根据价带中空穴浓度的计算公式，可得

$$p_0=N_v\exp\left(-\frac{E_F-E_v}{k_0T}\right)=N_v\exp\left(-\frac{E_F-E_i+E_i-E_v}{k_0T}\right)=n_i\exp\left(-\frac{E_i-E_F}{k_0T}\right)$$

可得

$$E_F=E_i-k_0T\ln\frac{p_0}{n_i}=E_i-0.026\ln\frac{6\times10^{14}}{1.02\times10^{10}}=E_i-0.286\text{eV}$$

(5) 根据导带底状态密度的计算公式，可知

$$\begin{cases}N_{c600K}=N_{c300K}\left(\dfrac{600}{300}\right)^{3/2}\\N_{v600K}=N_{v300K}\left(\dfrac{600}{300}\right)^{3/2}\end{cases}$$

当温度为 600K 时,根据本征载流子的计算公式,则有

$$n_{i600K} = (N_{c300K} N_{v300K})^{1/2} \left(\frac{600}{300}\right)^{3/2} \exp\left(-\frac{E_g}{2k_0 T_{600K}}\right)$$

$$= (2.8 \times 10^{19} \times 1.1 \times 10^{19})^{1/2} \times \left(\frac{600}{300}\right)^{3/2} \times \exp\left(-\frac{1.12}{2 \times 0.026 \times \frac{600}{300}}\right)$$

$$= 1.04 \times 10^{15} \, \text{cm}^{-3}$$

因为 $n_{i600K} > p_0$,因此样品进入本征激发,则有

$$n_0 = p_0 = n_{i600K} = 1.04 \times 10^{15} \, \text{cm}^{-3}$$

(6) 可采用禁带宽度大的半导体材料,例如砷化镓制作晶体管,其极限工作温度高达 720K 左右。因为对于一般的半导体器件,载流子主要来源于杂质电离,且本征载流子浓度没有超过杂质电离所提供的载流子浓度的温度范围。如果杂质全部电离,载流子浓度一定,器件就能稳定工作。给定的半导体材料,其本征载流子浓度随温度的升高而迅速增加。不同的半导体材料,在同一温度时,禁带宽度越大,本征载流子浓度就越小。

6.6 证明题

1.【证明】根据载流子电子在导带中的计算公式

$$n_0 = N_c \exp\left(-\frac{E_c - E_{Fn}}{k_0 T}\right) = n_i \exp\left(-\frac{E_i - E_{Fn}}{k_0 T}\right) = N_D$$

则有

$$E_i - E_{Fn} = -k_0 T \ln\left(\frac{N_D}{n_i}\right)$$

同理,根据载流子空穴在价带中的计算公式

$$E_{Fp} - E_i = -k_0 T \ln\left(\frac{N_A}{n_i^2}\right)$$

又知

$$qV_D = E_{Fn} - E_{Fp} = k_0 T \ln\left(\frac{N_D}{n_i}\right) + k_0 T \ln\left(\frac{N_A}{n_i}\right) = k_0 T \ln\left(\frac{N_D N_A}{n_i^2}\right)$$

则有

$$V_D = \frac{k_0 T}{q} \ln\left(\frac{N_D N_A}{n_i^2}\right)$$

第 7 章　金属和半导体的接触

7.1　名词解释

电子亲和能　热电子发射理论　肖特基势垒　肖特基接触

7.2　填空题

1. 金属-半导体接触时,常用的形成欧姆接触的方法有＿＿＿＿＿＿＿、＿＿＿＿＿＿＿和＿＿＿＿＿＿三种。

2. 半导体表面的费米能级钉扎效应是指＿＿＿＿＿＿＿＿＿＿＿。

3. 金属和半导体之间形成良好的欧姆接触主要采用的办法是＿＿＿＿＿＿＿＿＿＿,其原理是＿＿＿＿＿＿＿＿＿＿。

7.3　选择题

1. 对于某 n 型半导体构成的金-半阻挡层接触,加上正向偏压时,随着电压增加,阻挡层的厚度将逐渐(　　)。
   A. 变宽　　　　　　　　B. 不变　　　　　　　　C. 变窄

★2. 下面情况下的材料中,室温时功函数最大的是(　　)。
   A. 含硼 $1 \times 10^{15} \, cm^{-3}$ 的硅　　　　　　B. 含磷 $1 \times 10^{16} \, cm^{-3}$ 的硅
   C. 含硼 $1 \times 10^{15} \, cm^{-3}$、磷 $1 \times 10^{16} \, cm^{-3}$ 的硅　　D. 纯净的硅

3. 对于一定的 p 型半导体材料,杂质浓度降低将导致禁带宽度(　　),本征载流子浓度(　　),功函数(　　)。
   A. 增加　　　　　　　　B. 不变　　　　　　　　C. 减少

4. 金属-半导体接触形成欧姆接触的主要机理是(　　)。
   A. 整流效应　　　　　　B. 雪崩效应　　　　　　C. 隧道效应

7.4　简答题

1. 什么是功函数? 有哪些因素影响半导体的功函数?（电子科技大学 2011 年考研真题）

2. 何谓肖特基势垒接触? 说明肖特基势垒接触的整流特性,画出其 I-V 特性曲线。（电子科技大学 2006 年、2007 年考研真题）

★3. 试画出金属和 n 型半导体接触时的能带示意图(假设金属的功函数 W_m 大于半导体的功函数 W_s)。

4. 绘出金属和中等掺杂的 n 型半导体形成的整流接触在 $V>0$、$V=0$ 和 $V<0$ 这 3 种情

况下的能带图,并说明在各种情况下的电流方向。(电子科技大学 2006 年考研真题)

5. 推导正向偏压下肖特基二极管热电子发射电流的表达式。

6. 什么是镜像力? 什么是隧道效应? 它们对接触势垒高度及对 I-V 特性有怎样的影响? (电子科技大学 2011 年考研真题)

7. 说明表面态对金属-半导体接触时势垒高度的影响。(西安交通大学 2014 年考研真题)

8. 肖特基势垒二极管与 pn 结二极管有什么相同及不同的特性?

9. 为什么一个正向导通的 pn 结二极管在关断之初会在一段时间内产生反向电流,而肖特基势垒二极管却几乎不会?

10. 解释为什么肖特基二极管不存在扩散电容。

11. 什么是欧姆接触? 形成欧姆接触的方法有哪些?

12. 金属与 n 型半导体形成反阻挡层。

(1) 金属与半导体的功函数哪个大?

(2) 画出接触后的能带图。

(3) 实际加工中,在对半导体进行电互连时,通常不能直接相连,试解释原因。

(4) 实际是怎样实现的?(东南大学 2013 年考研真题)

★13. 金属与半导体接触可以形成欧姆接触。

(1) 欧姆接触的基本特点是什么?

(2) 欧姆接触的理论基础如何?

(3) 工艺上制作欧姆接触的常用方法是什么?(北京工业大学 2015 年考研真题)

14. 以 n 型半导体为例,假定在禁带中部偏下的位置存在一个能级,在该能级之上的表面态为受主型,之下的为施主型。

(1) 简要说明高密度表面态对金属-半导体接触的影响;

(2) 试画出此种情况下,当金属的功函数大于半导体的功函数时的能带图,并说明费米能级与题中能级之间的位置关系。(西安交通大学 2013 年考研真题)

7.5 计算题

1. 热平衡状态下的半导体硅,掺施主杂质浓度 $N_D = 2.8 \times 10^{16} \, \text{cm}^{-3}$,该半导体含表面态,功函数为 3.9eV,电子亲和能为 3.4eV,已知半导体硅的有效状态密度 $N_c = 2.8 \times 10^{19} \, \text{cm}^{-3}$。

(1) 求半导体表面势,并画出能带示意图;

(2) 若表面态受主能级,试求出表面态密度。(中国科学院大学 2015 年考研真题)

2. 施主浓度为 $7.0 \times 10^{16} \, \text{cm}^{-3}$ 的 n 型硅与铝形成金属-半导体接触,不考虑表面态的影响,已知铝的功函数为 4.25eV,硅的电子亲和能为 4.05eV,其导带底的有效状态密度为 $N_c = 2.8 \times 10^{19} \, \text{cm}^{-3}$,试计算半导体表面势;判断形成的是阻挡层还是反阻挡层,并画出理想情况下金属-半导体接触前和接触后的能带图。(中国科学院大学 2009 年考研真题)

★3. 金属和 n 型硅($N_D = 2 \times 10^{15} \, \text{cm}^{-3}$)组成一理想肖特基势垒(不考虑表面态的影响),金属的功函数为 4.5eV,硅的电子亲和能为 4.05eV。下列情况下分别求肖特基势垒高度(金属一侧的势垒高度)$q\phi_{ns}$ 和半导体一侧的势垒高度 qV_D,且画出能带简图。

(1) 平衡状态。

(2) 施加 0.1V 的正向偏压。

（3）施加 0.4V 的反向偏压。（中国科学院大学 2006 年考研真题）

4. 金属-半导体接触形成肖特基势垒二极管，若已知势垒高度 $q\phi_{ns}=0.67\text{eV}$，室温下的反向饱和电流密度 $J_{sT}=6\times10^{-5}\text{A/cm}^2$。

（1）计算有效理查森常数。

（2）当此二极管通过正向电流密度为 10A/cm^2 时，二极管上所加电压是多少？（中国科学院大学 2003 年考研真题）

5. 在室温下，金属铝的功函数为 4.30eV，金属铂的功函数为 5.4eV，半导体硅的亲和能为 4.05eV，n 型硅材料的杂质浓度为 10^{15}cm^{-3}。（以下计算均不计硅的表面态）

（1）金属铝和硅材料接触的接触电势差和硅表面能带弯曲量各为多少？并作图表示。

（2）金属铂与硅材料接触时，其接触电势差和硅表面能带弯曲量又各为多少？同样作图表示。（浙江大学 2005 年考研真题）

6. 室温下金属铝与理想的(不考虑表面态)掺锑 n 型砷化镓半导体接触，已知该砷化镓在低掺杂(10^{15}cm^{-3})时的功函数 $W_{GaAs}=4.17\text{eV}$（砷化镓导带底的有效状态密度 $N_c=4.5\times10^{17}\text{cm}^{-3}$）。

（1）金属铝和 n 型砷化镓半导体接触具有什么特性($W_{Al}=4.25\text{eV}$)？

（2）如果再掺入锑杂质形成重掺杂的 n^+ 型砷化镓材料，并测得此时它的费米能级正好同导带底重合(其中锑的电离能为 0.03eV)，求掺杂的浓度并说明此时与金属铝接触具有的特性(已知费米分布 $F_{1/2}(0)=0.6$)。（浙江大学 2002 年考研真题）

7. 受主浓度 $N_A=6\times10^{16}\text{cm}^{-3}$ 的 p 型锗。

（1）室温时的功函数 W_s 为多少？

（2）它和金属镍($W_{Ni}=4.5\text{eV}$)接触形成阻挡层还是反阻挡层？

（3）画出系统处于热平衡状态时的能带示意图(忽略间隙的极限情况)，并计算其势垒高度的值。（浙江大学 2000 年考研真题）

7.6 证明题

1. 金属的功函数为 W_m，n 型半导体的功函数为 W_s。设 $W_m>W_s$，不考虑表面态的影响。如果在金属与半导体间加有正向偏压 V，从金属流向 n 型半导体通过势垒的电流密度假设为 J，试证明在势垒区费米能级随位置坐标 x 的变化率为 $\dfrac{\mathrm{d}E_F(x)}{\mathrm{d}x}=\dfrac{J}{n(x)\mu_n}$。（浙江大学 2001 年考研真题）

第 7 章习题答案及详解

7.1 名词解释

电子亲和能：对半导体而言，电子亲和能表示在热力学温度零度时，使半导体导带底的电子逸出体外形成真空中静止电子所需要的最小能量。

热电子发射理论：以 n 型半导体为例，当 n 型阻挡层很薄，以至于电子平均自由程远大于势垒宽度时，电子在势垒区的碰撞可以忽略，因此，这时起决定作用的是势垒高度。半导体内部的电子只要有足够的能量超越势垒的顶点，就可以自由地通过阻挡层进入金属；同样，金属中能超越势垒顶的电子也能到达半导体内;计算电流就归结为计算超越势垒的载流子数目,这就是热电子发射理论。

肖特基势垒:是指金属和半导体相接触,在金属一侧的半导体表面形成相当厚的一层具有整流作用的空间电荷区。

肖特基接触:是指金属和半导体材料的整流接触,在交界面处半导体的能带发生弯曲,形成肖特基势垒,势垒的存在导致了大的界面电阻。

7.2 填空题

1. 低势垒接触　高复合接触　重掺杂接触
2. 半导体表面态密度较大时,费米能级不随掺杂而发生位置变化的效应
3. 重掺杂的半导体与金属接触　隧道效应

7.3 选择题

1. C　　2. A　　3. A B C　　4. C

7.4 简答题

1.【答】功函数是指热力学温度零度时真空中静止电子的能量 E_0,与金属(半导体)费米能级 E_F 的能量之差,用 W_m(W_s)表示。对于金属,有 $W_m = E_0 - (E_F)_m$,表示一个起始能量等于费米能级的电子,由金属内部逸出到真空中所需要的最小能量。功函数的大小标志着电子在金属(半导体)中受束缚的强弱,W_m(W_s)越大,电子越不容易离开金属(半导体)。

影响半导体的功函数的因素主要是费米能级 E_F,而费米能级 E_F 与半导体温度、杂质浓度和杂质种类有关。

2.【答】肖特基势垒接触是指金属和半导体材料相接触,在交界面处由于功函数差,n 型半导体的电子进入金属(或金属中的电子进入 p 型半导体),导致半导体的能带弯曲,形成肖特基势垒,具有非线性阻抗特性(整流特性),其 I-V 特性曲线如图 7-1 所示。

3.【答】当金属与 n 型半导体接触时,若 $W_m > W_s$,则在半导体表面形成一个正的空间电荷区,其中电场方向由体内指向表面,使半导体表面电子的能量高于体内,能带向上弯曲,即形成表面势垒。在势垒区中,空间电荷主要由电离施主形成,电子浓度要比体内小得多,因此它是一个高阻的区域,常称为阻挡层。如图 7-2 所示。

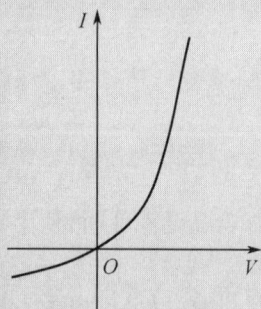

图 7-1　答案 7.4-2 图

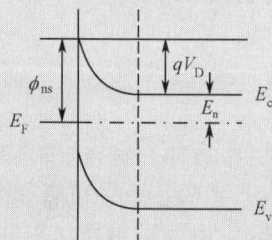

图 7-2　答案 7.4-3 图

4.【答】金属和中等掺杂的 n 型半导体形成整流接触,半导体表面和内部之间的电势差即

表面势是$(V_s)_0$小于零。

图 7-3(a)表示平衡阻挡层的情形,即$V=0$时半导体表面和内部之间的电势差,也称表面势,用$(V_s)_0$表示。半导体和金属两者间有统一的费米能级,扩散电子数等于漂移回的电子数,净电流为零。

图 7-3(b)表示加上正向偏压$(V>0)$时,半导体一侧的势垒由$q(V_s)_0$降低为$-q[(V_s)_0+V]$的情形。这时,从半导体到金属的电子数增加,超过从金属漂移回半导体的电子数,形成一股从金属到半导体的正向电流,它是由 n 型半导体中多数载流子形成的。外加电压越高,势垒下降越多,正向电流越大。

图 7-3(c)表示加上反向偏压$(V<0)$时,势垒增高为$-q[(V_s)_0+V]$。由于半导体中电子要越过相当高的势垒$q\phi_{ns}$才能到达金属,从半导体扩散到金属的电子数减少;从金属漂移回半导体的电子数占优势,形成一股由半导体到金属的反向电流,反向电流小。

金属一侧的势垒不随外加电压变化,因此金属到半导体的电流恒定。反向偏压提高使半导体到金属的电流可以忽略不计时,反向电流趋于饱和。

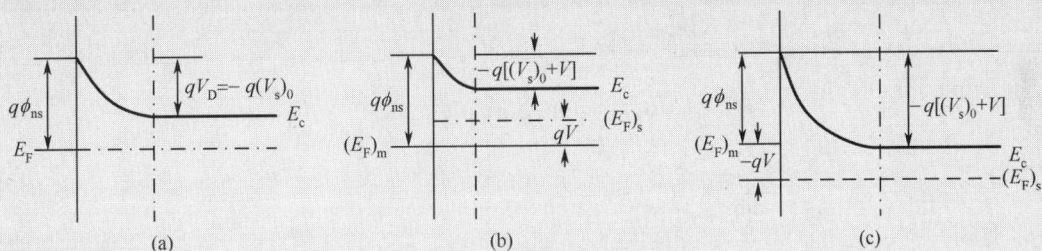

图 7-3　答案 7.4-4 图

5.【答】半导体内单位体积中能量在$E\sim(E+\mathrm{d}E)$范围内的电子数是

$$\mathrm{d}n=\frac{(2m_n^*)^{3/2}}{2\pi^2\hbar^3}(E-E_c)^{1/2}\exp\left(-\frac{E-E_F}{k_0T}\right)\mathrm{d}E$$

$$=\frac{(2m_n^*)^{3/2}}{2\pi^2\hbar^3}\exp\left(-\frac{E_c-E_F}{k_0T}\right)(E-E_c)^{1/2}\exp\left(-\frac{E-E_c}{k_0T}\right)\mathrm{d}E \qquad ①$$

若v为电子运动的速度,那么

$$\begin{cases} E-E_c=\dfrac{1}{2}m_n^*v^2 \\ \mathrm{d}E=m_n^*v\mathrm{d}v \end{cases} \qquad ②$$

将式②代入式①,并利用

$$n_0=N_c\exp\left(-\frac{E_c-E_F}{k_0T}\right)$$

得到

$$\mathrm{d}n=4\pi n_0\left(\frac{m_n^*}{2\pi k_0T}\right)^{3/2}v^2\exp\left(-\frac{m_n^*v^2}{2k_0T}\right)\mathrm{d}v$$

上式表示单位体积中速度在$v\sim(v+\mathrm{d}v)$范围内的电子数,因而容易得出,单位体积中速度为$v_x\sim(v_x+\mathrm{d}v_x)$、$v_y\sim(v_y+\mathrm{d}v_y)$、$v_z\sim(v_z+\mathrm{d}v_z)$范围内的电子数是

$$\mathrm{d}n'=n_0\left(\frac{m_n^*}{2\pi k_0T}\right)^{3/2}\exp\left[-\frac{m_n^*(v_x^2+v_y^2+v_z^2)}{2k_0T}\right]\mathrm{d}v_x\mathrm{d}v_y\mathrm{d}v_z$$

选取垂直于交界面由半导体指向金属的方向为v_x的正方向,显然就单位截面积而言,大小为v_x的体积中,单位时间内可到达金属和半导体交界面的电子数为

$$\mathrm{d}N = n_0 \left(\frac{m_\mathrm{n}^*}{2\pi k_0 T}\right)^{3/2} \exp\left[-\frac{m_\mathrm{n}^*\left(v_x^2 + v_y^2 + v_z^2\right)}{2k_0 T}\right] v_x \mathrm{d}v_x \mathrm{d}v_y \mathrm{d}v_z$$

到达交界面的电子,要越过势垒,必须满足

$$\frac{1}{2}m_\mathrm{n}^* v_x^2 \geqslant -q\left[(V_\mathrm{s})_0 + V\right]$$

所需要的 v_x 方向的最小速度为

$$v_{x0} = \left\{\frac{-2q\left[(V_\mathrm{s})_0 + V\right]}{m_\mathrm{n}^*}\right\}^{1/2}$$

规定电流的正方向是从金属到半导体,则从半导体到金属的电子流所形成的电流密度为

$$\begin{aligned}
J_{\mathrm{s}\to\mathrm{m}} &= q n_0 \left(\frac{m_\mathrm{n}^*}{2\pi k_0 T}\right)^{3/2} \int_{-\infty}^{\infty} \mathrm{d}v_z \int_{-\infty}^{\infty} \mathrm{d}v_y \int_{v_{x0}}^{\infty} v_x \exp\left[-\frac{m_\mathrm{n}^*\left(v_x^2 + v_y^2 + v_z^2\right)}{2k_0 T}\right]\mathrm{d}v_x \\
&= q n_0 \left(\frac{m_\mathrm{n}^*}{2\pi k_0 T}\right)^{3/2} \int_{-\infty}^{\infty} \exp\left(-\frac{m_\mathrm{n}^* v_z^2}{2k_0 T}\right)\mathrm{d}v_z \int_{-\infty}^{\infty} \exp\left(-\frac{m_\mathrm{n}^* v_y^2}{2k_0 T}\right)\mathrm{d}v_y \int_{v_{x0}}^{\infty} v_x \exp\left(-\frac{m_\mathrm{n}^* v_x^2}{2k_0 T}\right)\mathrm{d}v_x \\
&= q n_0 \left(\frac{m_\mathrm{n}^*}{2\pi k_0 T}\right)^{3/2} \exp\left(-\frac{m_\mathrm{n}^* v_{x0}^2}{2k_0 T}\right) \\
&= \frac{q m_\mathrm{n}^* k_0^2}{2\pi^2 \hbar^3} T^2 \exp\left(-\frac{E_\mathrm{c} - E_\mathrm{F}}{k_0 T}\right) \exp\left[\frac{q(V_\mathrm{s})_0 + qV}{k_0 T}\right] \\
&= \frac{q m_\mathrm{n}^* k_0^2}{2\pi^2 \hbar^3} T^2 \exp\left(-\frac{q\phi_\mathrm{ns}}{k_0 T}\right) \exp\left(\frac{qV}{k_0 T}\right) \\
&= A^* T^2 \exp\left(-\frac{q\phi_\mathrm{ns}}{k_0 T}\right) \exp\left(\frac{qV}{k_0 T}\right)
\end{aligned}$$

式中

$$A^* = \frac{q m_\mathrm{n}^* k_0^2}{2\pi^2 \hbar^3}$$

电子从金属到半导体所面临的势垒高度不随外加电压变化,所以,从金属到半导体的电子流所形成的电流密度 $J_{\mathrm{m}\to\mathrm{s}}$ 是常数,它与热平衡条件下即 $V=0$ 时的 $J_{\mathrm{s}\to\mathrm{m}}$ 大小相等、方向相反,因此有

$$J_{\mathrm{m}\to\mathrm{s}} = -J_{\mathrm{s}\to\mathrm{m}}\big|_{V=0} = -A^* T^2 \exp\left(-\frac{q\phi_\mathrm{ns}}{k_0 T}\right)$$

总电流密度为

$$J = J_{\mathrm{s}\to\mathrm{m}} + J_{\mathrm{m}\to\mathrm{s}} = A^* T^2 \exp\left(-\frac{q\phi_\mathrm{ns}}{k_0 T}\right)\left[\exp\left(\frac{qV}{k_0 T}\right) - 1\right]$$

若令

$$J_{\mathrm{sT}} = A^* T^2 \exp\left(-\frac{q\phi_\mathrm{ns}}{k_0 T}\right)$$

那么

$$J = J_{\mathrm{sT}}\left[\exp\left(\frac{qV}{k_0 T}\right) - 1\right]$$

6.【答】在金属-真空系统中,一个在金属外面的电子要在金属表面感应出正电荷,同时电子要受到正电荷的吸引。若电子到金属表面的距离为 x,则感应正电荷之间的吸引力相当于

该电子与位于 $-x$ 处的等量正电荷之间的吸引力,这个正电荷称为镜像电荷,吸引力称为镜像力。隧道效应是指能量低于势垒顶的电子有一定概率穿过这个势垒,穿透的概率与电子能量和势垒高度有关。

镜像力和隧道效应均引起势垒高度的降低,使反向电流增加,且随着反向偏压的提高,势垒高度降低更显著,反向电流也增加得更多。

7.【答】对于同一半导体,其亲和能 χ 保持一定值,用不同的金属与它形成接触,其势垒高度应直接随金属的功函数而变化。但是实际情况并非如此,虽然功函数相差很大,而相对而言,它们与半导体接触时形成的势垒高度相差很小,这说明金属的功函数对势垒高度没多大影响。当半导体表面态密度很高时,由于它可屏蔽金属接触的影响,使半导体内的势垒高度和金属的功函数几乎无关,而基本上由半导体的表面性质决定,接触电势差全部降落在两个表面之间。实际上,由于表面态浓度的不同,紧密接触时,接触电势差一部分要降落在半导体表面以内,金属的功函数对表面势垒产生不同程度的影响。

8.【答】利用金属-半导体整流接触特性制成的二极管称为肖特基二极管,它与 pn 结二极管有类似的 $I\text{-}V$ 关系,均有单向导电性。

pn 结二极管:存在电荷存储效应,反向饱和电流较小,正向导通电压较大(0.7V 左右),为少数载流子器件。

肖特基势垒二极管:不存在电荷存储效应,具有更好的高频特性,反向饱和电流较大,正向导通电压较低(0.3V 左右),为多数载流子器件。

9.【答】因为 pn 结二极管存在电荷存储效应。pn 结正向导通时,由 p 区注入 n 区的空穴或由 n 区注入 p 区的电子都是少数载流子,先形成一定的积累,靠扩散运动形成电流,这种注入的非平衡载流子的积累称为电荷存储效应。而金属和 n 型半导体接触形成的肖特基势垒二极管,正向导通时,从半导体中越过界面进入金属的电子直接形成漂移电流,不发生积累。因此,pn 结二极管在关断之初会在一段时间内产生反向电流而肖特基势垒二极管却几乎不会。

10.【答】扩散电容是指 pn 结加正向偏压时,由于少数载流子的注入,在扩散区内有一定数量的少数载流子和等量的多数载流子的积累,且浓度随正向偏压的变化而变化,从而形成了扩散电容。而肖特基势垒二极管的正向电流主要是由半导体中的多数载流子进入金属形成的,是多数载流子器件,并不存在少数载流子的积累,也就不存在扩散电容。

11.【答】欧姆接触是指金属与半导体接触时形成非整流接触即欧姆接触,它不产生明显的附加阻抗,不会使半导体内部的平衡载流子浓度发生显著的改变,当有电流流过时,欧姆接触上的电压降应远小于样品或器件本身的电压降,不影响器件的 $I\text{-}V$ 特性。

形成欧姆接触的方法主要有低势垒接触、高复合接触和高掺杂接触。

12.【答】(1) 半导体的功函数大。

(2) 金属与 n 型半导体形成反阻挡层能带图,如图 7-4 所示。

(3) 不能直接相连的原因是,硅、锗、砷化镓这些常用的重要半导体材料一般都有很高的表面态密度,无论是 n 型材料还是 p 型材料,与金属接触都形成势垒,而与金属功函数的关系不大,因此,不能选择直接相连来获得欧姆接触。

(4) 实际中,对半导体进行电互连时,通常通过欧姆接触,这种接触不产生明显的附加阻抗,且不会使半导体内部

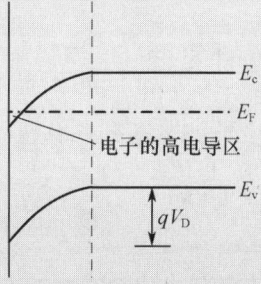

图 7-4   答案 7.4-12 图

的平衡载流子浓度发生显著的变化,不影响半导体器件的 I-V 特性。制作欧姆接触最常用的方法是用重掺杂的半导体与金属接触。

13.【答】(1) 欧姆接触的基本特点是不产生明显的附加阻抗,且不会使半导体内部的平衡载流子浓度发生显著的变化,不影响半导体器件的 I-V 特性。

(2) 不考虑表面态的影响,要形成欧姆接触,金属和 n 型半导体接触可形成反阻挡层,则要求 $W_m < W_s$;金属和 p 型半导体接触可形成反阻挡层,则要求 $W_m > W_s$。反阻挡层没有整流作用,选用适当功函数的金属材料,就有可能得到欧姆接触。另外,当金属和半导体接触时,如果半导体杂质浓度很高,则势垒宽度变得很薄,电子也可以通过隧道效应产生相当大的隧道电流,接触电阻很小,作为欧姆接触。

(3) 制作欧姆接触最常用方法是利用隧道效应的原理制作的重掺杂半导体与金属接触。

14.【答】(1) 假定在禁带中偏下的位置能级距离价带顶为 $q\phi_0$,对于 n 型半导体,费米能级 E_F 在禁带中部以上,故半导体费米能级 E_F 将高于 $q\phi_0$。根据题意可知,在 $q\phi_0$ 和 E_F 间的能级基本上为电子填满,表面带负电,半导体表面附近必定出现相等的正电荷,形成空间电荷区,进而形成电子的势垒,高度为 qV_D。如果表面态密度很大,在表面态上就会积累很多负电荷,由于能带向上弯曲,表面处 E_F 很接近 $q\phi_0$,势垒高度 qV_D 等于原来费米能级 E_F 和 $q\phi_0$ 之差,即 $qV_D = E_g - q\phi_0 - E_n$,这时势垒高度称为被高表面态密度钉扎,即当半导体的表面态密度很高时,由于它可以屏蔽金属接触的影响,使半导体内的势垒高度和金属的功函数几乎无关,而基本上由半导体的表面性质决定,接触电势差全部降落在两个表面之间。

(2) 当金属的功函数大于半导体的功函数时,其能带图如图 7-5 所示。在接触前,由于表面态的作用,导致能带向上弯曲,禁带中偏下的位置能级逐渐接近半导体表面处的费米能级 E_F,如果表面态密度很大,二者可能重合。当金属和半导体接触后,金属和半导体有统一的费米能级,由于半导体的表面态屏蔽了金属接触对势垒高度的影响,能带不再向上弯曲,统一的费米能级和题中能级可能在同一水平线上。

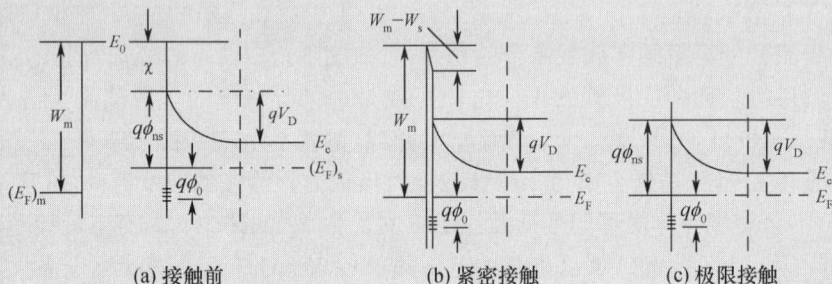

(a) 接触前　　　　(b) 紧密接触　　　　(c) 极限接触

图 7-5　答案 7.4-14 图

7.5　计算题

1.【解】(1) 由半导体中电子浓度 $n_0 = N_c \exp\left(-\dfrac{E_c - E_F}{k_0 T}\right) = N_D$,可知

$$E_c - E_F = -k_0 T \ln \frac{N_D}{N_c} = -0.026 \ln \frac{2.8 \times 10^{16}}{2.8 \times 10^{19}} = 0.18 \text{eV}$$

半导体内部的功函数为

$$W_{s内} = \chi + (E_c - E_F) = 3.4 + 0.18 = 3.58 \text{eV}$$

半导体内部一侧的势垒高度为

$$qV_D=-qV_s=W_{s内}-W_{s内}=3.9-3.58=0.32eV$$

则有 $V_s=-0.32V$，其能带图如图 7-6 所示。

（2）表面态密度等于空间电荷区电荷的数量，根据泊松方程，空间电荷区内电荷密度为

$$\rho(x)=qN_D$$

设空间电荷区宽度为 x_d，则根据泊松方程有

$$\frac{d^2V(x)}{dx^2}=-\frac{qN_D}{\varepsilon_{rs}\varepsilon_0}$$

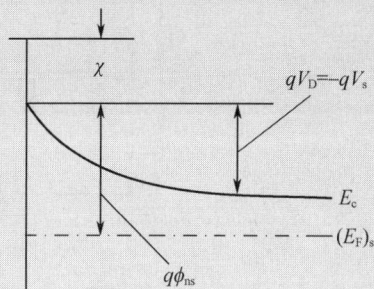

图 7-6　答案 7.5-1 图

对上式进行积分得

$$\frac{dV(x)}{dx}=-\frac{qN_D}{\varepsilon_{rs}\varepsilon_0}x+C$$

当 $x=x_d$ 时，有 $\frac{dV(x)}{dx}=0$，故有

$$\frac{dV(x)}{dx}=-\frac{qN_D}{\varepsilon_{rs}\varepsilon_0}(x-x_d)$$

对上式进行积分，可得

$$V(x)=-\frac{qN_D}{\varepsilon_{rs}\varepsilon_0}\left(\frac{1}{2}x^2-x_dx\right)+C$$

当 $x=x_d$ 时，有 $V(x)=0$，故有

$$V(x)=-\frac{qN_D}{\varepsilon_{rs}\varepsilon_0}\left(\frac{1}{2}x^2-x_dx\right)-\frac{1}{2}\frac{qN_D}{\varepsilon_{rs}\varepsilon_0}x_d^2$$

当 $x=0$ 时，则有 $V(0)=V_s$，则

$$V_s=-\frac{qN_D}{2\varepsilon_{rs}\varepsilon_0}x_d^2$$

可得 $x_d=\sqrt{\dfrac{2\varepsilon_{rs}\varepsilon_0|V_s|}{qN_D}}$，则表面态密度为

$$qN_Dx_d=\sqrt{2\varepsilon_{rs}\varepsilon_0qN_D|V_s|}$$

$$=\sqrt{2\times11.9\times8.854\times10^{-14}\times1.602\times10^{-19}\times2.8\times10^{16}\times0.32}$$

$$=5.5\times10^{-8}C/cm^2$$

2.【解】由半导体中电子浓度 $n_0=N_c\exp\left(-\dfrac{E_c-E_F}{k_0T}\right)=N_D$，可知

$$E_c-E_F=-k_0T\ln\frac{N_D}{N_c}=-0.026\ln\frac{7.0\times10^{16}}{2.8\times10^{19}}=0.156eV$$

半导体硅的功函数为

$$W_s=\chi+(E_c-E_F)=4.05+0.156=4.21eV$$

半导体一侧的势垒高度为

$$qV_D=-qV_s=W_m-W_s=4.25-4.21=0.04eV$$

因为表面势为负，所以形成阻挡层。如图 7-7 所示。

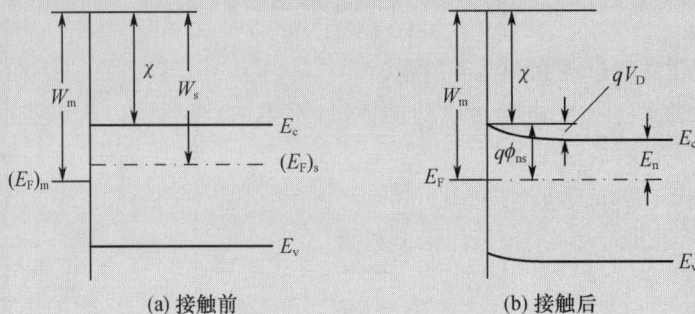

(a) 接触前　　　　　　　　(b) 接触后

图 7-7　答案 7.5-2 图

3.【解】由半导体中电子浓度 $n_0 = N_c \exp\left(-\dfrac{E_c - E_F}{k_0 T}\right) = N_D$，可知

$$E_n = E_c - E_F = -k_0 T \ln \frac{N_D}{N_c} = -0.026 \ln \frac{2 \times 10^{15}}{2.8 \times 10^{19}} = 0.248 \text{eV}$$

半导体硅的功函数为

$$W_s = \chi + (E_c - E_F) = 4.05 + 0.248 = 4.298 \text{eV}$$

(1) 当 $V = 0\text{V}$ 时，半导体一侧的势垒高度为

$$qV_D = -q(V_s)_0 = W_m - W_s = 4.5 - 4.298 = 0.202 \text{eV}$$

金属一侧的势垒高度为

$$q\phi_{ns} = W_m - \chi = 4.5 - 4.05 = 0.45 \text{eV}$$

(2) 当 $V = 0.1\text{V}$ 时，半导体一侧的势垒高度为

$$qV_D = -q[(V_s)_0 + V] = -q[-0.202 + 0.1] = 0.102 \text{eV}$$

由于金属一侧的势垒高度不随外加电压变化，故势垒高度为

$$q\phi_{ns} = W_m - \chi = 4.5 - 4.05 = 0.45 \text{eV}$$

(3) 当 $V = -0.4\text{V}$ 时，半导体一侧的势垒高度为

$$qV_D = -q[(V_s)_0 + V] = -q[-0.202 - 0.4] = 0.602 \text{eV}$$

由于金属一侧的势垒高度不随外加电压变化，故势垒高度为

$$q\phi_{ns} = W_m - \chi = 4.5 - 4.05 = 0.45 \text{eV}$$

能带图请参照本章简答题的第 4 题。

4.【解】(1) 已知反向饱和电流的公式为

$$J_{sT} = -A^* T^2 \exp\left(-\frac{q\phi_{ns}}{k_0 T}\right)$$

可得

$$A^* = -J_{sT} / \left[T^2 \exp\left(-\frac{q\phi_{ns}}{k_0 T}\right) \right] = 6 \times 10^{-5} / \left[300^2 \times \exp\left(-\frac{0.67}{0.026}\right) \right] = 103.6 \text{A}/(\text{cm}^2 \cdot \text{K}^2)$$

(2) 根据肖特基二极管通过正向电流密度计算公式

$$J = J_{sT} \left[\exp\left(\frac{qV}{k_0 T}\right) - 1 \right]$$

可得

$$V = \frac{k_0 T}{q} \ln\left(\frac{J}{J_{sT}} + 1\right) = 0.026 \times \ln\left(\frac{10}{6 \times 10^{-5}} + 1\right) = 0.313 \text{V}$$

5.【解】(1) 根据导带中载流子浓度的计算公式 $n_0 = N_c \exp\left(-\dfrac{E_c - E_F}{k_0 T}\right)$, 可得

$$E_c - E_F = -k_0 T \ln \frac{n_0}{N_c} = -0.026 \ln \frac{10^{15}}{2.8 \times 10^{19}} = 0.27 \text{eV}$$

$$W_s = \chi + (E_c - E_F) = 4.05 + 0.27 = 4.32 \text{eV}$$

可得其接触电势差为

$$qV_D = -q(V_s)_0 = W_m - W_s = 4.30 - 4.32 = -0.02 \text{eV}$$

(2) 同理,当硅和金属铂接触时,其接触电势差为

$$qV_D = -q(V_s)_0 = W_m - W_s = 5.40 - 4.32 = 1.08 \text{eV}$$

图 7-8(a)、(b)分别为金属铝和金属铂与硅接触的能带图。

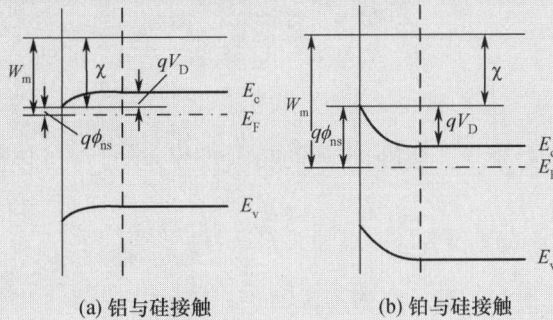

(a) 铝与硅接触　　　　　(b) 铂与硅接触

图 7-8　答案 7.5-5 图

6.【解】(1) 因为 $W_{Al} = 4.25 \text{eV}$,$W_{GaAs} = 4.17 \text{eV}$,有 $W_{Al} > W_{GaAs}$,所以电子从半导体流向金属,则半导体表面能带向上弯曲,形成阻挡层。

(2) 若选取 $E_F = E_c$ 时为简并条件,则发生简并时的杂质浓度 N_{D2} 为

$$N_{D2} = \frac{2N_c}{\sqrt{\pi}} \left[1 + 2\exp\left(\frac{\Delta E_D}{k_0 T}\right)\right] F_{1/2}(0)$$

则有

$$N_{D2} = \frac{2N_c}{\sqrt{\pi}} \left[1 + 2\exp\left(\frac{\Delta E_D}{k_0 T}\right)\right] F_{1/2}(0) = 0.68 \times 4.5 \times 10^{17} \times \left[1 + 2\exp\left(\frac{0.03}{0.026}\right)\right] = 2.246 \times 10^{18} \text{cm}^{-3}$$

$$N_D = N_{D2} - N_{D1} = 2.246 \times 10^{18} - 10^{15} = 2.245 \times 10^{18} \text{cm}^{-3}$$

因此,第二次掺杂浓度为 $2.245 \times 10^{18} \text{cm}^{-3}$。重掺杂后,半导体与金属铝接触形成欧姆接触。当 N_D 增大时,耗尽层宽度变窄,隧道电流显著。当隧道电流成为主导时,可以使接触电阻很低,形成良好的欧姆接触。

7.【解】(1) 根据价带中空穴浓度的计算公式,则有

$$p_0 = N_v \exp\left(-\frac{E_F - E_v}{k_0 T}\right) = N_A$$

设室温下杂质全部电离,可得

$$E_F - E_v = -k_0 T \ln \frac{N_A}{N_v} = -0.026 \ln \frac{6 \times 10^{16}}{3.9 \times 10^{18}} = 0.109 \text{eV}$$

那么 p 型锗的功函数为

$$W_s = \chi + E_g - (E_F - E_v) = 4.13 + 0.67 - 0.109 = 4.691 \text{eV}$$

(2) 因为金属镍的功函数 $W_{Ni}=4.5\text{eV}$，$W_{Ni}<W_s$，所以对于 p 型锗形成阻挡层。

(3) 如图 7-9 所示，势垒高度为

$$q\phi_{ps}=qV_D+(E_F-E_v)=W_s-W_m+(E_F-E_v)=4.691-4.5+0.109=0.3\text{eV}$$

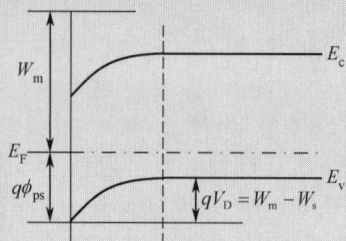

图 7-9   答案 7.5-7 图

7.6   证明题

1.【证明】金属和 n 型半导体接触，金属的功函数 W_m 大于半导体的功函数 W_s，因此形成了阻挡层，即肖特基二极管。

根据半导体导带电子浓度和费米能级的关系，可得

$$n(x)=N_c\exp\left(-\frac{E_c-E_F(x)}{k_0T}\right)$$

当金属和半导体间加有正向偏压 V 时，该肖特基二极管的电流主要为扩散电流，可得

$$J=qD_n\frac{\mathrm{d}n(x)}{\mathrm{d}x}=qD_nN_c\exp\left(-\frac{E_c-E_F(x)}{k_0T}\right)\frac{1}{k_0T}\frac{\mathrm{d}E_F(x)}{\mathrm{d}x}$$

$$=\frac{qD_n}{k_0T}N_c\exp\left(-\frac{E_c-E_F(x)}{k_0T}\right)\frac{\mathrm{d}E_F(x)}{\mathrm{d}x}$$

$$=\frac{qD_n}{k_0T}n(x)\frac{\mathrm{d}E_F(x)}{\mathrm{d}x}$$

根据爱因斯坦关系式 $\dfrac{D_n}{\mu_n}=\dfrac{k_0T}{q}$，可得

$$J=\mu_nn(x)\frac{\mathrm{d}E_F(x)}{\mathrm{d}x}$$

则有

$$\frac{\mathrm{d}E_F(x)}{\mathrm{d}x}=\frac{J}{\mu_nn(x)}$$

第8章 半导体表面与MIS结构

8.1 名词解释

表面态 强反型 MIS平带状态 平带电压 MIS开启电压 界面态 MOSFET沟道长度调制效应 漏致势垒降低效应(DIBL) 半导体表面钝化

8.2 填空题

1. 金属-绝缘层-n型半导体构成的理想MIS结构,当半导体表面层内出现多数载流子积累状态时,表面势V_s_____;当表面层内出现多数载流子耗尽状态时,表面势V_s_____。(大于、小于或等于零)

2. 在半导体表面内引起空间电荷区的原因是有外加电场、接触电势差和_____。对p型半导体,当外加电压为正时,表面将产生_____,继续增大电压,将出现_____。

3. 为了减少固定表面电荷和界面态的影响,制作MOS器件通常选用_____晶向硅单晶,若将硅-二氧化硅系统在含_____的气氛中退火,效果更佳。

8.3 选择题

1. 表面态中能级位于费米能级以上时,该表面态为( )。

A. 施主态 B. 受主态 C. 电中性 D. 界面态

2. MIS结构的表面发生强反型时,其表面的导电类型与体材料的( ),若增加杂质浓度,其开启电压将( )。

A. 相同 B. 不同 C. 增加 D. 减少

★3. 硅中掺金的工艺主要用于制造( )器件。

A. 高可靠性 B. 高反压 C. 高频 D. 大功率

4. 在硅基MOS器件中,硅衬底和二氧化硅界面处的固定电荷是( ),它的存在使得半导体表面的能带( ),在C-V曲线上造成平带电压( )偏移。

A. 钠离子 B. 过剩的硅离子 C. 向下

D. 向上 E. 向正向电压方向 F. 向负向电压方向

8.4 简答题

1. 在讨论p型半导体组成的MIS结构的表面电场效应时,引入了F函数,其表达式为

$$F\left(\frac{qV_s}{k_0 T}, \frac{n_{p0}}{p_{p0}}\right) = \left\{\left[\exp\left(-\frac{qV_s}{k_0 T}\right) + \frac{qV_s}{k_0 T} - 1\right] + \frac{n_{p0}}{p_{p0}}\left[\exp\left(\frac{qV_s}{k_0 T}\right) - \frac{qV_s}{k_0 T} - 1\right]\right\}^{1/2}$$

写出下列情况下 F 函数的近似表达式：(1)多子积累状态；(2)平带状态；(3)耗尽状态；(4)表面本征状态；(5)弱反型状态；(6)临界强反型状态；(7)强反型状态。（西安交通大学 2004 年考研真题）

2. 对于 p 型半导体形成的理想 MIS 结构在不同的外加电压 V_G 下，表面态分别出现积累、耗尽、反型和强反型 4 种类型。

(1) 分析当出现上述 4 种状态时所加的外加电压 V_G 的方向；

(2) 分别画出出现积累层、耗尽层和反型层时的能带及空间电荷分布图；

(3) 画出开始出现强反型层时的能带图。（中国科学院大学 2009 年、北京工业大学 2021 年考研真题）

3. (1) 写出理想 MIS 结构的电容表达式，并画出 MIS 结构及等效电路图。

(2) 以 p 型 MIS 结构为例，定性分析在不同表面状态下的 MIS 结构的 C-V 特性。（中国科学院大学 2010 年考研真题）

★4. 在利用汞探针测量 C-V 特性获得硅外延层掺杂浓度的实验中，汞与硅表面形成的是什么接触？所加的偏压是正向偏压还是反向偏压？所测的电容是什么电容？电容随电压增大有什么变化趋势？（北京工业大学 2019 年考研真题）

5. 哪两种主要因素会影响理想 MOS 结构的平带电压？分别写出对平带电压影响的公式。（北京工业大学 2016 年考研真题）

6. 在金属-二氧化硅-硅结构的 MOS 电容中存在固定表面电荷和可动钠离子电荷，说明这两种电荷的特性。（浙江大学 2004 年考研真题）

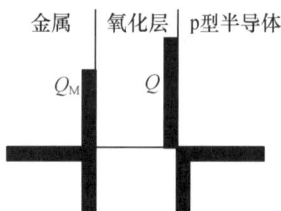

图 8-1　题 8.4-8 图

7. 何谓开启（阈值）电压？p 型半导体组成的理想 MIS 结构，开启电压的大小由哪些因素决定？如何降低其开启电压？（电子科技大学 2006 年考研真题）

8. 根据图 8-1 平带时 MOS 电容的电荷分布情况和 MOS 结构的基本原理，推导 p 型衬底 MOS 结构平带电压的表达式。试以 n^+ 多晶硅栅 p 型衬底 MOS 结构为例，阐述平带电压与哪些因素有关？衬底杂质浓度对平带电压的影响如何？（西安电子科技大学 2013 年考研真题）

9. 以 p 型半导体为例推导理想 MIS 结构的德拜长度和平带电容。

10. 用均匀掺入一种受主杂质的单晶硅形成的 MOS 结构进行高频 C-V 特性测试，测得该结构单位面积上的最大电容为 C_{max}、最小电容为 C_{min}、开启电压为 V_T、平带电压为 V_{FB}。利用测试结果给出计算杂质浓度的方法。（西安交通大学 2012 年考研真题）

11. 实验室测试得到一批 MOS 电容的 C-V 特性结果，试对测试结果进行分析。

(1) 图 8-2(a)是同一个 MOS 电容在 3 种不同条件下测试得到的结果，说明 3 条曲线的测试条件；

(2) 图 8-2(b)是对不同 MOS 电容的测试结果，说明两个 MOS 电容的氧化层厚度和掺杂浓度有什么差别。（西安电子科技大学 2018 年考研真题）

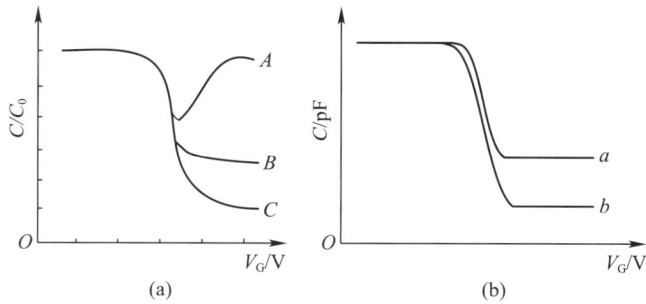

图 8-2 题 8.4-11 图

12. 采用水银探针是测量半导体材料掺杂浓度的简单方法,通常由一个较大的水银接触面和一个较小的水银接触面分别作为两个接触电极引线,形成金属-半导体接触。如图 8-3 所示。一般来说,在较小的金属-半导体水银圆圈接触上加反向偏压,使之处于多子耗尽状态,用 C-V 测试仪测量其 C-V 曲线,这样就可以测量出半导体的杂质浓度。

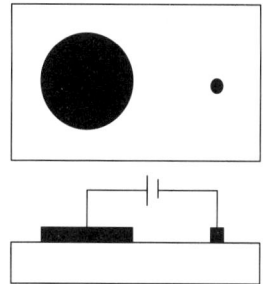

图 8-3 题 8.4-12 图

（1）分析为什么不用考虑大圈一侧的影响。

（2）论述如何用这种方法测量出半导体一侧的掺杂浓度。（北京工业大学 2009 年考研真题）

8.5 计算题

1. 一个 MOS 电容,已知氧化层厚度为 $0.1\mu m$,硅的掺杂浓度为 $N_D = 10^{15}\,cm^{-3}$,计算：

（1）qV_B；

（2）当 $V_s = 2V_B$ 时的耗尽区宽度；

（3）当 $V_s = 2V_B$ 时的表面电场。（西安电子科技大学 2018 年考研真题）

2. 室温下的理想 MOS 电容,氧化层厚度 $0.1\mu m$,掺杂浓度 $N_D = 2\times10^{15}\,cm^{-3}$,栅极面积为 $A_g = 10^3\,cm^2$。计算：

（1）最大高频电容；

（2）最小高频电容。（西安电子科技大学 2018 年考研真题）

3. 一个理想的 MIS 电容中,绝缘层为 100nm 的二氧化硅层,其单位面积的介质层电容值为 C_0,当该绝缘层变为由一层 50nm 氮化硅和一层 50nm 二氧化硅复合组成时,其单位面积的介质层电容值变为多少？（浙江大学 2004 年考研真题）

4. 铝-二氧化硅-硅组成的 MOS 结构的 C-V 曲线分别如图 8-4 中的实验高频 C-V 曲线 2 和理想高频 C-V 曲线 1,差别仅在于曲线 2 沿电压轴平移 $-1.8V$。问：

（1）此半导体是什么导电类型？

（2）已知单位面积二氧化硅电容 C_0（C_i 或 C_{ox}）= $115pF/mm^2$,此结构的氧化层厚度是多少？

（3）实际 MOS 结构的平带电压等于多少？产生平带电压的原因是什么？

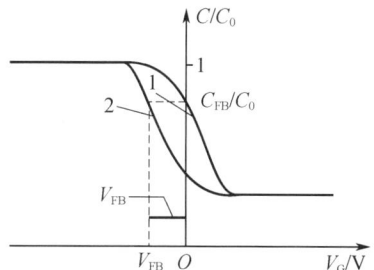

图 8-4 题 8.5-4 图

（4）若已知 $W_s-W_m=0.60\mathrm{eV}$，问 MOS 结构的氧化层中单位面积固定电荷数目等于多少？（中国科学院大学 2006 年、2007 年考研真题）

5．如图 8-5 所示为一半导体硅的理想 MOS 结构的 $C\text{-}V$ 特性，其中，C_{LF} 为低频 $C\text{-}V$ 特性，C_{HF} 为高频 $C\text{-}V$ 特性。

（1）此半导体是什么导电类型？

（2）低频情况下，当栅压正向很大时，此 MOS 结构的单位面积电容值是多少（已知氧化层厚度为 $0.2\mu\mathrm{m}$）？

（3）已知半导体德拜长度为 35nm，此 MOS 结构的单位面积平带电容值是多少？

（4）此 MOS 结构的高频 $C\text{-}V$ 特性和低频 $C\text{-}V$ 特性的主要差别是什么？（中国科学院大学 2004 年考研真题）

6．如图 8-6 所示为一半导体硅的 MOS 结构的高频 $C\text{-}V$ 特性，问：

（1）此半导体是什么导电类型？

（2）氧化层厚度是多少？

（3）此结构强反型时，耗尽层宽度是多少？

（4）当该半导体的杂质浓度增加时，其 MOS 结构的相应高频 $C\text{-}V$ 特性有何变化？为什么？且画简图。（中国科学院大学 1998 年、2001 年、2003 年考研真题）

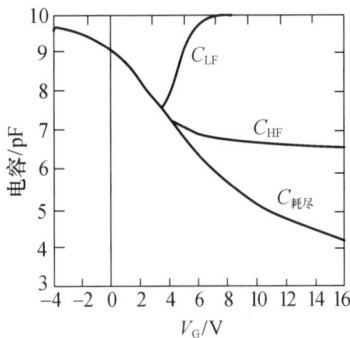

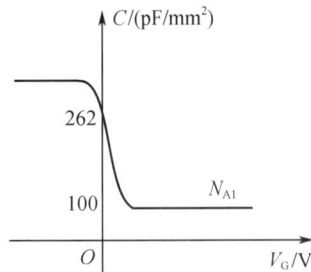

图 8-5　题 8.5-5 图　　　　图 8-6　题 8.5-6 图

7．图 8-7 是一个硅材料 MOS 结构在低频小信号下 $C\text{-}V$ 特性测量结果图。

（1）判断该结构中半导体衬底的导电类型（n 型还是 p 型）；当采用高频信号测试时，画出该曲线应该如何变化。

（2）标出曲线上半导体一侧处于：①积累；②平带；③耗尽；④反型和⑤强反型状态的大致区域点。

（3）该结构的栅面积是 $1\mathrm{mm}^2$，计算该结构氧化层厚度和半导体一侧的最大耗尽区宽度。（北京工业大学 2010 年考研真题）

8．两个由铝-二氧化硅-p 型硅组成的 MOS 结构器件，其中二氧化硅层中的电荷特性完全相同。第一个器件结构中 p 型硅的杂质浓度是 $2\times10^{15}\mathrm{cm}^{-3}$，第二个器件结构中 p 型硅的杂质浓度是 $2\times10^{16}\mathrm{cm}^{-3}$。求：

（1）当这两个器件结构各自达到强反型时，其表面势各为多少？

（2）这两个器件结构的平带电压差 $V_{FB1}-V_{FB2}$ 为多少？（浙江大学 2006 年考研真题）

★9．在 MOS 结构中，金属电极铜和 p 型硅之间的绝缘层可分为二氧化硅和富硅 SiO_x 两层，两层中都均匀分布正电荷，电荷体密度分别为 $3\times10^{16}\mathrm{cm}^{-3}$ 和 $1\times10^{16}\mathrm{cm}^{-3}$，在富硅

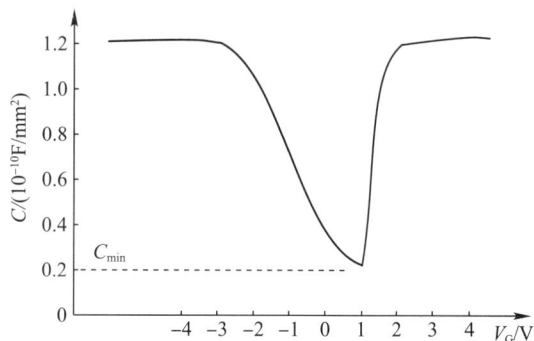

图 8-7　题 8.5-7 图

SiO_x 和 p 型硅的界面 $x=0nm$ 处，存在单位面积的正电荷数目为 $1\times10^{11}\,cm^{-2}$，如图 8-8 所示。

(1) 设外加正向偏压，使得 $x=0$ 处硅中的电子浓度大于受主杂质浓度，画出此时电场、电势随 x 的变化曲线(规定 $x=50nm$ 处为电势零点，不考虑铜和 p 型硅之间的功函数差)；

(2) 求界面电荷和体电荷的共同作用引起的平带电压(注：富硅 SiO_x 和 SiO_2 的相对介电常数 ε_r 均为 3.4)。(中国科学院大学 2016 年考研真题)

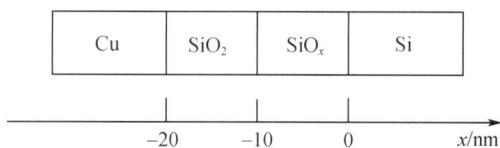

图 8-8　题 8.5-9 图

10. 在铝-二氧化硅-p 型硅组成的 MOS 结构中，二氧化硅层中存在固定表面电荷，其单位面积的固定电荷数目为 $N_{fc}=1\times10^{11}\,cm^{-2}$，并已知由固定电荷引起 C-V 曲线对理论曲线的偏移 $\Delta V_{FB|fc}=1.2V$；二氧化硅层中还存在一定的可动电荷，在 C-V 特性实验中测得 C-V 曲线的偏移量 $\Delta V_{FB|Na}=1.65V$，求该二氧化硅层中单位面积的钠离子数。(浙江大学 2003 年考研真题)

11. 设 n 型硅杂质浓度 $N_D=10^{16}\,cm^{-3}$，金属板与 n 型硅相距 $0.4\,\mu m$，构成平行板电容器，其间干燥空气的相对介电常数 $\varepsilon_{ra}=1$。当金属端加负电压时，半导体处于耗尽状态。

(1) 求半导体耗尽层内的电势分布 $V(x)$，并给出半导体表面势 V_s 的表达式。

(2) 求当表面势 $V_s=-0.4V$ 时，半导体中的耗尽层宽度 x_d、表面层电荷面密度 Q_s；当表面势 V_s 为多大时，耗尽层宽度达到最大值 x_{dm}？并计算出 x_{dm}。

(3) 若忽略金属与半导体的功函数差，半导体耗尽层宽度刚好达到最大值时外加电压 V_G 为多大？(中国科学院大学 2013 年考研真题)

12. 一个 MOS 电容，绝缘二氧化硅层厚度 $d_0=0.1\,\mu m$，硅杂质浓度为 $N_A=10^{15}\,cm^{-3}$，计算：
(1) 当表面势等于费米势时的耗尽层宽度；
(2) 当表面势等于费米势时的表面电场；
(3) 当表面势等于费米势时的外加电压。(西安电子科技大学 2014 年考研真题)

13. 铝栅 MOS 结构，p 型硅的杂质浓度 $N_A=1.5\times10^{16}\,cm^{-3}$，二氧化硅层厚为 1000Å，硅

的功函数 $W_s = 4.97\text{eV}$,铝的功函数 $W_{Al} = 4.2\text{eV}$,二氧化硅与 p 型硅界面处单位面积的固定正电荷数目 $Q_{fc}/q = 5 \times 10^{10}\,\text{cm}^{-2}$,计算当 $V_G = 0$ 时半导体表面处于什么状态。

14. 假设室温下某金属与二氧化硅及 p 型硅构成理想 MOS 结构,设硅中受主杂质浓度为 $N_A = 1.5 \times 10^{15}\,\text{cm}^{-3}$,二氧化硅厚度为 $0.2\mu\text{m}$。

(1) 求理想条件下的开启电压 V_T;

(2) 若二氧化硅与 p 型硅界面处存在固定的正电荷,实验测得开启电压 $V_T = -2.6\text{V}$,求固定正电荷的电荷量。(电子科技大学 2011 年考研真题)

15. 金属铜-绝缘体-p 型硅构成 MOS 结构,其中 p 型硅杂质浓度为 N_A,铜的功函数为 4.2eV,硅的电子亲和能为 4.05eV,其中绝缘层厚度为 d_0。

(1) 在金属铜上加电压 V_G 多大时,p 型硅内载流子数最少?试求出 V_G、x_d 及此时表面空间电荷层的单位面积电容 C_s。

(2) 当绝缘层体电荷浓度 $N(x)$ 如图 8-9 所示时,求 MOS 结构的开启电压。(中国科学院大学 2015 年考研真题)

16. 由杂质浓度 $N_A = 1 \times 10^{16}\,\text{cm}^{-3}$ 的 p 型硅组成的 MOS 表面,介质二氧化硅层的厚度 $d_0 = 0.1\mu\text{m}$,在二氧化硅中存在三角形分布的固定正电荷(靠金属一侧为 0,靠半导体一侧高),金属电极为铝,功函数 $W_m = 4.05\text{eV}$,室温下测得其高频 C-V 特性如图 8-10 所示。不考虑界面态的影响,求单位面积二氧化硅中的固定正电荷数目。(西安交通大学 2004 年考研真题)

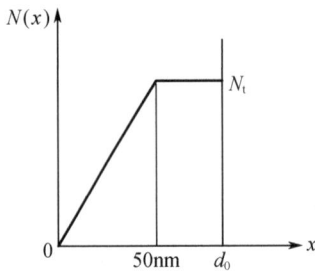

图 8-9　题 8.5-15 图   图 8-10　题 8.5-16 图

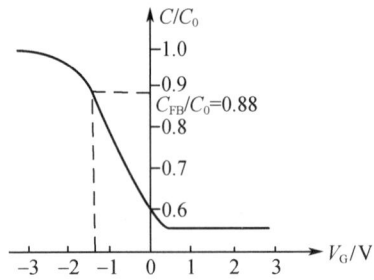

17. 对于由金属电极铝($W_{Al} = 4.25\text{eV}$),电阻率为 $5\Omega \cdot \text{cm}$ 的 p 型硅和厚度为 1000Å 的二氧化硅层组成的 MOS 电容。若二氧化硅层中可动钠离子单位面积电荷数目为 $N_{Na} = 10^{11}\,\text{cm}^{-2}$,单位面积固定电荷数目为 $N_{fc} = 10^{11}\,\text{cm}^{-2}$,求该 MOS 电容的平带电压 V_{FB}。如果进行偏压温度实验,最大的平带电压变化量 $(\Delta V_{FB})_{max}$ 为多少?(提示:根据图 4-5 查杂质浓度)

18. 用 n^+ 多晶硅作 n 型 MOS 器件的栅极,硅衬底杂质浓度为 $3 \times 10^{16}\,\text{cm}^{-3}$,已知 n^+ 多晶硅和硅的功函数差为 -1.13eV,绝缘层二氧化硅中单位面积的等效电荷数目为 $10^{11}\,\text{cm}^{-2}$(假设电荷在绝缘层均匀分布),如果室温下,器件的开启电压为 0.65V,求二氧化硅层的厚度。(西安交通大学 2006 年考研真题)

19. 对于一杂质浓度为 $3 \times 10^{15}\,\text{cm}^{-3}$ 的 p 型硅,试问:

(1) 其空间电荷层中单位面积的电量达到什么数值时表面出现反型层?

(2) 在其表面热生长二氧化硅之后,若要表面不出现反型层,必须将硅-二氧化硅之间单位面积的有效电荷数目控制在什么范围?

（3）若二氧化硅层的厚度为 1000Å，单位面积的有效电荷数目刚好控制在（2）中的临界值，那么构成 MOS 结构后，欲使半导体表面空间电荷量为 0，栅极相对于硅衬底应加多大电压？

20. 采用金属铝和一块掺杂浓度为 $3\times10^{16}\,\text{cm}^{-3}$ 的 p 型硅制备 MOS 结构。

（1）不考虑铝和半导体的功函数差，以及界面态的影响，计算半导体表面出现强反型层时的表面势 V_s；

（2）若氧化层厚度 $d_0=100\text{nm}$，计算此时形成 MOS 器件后的开启电压 V_T；

（3）若考虑铝与半导体的功函数差 $W_{ms}=-0.9\text{eV}$，界面态电荷密度 $Q_{ss}=10^{11}\,\text{cm}^{-2}$（可认为是一薄层电荷，并且位于二氧化硅与 p 型硅界面处），若要继续保持开启电压不变，此时的氧化层厚度应为多少？（北京工业大学 2013 年考研真题）

★21. 一个 MIS 结构的高频 C-V 特性如图 8-11 所示，该 MIS 结构的面积为 $4\times10^{-3}\,\text{cm}^2$，金属与半导体功函数差 $W_{ms}=-0.5\text{eV}$，介质层为二氧化硅，半导体衬底为硅，均匀掺杂浓度为 $N=2\times10^{16}\,\text{cm}^{-3}$。试求：

（1）半导体衬底是 n 型还是 p 型？在纵轴右侧半导体表面处于什么状态？

（2）该结构中氧化层厚度是多少？

（3）由于功函数差、氧化层电荷等非理想因素的影响，图中的 C-V 特性与理想 C-V 特性相比发生了偏移。假定氧化层中的电荷为靠近二氧化硅与硅界面的固定电荷，其面密度是多少？

（4）已知平带时的硅衬底单位面积表面层电容为 $C_{FBS}=\sqrt{\varepsilon_{Si}\varepsilon_0 q^2 N/(k_0 T)}$（其中 N 为衬底掺杂浓度），求整个面积上 MIS 结构的平带电容 C_{FB}。

（5）若氧化层正电荷稍微减少，则该结构的开启电压的绝对值会增大还是减小？为什么？
（北京工业大学 2019 年考研真题）

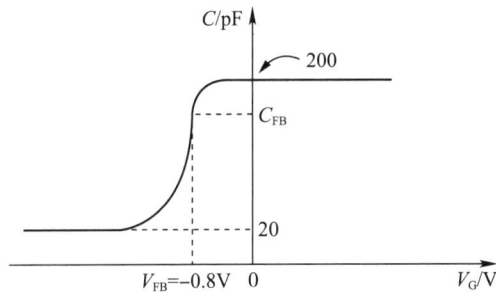

图 8-11　题 8.5-21 图

8.6　证明题

1. 以 p 型半导体为衬底的 MOS 结构，试证明在耗尽状态下，从半导体的空间电荷区边界 x_d 处开始到靠近绝缘体的半导体表面，电势按抛物线方式上升，即

$$V(x)=V_s\left(1-\frac{x}{x_d}\right)^2$$

式中，$V_s=\dfrac{qN_A x_d}{2\varepsilon_0\varepsilon_{rs}}$，$N_A$ 为衬底杂质浓度。（中国科学院大学 2012 年考研真题）

第8章 习题答案及详解

8.1 名词解释

表面态：晶体自由表面的存在使其周期性势场在表面处发生中断，从而在禁带中引入附加能级。这些附加能级上的电子局限在表面附近，并沿与表面相垂直的方向向晶体内呈指数衰减；这些附加的电子能态就是表面态。

强反型：半导体表面的少数载流子浓度超过体内的多数载流子浓度时，半导体表面开始形成与原来半导体衬底导电类型相反的一层，称作反型层。反型状态有强反型和弱反型两种情况，当表面势大于或等于2倍的费米势($V_s \geqslant 2V_B$)时，发生强反型。

MIS 平带状态：金属与半导体间所加电压为零时，表面势等于零，表面处能带不发生弯曲，称作平带状态。

平带电压：在 MOS 结构中，使半导体表面能带拉平(呈平带状态)所需要外加的电压。

MIS 开启电压：MIS 结构中，金属与半导体间所加电压使半导体表面达到强反型，对应的表面势 $V_s = 2V_B$ 时，金属板上加的电压习惯上称为开启电压，用 V_T 表示。

界面态：是指硅-二氧化硅界面处而能值位于硅禁带中的一些分立或连续的电子能级(能带)。它们可在很短的时间内和衬底半导体交换电荷，故又称为快界面态。称为快表面态的原因是为了和由吸附于二氧化硅外表面的分子/原子等所引起的外表面态加以区分。

MOSFET 沟道长度调制效应：是指 MOS 结构中，栅板下沟道预夹断后，若继续增大漏源电压 V_{ds}，夹断点会略向源极方向移动，导致夹断点到源极之间的沟道长度略有减小，有效沟道电阻也略有减小，从而使更多载流子自源极漂移到夹断点，最终导致在耗尽区的漂移载流子增多，使漏极电流 I_d 增大的效应。

漏致势垒降低效应：当沟道长度 L 减少、漏源电压 V_{ds} 增大时，从源区注入沟道的载流子增加，导致漏源电流增大。通常称该过程为漏致势垒降低效应，简称 DIBL。

半导体表面钝化：是指在半导体器件表面覆盖保护介质膜，以防止表面污染的一种工艺。

8.2 填空题

1. 大于零　小于零
2. 表面态　耗尽状态　反型状态
3. <100>　氢

8.3 选择题

1. A　　2. B C　　3. C　　4. B C F

8.4 简答题

1.【答】(1) 多子积累时，$V_G < 0, V_s < 0, V < 0$，对于足够大的 $|V_s|$ 和 $|V|$ 值，F 函数中 $\exp[qV/(k_0T)] \ll \exp[-qV/(k_0T)]$，p 型半导体中 $n_{p0}/p_{p0} = 1$，F 函数只有含 $\exp[-qV/(k_0T)]$ 的项起主要作用，其他项都可略去，即

$$F\left(\frac{qV_s}{k_0 T}, \frac{n_{p0}}{p_{p0}}\right) = \exp\left(-\frac{qV_s}{2k_0 T}\right)$$

(2) 平带状态时，$V_G = 0$，$V_s = 0$，代入 F 函数可得

$$F\left(\frac{qV_s}{k_0 T}, \frac{n_{p0}}{p_{p0}}\right) = 0$$

(3) 耗尽状态时，$V_G > 0$，$V_s > 0$，$V > 0$，$n_{p0}/p_{p0} \ll 1$，F 函数中 $\exp[-qV/(k_0 T)]$ 和 n_{p0}/p_{p0} 项都可略去，则有

$$F\left(\frac{qV_s}{k_0 T}, \frac{n_{p0}}{p_{p0}}\right) = \left(\frac{qV_s}{k_0 T}\right)^{1/2}$$

(4) 表面本征状态时，满足条件

$$V_s = V_B = \frac{k_0 T}{q} \ln\left(\frac{N_A}{n_i}\right)$$

已知 $p_{p0} = N_A$，代入上式，则有

$$p_{p0} = n_i \exp\left(\frac{qV_B}{k_0 T}\right)$$

由于 $n_{p0} p_{p0} = n_i^2$，可得

$$n_{p0} = n_i \exp\left(-\frac{qV_B}{k_0 T}\right)$$

以上两式相除，得

$$\frac{n_{p0}}{p_{p0}} = \exp\left(-\frac{2qV_B}{k_0 T}\right) = \exp\left(-\frac{2qV_s}{k_0 T}\right)$$

将上式代入 F 函数中，可得

$$F\left(\frac{qV_s}{k_0 T}, \frac{n_{p0}}{p_{p0}}\right) = \left\{-\left[\exp\left(-\frac{qV_s}{k_0 T}\right) - 1\right]^2 + \frac{qV_s}{k_0 T}\left[1 - \exp\left(-\frac{2qV_s}{k_0 T}\right)\right]\right\}^{1/2}$$

当 $qV_s \gg k_0 T$ 时，$\exp\left(-\frac{qV_s}{k_0 T}\right) \ll 1$，化简可得

$$F\left(\frac{qV_s}{k_0 T}, \frac{n_{p0}}{p_{p0}}\right) = \left(\frac{qV_s}{k_0 T}\right)^{1/2}$$

(5) 弱反型状态时，$V_B < V_s < 2V_B$，$V_s > 0$，$V > 0$，F 函数中 $\exp[-qV/(k_0 T)]$ 和 n_{p0}/p_{p0} 项都可略去，则有

$$F\left(\frac{qV_s}{k_0 T}, \frac{n_{p0}}{p_{p0}}\right) = \left(\frac{qV_s}{k_0 T}\right)^{1/2}$$

(6) 临界强反型状态时，满足条件

$$V_s = 2V_B = \frac{2k_0 T}{q} \ln\left(\frac{N_A}{n_i}\right)$$

可得

$$\frac{n_{p0}}{p_{p0}} = \exp\left(-\frac{2qV_B}{k_0 T}\right) = \exp\left(-\frac{qV_s}{k_0 T}\right)$$

代入 F 函数中，可得

$$F\left(\frac{qV_s}{k_0 T}, \frac{n_{p0}}{p_{p0}}\right) = \left\{\frac{qV_s}{k_0 T}\left[1 - \exp\left(\frac{-qV_s}{k_0 T}\right)\right]\right\}^{1/2} = \left(\frac{qV_s}{k_0 T}\right)^{1/2}$$

（7）强反型状态时，$V_s > 2V_B$，F 函数中 $\exp[qV_s/(k_0T)]$ 和 n_{p0}/p_{p0} 项随 qV_s 按指数关系增加，其值较其他各项都大得多，因此可略去其他项，得

$$F\left(\frac{qV_s}{k_0T}, \frac{n_{p0}}{p_{p0}}\right) = \left(\frac{n_{p0}}{p_{p0}}\right)^{1/2} \exp\left(\frac{qV_s}{2k_0T}\right)$$

2.【答】（1）积累时外加电压为负值（金属接负极）；耗尽时外加电压为正值（金属接正极）；反型与强反型，外加电压均为正值且逐渐增大，高于耗尽时所加电压。

（2）在积累层、耗尽层和反型层时的能带图和电荷分布，分别如图 8-12（a）、（b）和（c）所示。

（3）在强反型层时的能带图，如图 8-12（d）所示。

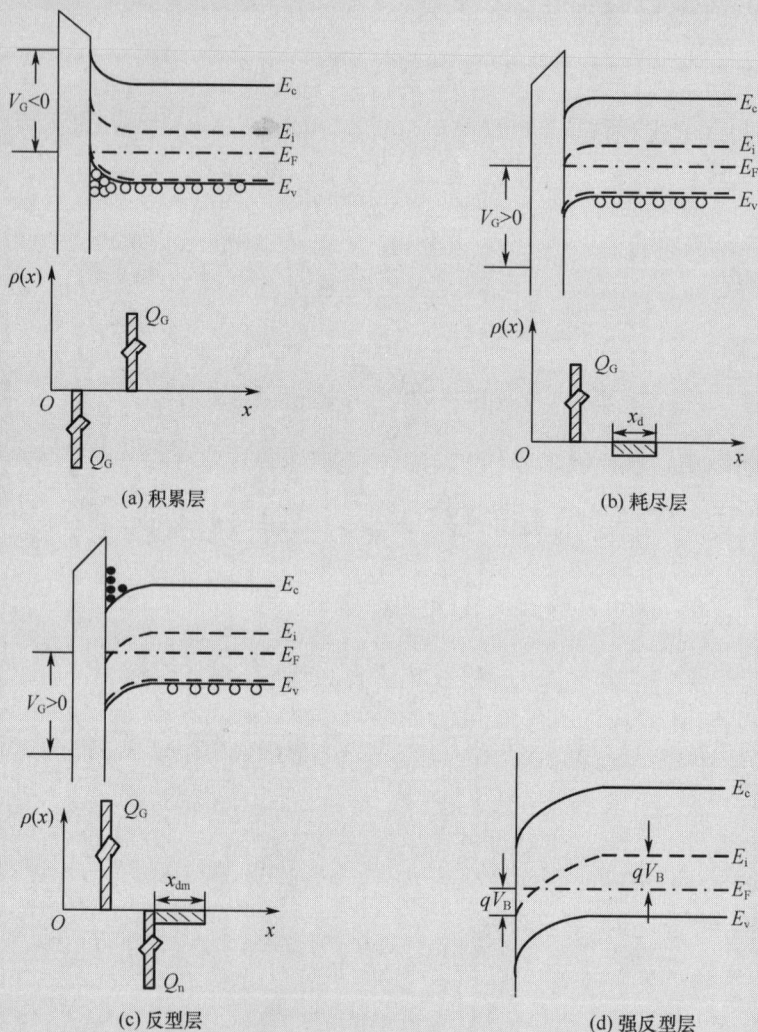

(a) 积累层　　(b) 耗尽层　　(c) 反型层　　(d) 强反型层

图 8-12　答案 8.4-2 图

3.【答】（1）理想 MIS 结构的电容表达式为

$$C = \cfrac{1}{\cfrac{1}{C_0} + \cfrac{1}{C_s}}$$

式中，C_0 为绝缘层电容，C_s 为半导体空间电荷层电容。

MIS 结构图及等效电路如图 8-13 所示。

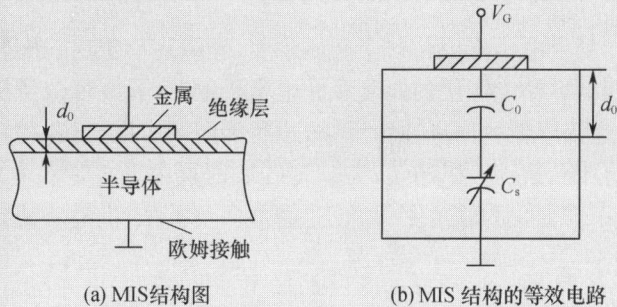

(a) MIS 结构图   (b) MIS 结构的等效电路

图 8-13   答案 8.4-3 图

(2) MIS 结构电容相当于绝缘层电容 C_0 和半导体空间电荷层电容 C_s 的串联。对于 p 型 MIS 结构，V_G 为负值时，半导体表面处于积累状态，从半导体内部到表面可以看成导通的，电荷集聚在绝缘层两边，此时半导体空间电荷层电容 C_s 无限大，MIS 结构总电容 C 等于绝缘层电容 C_0；当 V_G 为负值且绝对值减小时，表面势 $|V_s|$ 减小，半导体空间电荷层电容 C_s 减小，总电容 C 会降低。当 $V_G = 0$ 时，对于理想的 MIS 结构，表面势 $V_s = 0$，半导体空间电荷层电容 C_s 减小，总电容 C 持续降低。当 V_G 为正值时，半导体空间电荷层厚度 x_d 随 V_G 增大而增大，从而 C_s 继续越小，导致总电容 C 继续降低。当 V_G 增大出现反型后，半导体空间电荷层厚度达到最大值，少子电子集聚在半导体靠近绝缘层的表面处，半导体空间电荷层电容 C_s 开始增大，总电容 C 开始增加，如同只有绝缘层电容 C_0 一样。此时只适用于信号频率较低的情况。当信号频率较高时，反型层中电子的产生与复合将跟不上高频信号的变化，即反型层中电子的数量不能随高频信号而变化。因此，在高频信号时，反型层中电子对电容没有贡献，这时空间电荷层电容仍由耗尽层的电荷变化决定，由于强反型出现时耗尽层宽度达到最大值 x_{dm}，不随 V_G 变化，耗尽层贡献的电容将达到极小值并保持不变，C/C_0 也将保持在最小值 C'_{min}/C_0 并且不随 V_G 而变化。

4.【答】利用汞探针测量 C-V 特性获得硅外延层掺杂浓度，汞与硅表面形成的接触是肖特基接触。所加的电压通常为反向偏压，测量的是势垒电容，势垒电容随着外加电压的增大而减小。

5.【答】金属与半导体功函数差和绝缘层中电荷会影响理想 MOS 结构的平带电压。为了恢复上述两种因素存在时的平带状态，设所需加的平带电压分别用 V_{FB1} 和 V_{FB2} 表示，其公式分别为

$$V_{FB1} = -V_{ms} = \frac{W_m - W_s}{q}, \quad V_{FB2} = -\frac{Q}{C_0}$$

6.【答】固定表面电荷特征主要有：电荷的面密度是固定的，不能充放电；电荷位于硅-二氧化硅界面处的 20nm 范围以内；固定表面电荷密度 Q_{fc} 值受氧化层厚度或硅中杂质类型及浓度的影响不明显；固定表面电荷密度 Q_{fc} 与氧化和退火条件，以及硅单晶的晶向有很显著的关系。可移动钠离子电荷特征主要有：在二氧化硅中的扩散率和迁移率都很大；温度达到 100℃ 以上可在电场作用下以较大的迁移率发生漂移运动；钠离子的漂移可引起二氧化硅层中电荷分布的变化。

7.【答】开启电压是指在 MIS 结构中，半导体表面临界强反型，即当 $V_s = 2V_B$ 时加在 MIS 结构上的电压。对于理想的 p 型半导体组成的 MIS 结构，其值的大小为

$$V_T = \frac{[2\varepsilon_0 \varepsilon_{rs} q N_A (2V_B)]^{1/2}}{C_0} + \frac{2k_0 T}{q} \ln\left(\frac{N_A}{n_i}\right)$$

从上式可以看出,开启电压主要与衬底杂质浓度、绝缘层单位面积电容和本征载流子浓度有关;绝缘层单位面积电容受绝缘层的厚度和介电常数的影响,本征载流子浓度受温度和半导体禁带宽度的影响。适当降低衬底杂质浓度,减小绝缘层的厚度,可获得较低的开启电压。

8.【答】p 型硅的功函数较金属的大,在 p 型硅表面层内形成带负电的空间电荷层,使硅表面层内能带发生向下弯曲。为恢复平带状态,需加一负电压,抵消功函数不同引起的电场和能带弯曲,则有

$$V_{FB1} = \frac{W_m - W_s}{q} \qquad ①$$

式中,W_m 为金属的功函数,W_s 为半导体的功函数。

MOS 结构的氧化层受电荷影响时产生电场,有 $V_{FB2} = -Ex$,又根据高斯定理,金属与薄层电荷之间的电位移 D 等于电荷面密度,有 $Q = D = \varepsilon_{r0}\varepsilon_0 E$;再根据绝缘层单位面积电容公式 $\varepsilon_{r0}\varepsilon_0 = C_0 d_0$,可得

$$V_{FB2} = -\frac{xQ}{\varepsilon_{r0}\varepsilon_0} = -\frac{xQ}{d_0 C_0} \qquad ②$$

当薄层电荷贴近半导体($x = d_0$)时,V_{FB2} 有最大值,即

$$V_{FB2} = -\frac{xQ}{\varepsilon_{r0}\varepsilon_0} = -\frac{Q}{C_0} \qquad ③$$

当薄层电荷贴近金属($x = 0$)时,$V_{FB2} = 0$。

如果绝缘层中存在的是某种体电荷分布,可把它想象分成无数层薄层电荷。设坐标原点在金属与绝缘层的交界面处,并设在坐标 x 处,电荷密度为 $\rho(x)$,则在坐标为 x 与 $(x+dx)$ 间的薄层内,单位面积上的电荷为 $\rho(x)dx$,根据式②,得相应平带电压

$$dV_{FB2} = \frac{-x\rho(x)dx}{d_0 C_0}$$

对上式两边积分,可得

$$V_{FB2} = -\frac{1}{C_0}\int_0^{d_0} \frac{x\rho(x)}{d_0}dx \qquad ④$$

p 型衬底 MOS 结构平带电压的表达式为

$$V_{FB} = V_{FB1} + V_{FB2} = -V_{ms} - \frac{Q}{C_0} = \frac{W_m - W_s}{q} - \frac{Q}{C_0} \qquad ⑤$$

或者

$$V_{FB} = \frac{W_m - W_s}{q} - \frac{1}{C_0}\int_0^{d_0} \frac{x\rho(x)}{d_0}dx \qquad ⑥$$

假设 n^+ 多晶硅的费米能级和导带底重合,则功函数为

$$W_{sn} = \chi$$

p 型衬底的功函数为

$$W_{sp} = \chi + \frac{E_g}{2} + k_0 T \ln\frac{N_A}{n_i}$$

两种半导体的接触电势差为

$$V_{np} = -\left(\frac{E_g}{2q} + \frac{k_0 T}{q}\ln\frac{N_A}{n_i}\right)$$

那么,MOS 结构平带电压的表达式为

$$V_{FB} = V_{np} + V_{FB2} = -\left(\frac{E_g}{2q} + \frac{k_0 T}{q}\ln\frac{N_A}{n_i}\right) - \frac{Q}{C_0}$$

或者

$$V_{\mathrm{FB}} = -\left(\frac{E_{\mathrm{g}}}{2q} + \frac{k_0 T}{q}\ln\frac{N_A}{n_i}\right) - \frac{1}{C_0}\int_0^{d_0}\frac{x\rho(x)}{d_0}\mathrm{d}x$$

可以看出,其平带电压主要受栅极氧化层厚度、绝缘层中电荷和衬底杂质浓度的影响。杂质浓度越大,平带电压也越大。

9.【答】空间电荷层满足泊松方程

$$\frac{\mathrm{d}V^2(x)}{\mathrm{d}x^2} = -\frac{\rho(x)}{\varepsilon_{\mathrm{rs}}\varepsilon_0} \tag{①}$$

式中,$\varepsilon_{\mathrm{rs}}$ 为半导体的相对介电常数,$\rho(x)$ 为总的空间电荷密度,根据电中性方程

$$\rho(x) = q(n_D^+ - p_A^- + p_p - n_p) = 0 \tag{②}$$

式中,n_D^+,p_A^- 分别表示电离施主和电离受主浓度,p_p 和 n_p 分别表示坐标 x 点的空穴浓度和电子浓度,可得

$$n_D^+ - p_A^- = n_p - p_p \tag{③}$$

若考虑在表面层中经典统计仍能适用的情况,则在电势为 V 的 x 点,电子和空穴的浓度分别为

$$n_p = n_{p0}\exp\left(\frac{qV}{k_0 T}\right), \quad p_p = p_{p0}\exp\left(-\frac{qV}{k_0 T}\right) \tag{④}$$

式中,n_{p0}、p_{p0} 分别表示半导体体内的平衡电子浓度和平衡空穴浓度。

将式③、式④代入式①,可得

$$\frac{\mathrm{d}V^2(x)}{\mathrm{d}x^2} = -\frac{q}{\varepsilon_{\mathrm{rs}}\varepsilon_0}\left\{p_{p0}\left[\exp\left(-\frac{qV}{k_0 T}\right) - 1\right] - n_{p0}\left[\exp\left(\frac{qV}{k_0 T}\right) - 1\right]\right\}$$

上式两边乘以 $\mathrm{d}V$ 并积分,可得

$$\int_0^{\frac{\mathrm{d}V}{\mathrm{d}x}}\frac{\mathrm{d}V}{\mathrm{d}x}\mathrm{d}\left(\frac{\mathrm{d}V}{\mathrm{d}x}\right) = -\frac{q}{\varepsilon_{\mathrm{rs}}\varepsilon_0}\int_0^V\left\{p_{p0}\left[\exp\left(-\frac{qV}{k_0 T}\right) - 1\right] - n_{p0}\left[\exp\left(\frac{qV}{k_0 T}\right) - 1\right]\right\}\mathrm{d}V$$

对上式积分,并考虑到电场强度 $E = -\mathrm{d}V/\mathrm{d}x$,则有

$$E^2 = \left(\frac{2k_0 T}{q}\right)^2\left(\frac{q^2 p_{p0}}{2\varepsilon_{\mathrm{rs}}\varepsilon_0 k_0 T}\right)\left\{\left[\exp\left(-\frac{qV}{k_0 T}\right) + \frac{qV}{k_0 T} - 1\right] + \frac{n_{p0}}{p_{p0}}\left[\exp\left(\frac{qV}{k_0 T}\right) - \frac{qV}{k_0 T} - 1\right]\right\}$$

若令

$$L_{\mathrm{D}} = \left(\frac{\varepsilon_{\mathrm{rs}}\varepsilon_0 k_0 T}{q^2 p_{p0}}\right)^{1/2}$$

$$F\left(\frac{qV}{k_0 T}, \frac{n_{p0}}{p_{p0}}\right) = \left\{\left[\exp\left(-\frac{qV}{k_0 T}\right) + \frac{qV}{k_0 T} - 1\right] + \frac{n_{p0}}{p_{p0}}\left[\exp\left(\frac{qV}{k_0 T}\right) - \frac{qV}{k_0 T} - 1\right]\right\}^{1/2}$$

式中,L_{D} 为德拜长度。可求得 E 为

$$E = \pm\frac{\sqrt{2}k_0 T}{qL_{\mathrm{D}}}F\left(\frac{qV}{k_0 T}, \frac{n_{p0}}{p_{p0}}\right)$$

表面处 $V = V_s$ 时,代入上式可得表面处电场强度为

$$E_s = \pm\frac{\sqrt{2}k_0 T}{qL_{\mathrm{D}}}F\left(\frac{qV_s}{k_0 T}, \frac{n_{p0}}{p_{p0}}\right)$$

将上式代入表面电荷面密度 Q_s 与表面处电场强度的关系式中,有

$$Q_s = -\varepsilon_{rs}\varepsilon_0 E_s = \mp\frac{\sqrt{2}\,\varepsilon_{rs}\varepsilon_0 k_0 T}{q L_D}F\left(\frac{qV_s}{k_0 T},\frac{n_{p0}}{p_{p0}}\right)$$

根据微分电容公式 $C_s = \left|\dfrac{\partial Q_s}{\partial V_s}\right|$,可求得

$$C_s = \frac{\varepsilon_{rs}\varepsilon_0}{\sqrt{2}\,L_D}\frac{\left[-\exp\left(\dfrac{qV_s}{k_0 T}\right)+1\right]+\dfrac{n_{p0}}{p_{p0}}\left[\exp\left(\dfrac{qV_s}{k_0 T}\right)-1\right]}{F\left(\dfrac{qV_s}{k_0 T},\dfrac{n_{p0}}{p_{p0}}\right)} \qquad ⑤$$

平带状态时,外加电压 $V_G=0$,表面势 $V_s=0$,则有 $F[qV_s/(k_0 T),n_{p0}/p_{p0}]=0$,从而 $E_s=0$,$Q_s=0$。表面空间电荷层不能直接以 $V_s=0$ 代入式①得到,因给出的是不定值,而应由上式中 V_s 趋近于 0 求出极限值得到。当 V_s 很小且接近于 0 时,$\exp(qV/(k_0 T))$ 及 $\exp(-qV/(k_0 T))$ 项的展开级数中取到二次项即可,得

$$\exp\left(\pm\frac{qV}{k_0 T}\right)=1\pm\frac{qV}{k_0 T}+\frac{\left(\dfrac{qV}{k_0 T}\right)^2}{2}$$

将上式代入式⑤,经化简得到

$$C_s = \frac{\varepsilon_{rs}\varepsilon_0}{L_D}\frac{1-\dfrac{qV_s}{2k_0 T}+\dfrac{n_{p0}}{p_{p0}}\left(1+\dfrac{qV_s}{2k_0 T}\right)}{\left(1+\dfrac{n_{p0}}{p_{p0}}\right)^{1/2}}$$

接近平带状态时,V_s 趋近于零,则这时的电容为

$$C_{FBS}=\frac{\varepsilon_{rs}\varepsilon_0}{L_D}\left(1+\frac{n_{p0}}{p_{p0}}\right)^{1/2}$$

再考虑到 p 型半导体,$n_{p0}\ll p_{p0}$,最后得

$$C_{FBS}=\frac{\varepsilon_{rs}\varepsilon_0}{L_D}$$

10.【答】MOS 结构进行高频 $C\text{-}V$ 特性测试时,其电容是绝缘层电容及与最大耗尽层厚度相对应的耗尽层电容的串联组合,且有 $C_{max}=C_0$,因此,可得

$$\frac{C_{min}}{C_{max}}=\frac{1}{\left(1+\dfrac{\varepsilon_{r0}x_{dm}}{\varepsilon_{rs}d_0}\right)} \qquad ①$$

式中,ε_{r0} 为绝缘层的相对介电常数,ε_{rs} 为半导体的相对介电常数;x_{dm} 为耗尽层宽度,d_0 为绝缘层厚度。

由公式

$$\begin{cases} x_{dm}=\left(\dfrac{4\varepsilon_{rs}\varepsilon_0 V_B}{qN_A}\right)^{1/2} \\[2mm] V_B=\dfrac{k_0 T}{q}\ln\left(\dfrac{N_A}{n_i}\right) \end{cases}$$

式中,N_A 为衬底的杂质浓度,V_B 为衬底的费米势。可推导出

$$x_{dm}=\left[\frac{4\varepsilon_{rs}\varepsilon_0 k_0 T}{q^2 N_A}\ln\left(\frac{N_A}{n_i}\right)\right]^{1/2} \qquad ②$$

将式②代入式①可得

$$\frac{C_{\min}}{C_{\max}} = \frac{1}{1 + \frac{2\varepsilon_{r0}}{q\varepsilon_{rs}d_0}\left[\frac{\varepsilon_{rs}\varepsilon_0 k_0 T}{N_A}\ln\left(\frac{N_A}{n_i}\right)\right]^{1/2}}$$

即可求出杂质浓度。

11.【答】(1)由图 8-2(a)可知,曲线 A 表示低频信号,曲线 B 表示高频信号,曲线 C 表示耗尽状态。

(2) 同一种半导体材料,归一化电容 C/C_0 为绝缘层厚度、衬底杂质浓度的函数。当绝缘层厚度一定时,衬底杂质浓度越大,C_{FB}/C_0 和 $C'_{\min}/C_0$ 的值也越大,这是因为表面空间电荷层随衬底杂质浓度增大而变薄。另外,绝缘层厚度越大,C_0 越小,C_{FB}/C_0 也越大。所以图 8-2(b)中曲线 a 的杂质浓度和氧化层厚度比曲线 b 的大。

12.【答】(1)因为影响样品电容的是小水银接触面形成的肖特基接触。两个水银接触面形成"背靠背"的肖特基二极管,可以认为是两个可变电容的串联。结合公式 $1/C = 1/C_1 + 1/C_2$ (C_1 表示小水银圈和被测样品形成的肖特基电容值,C_2 表示大水银圈和被测样品形成的肖特基电容值),因为 $C_1 \ll C_2$,主要影响 C 值的是 C_1,所以不用考虑大圈一侧的影响。

(2) 方法如下:汞探针与硅片表面接触形成金属-半导体结构的肖特基结。在固定的接触面积下,测量不同外加电压时汞-硅肖特基结的势垒电容,用测试仪绘出 C-V 曲线,在耗尽区域中的高频处取点作切线,分别求得势垒电容 C 和电容电压变化率,由下式求得载流子浓度:

$$N = \frac{1}{A^2 \varepsilon_r \varepsilon_0 q} \frac{C^3}{\left(-\dfrac{dC}{dV}\right)}$$

8.5 计算题

1.【解】(1)根据费米势 qV_B 的定义,可得

$$qV_B = -k_0 T\ln\frac{N_D}{n_i} = -0.026\ln\frac{10^{15}}{1.02\times10^{10}} = -0.298\text{eV}$$

(2) 当表面势 $V_s = 2V_B$ 时,可得耗尽层宽度为

$$x_{dm} = \left[\frac{4\varepsilon_{rs}\varepsilon_0 V_B}{qN_D}\right]^{1/2} = \left[\frac{4\varepsilon_{rs}\varepsilon_0}{qN_D}\frac{k_0 T}{q}\ln\frac{N_D}{n_i}\right]^{1/2}$$

$$= \left[\frac{4\times11.9\times8.854\times10^{-14}}{1.602\times10^{-19}\times10^{15}}\times0.026\ln\frac{10^{15}}{1.02\times10^{10}}\right]^{1/2}$$

$$= 8.87\times10^{-5}\text{cm}$$

(3)当 $V_s = 2V_B$ 时,根据电场强度的定义,可得

$$E_s = -\frac{Q_s}{\varepsilon_{rs}\varepsilon_0} = \left(\frac{4qN_A}{\varepsilon_{rs}\varepsilon_0}\frac{k_0 T}{q}\ln\frac{N_D}{n_i}\right)^{1/2}$$

$$= \left(\frac{4\times1.602\times10^{-19}\times10^{15}}{11.9\times8.854\times10^{-14}}\times0.026\ln\frac{10^{15}}{1.02\times10^{10}}\right)^{1/2}$$

$$= 1.35\times10^4\text{V/cm}$$

2.【解】(1)MOS 结构进行高频 C-V 特性测试时,其电容是绝缘层电容及与最大耗尽层厚度相对应的耗尽层电容的串联组合,且有 $C_{\max} = C_0$,因此,可得最大高频电容为

$$C_{max} = C_0 = A_g \frac{\varepsilon_{r0}\varepsilon_0}{d_0} = 10^3 \times \frac{3.9 \times 8.854 \times 10^{-14}}{0.1 \times 10^{-4}} = 3.45 \times 10^{-6} \text{F}$$

（2）由（1）可得

$$\frac{C_{min}}{C_{max}} = \frac{1}{1 + \dfrac{\varepsilon_{r0} x_{dm}}{\varepsilon_{rs} d_0}} \qquad ①$$

已知耗尽层宽度极大值

$$x_{dm} = \left[\frac{4\varepsilon_{rs}\varepsilon_0 k_0 T}{q^2 N_D} \ln\left(\frac{N_D}{n_i}\right) \right]^{1/2} \qquad ②$$

将式②代入式①可得

$$\frac{C_{min}}{C_{max}} = \frac{1}{1 + \dfrac{2\varepsilon_{r0}}{q\varepsilon_{rs}d_0} \left[\dfrac{\varepsilon_{rs}\varepsilon_0 k_0 T}{N_D} \ln\left(\dfrac{N_D}{n_i}\right) \right]^{1/2}}$$

最小高频电容为

$$C_{min} = \frac{1}{1 + \dfrac{2 \times 3.9}{1.602 \times 10^{-19} \times 11.9 \times 0.1 \times 10^{-4}} \times \left(\dfrac{11.9 \times 8.854 \times 10^{-14} \times 1.38 \times 10^{-23} \times 300}{2 \times 10^{15}} \ln \dfrac{2 \times 10^{15}}{1.02 \times 10^{10}} \right)^{1/2}} \times$$

$$3.45 \times 10^{-6}$$

$$= 1.11 \times 10^{-6} \text{F}$$

3. 【解】设单位面积的介质层电容值为 C_0，则有

$$\frac{1}{C_0} = \frac{1}{C_1} + \frac{1}{C_2}$$

根据电容的计算公式，并假设介质层厚度为 d_0，可得

$$\begin{cases} C_1 = \dfrac{\varepsilon_{rSi_3N_4}\varepsilon_0}{d_0/2} = \dfrac{7.5\varepsilon_0}{d_0/2} = \dfrac{15\varepsilon_0}{d_0} \\ C_2 = \dfrac{\varepsilon_{rSiO_2}\varepsilon_0}{d_0/2} = \dfrac{3.9\varepsilon_0}{d_0/2} = \dfrac{7.8\varepsilon_0}{d_0} \end{cases}$$

可得

$$C_0 = \frac{1}{\dfrac{d_0}{15\varepsilon_0} + \dfrac{d_0}{7.8\varepsilon_0}} = \frac{5.13\varepsilon_0}{d_0} = \frac{5.13 \times 8.854 \times 10^{-14}}{100 \times 10^{-7}} = 4.54 \times 10^{-8} \text{F/cm}^2$$

4. 【解】（1）由图 8-4 可知，此半导体为 p 型半导体。

（2）根据绝缘层的电容计算公式

$$C_0 = \frac{\varepsilon_{r0}\varepsilon_0}{d_0}$$

可得氧化层厚度为

$$d_0 = \frac{\varepsilon_{r0}\varepsilon_0}{C_0} = \frac{3.9 \times 8.854 \times 10^{-12} \times 10^{-3}}{115 \times 10^{-12}} = 3.0 \times 10^{-4} \text{mm}$$

（3）由图 8-4 可知，$V_{FB} = -1.8\text{V}$。

平带电压产生的主要原因有金属与半导体的功函数差和绝缘层中的电荷。

(4) 根据平带电压公式

$$V_{FB} = -V_{ms} - \frac{Q}{C_0} = \frac{W_m - W_s}{q} - \frac{Q}{C_0}$$

可得

$$Q = C_0 \left(\frac{W_m - W_s}{q} - V_{FB} \right) = 115 \times 10^{-12} \times 10^2 \times (-0.60 + 1.8) = 1.38 \times 10^{-8} C/cm^2$$

则单位面积固定电荷数目为

$$N_{fc} = \frac{Q}{q} = \frac{1.38 \times 10^{-8}}{1.602 \times 10^{-19}} = 8.61 \times 10^{10} cm^{-2}$$

5. 【解】(1) 由图 8-5 可知,半导体为 p 型半导体。

(2) 当正向栅压很大,使表面势 $V_s \geqslant 2V_B$ 时,出现强反型;在频率较低情况下,大量电子集聚在半导体表面处,绝缘层两边堆积着电荷,反型层中积累电子屏蔽了外电场的作用;耗尽层宽度保持在极大值 x_{dm},这时 MOS 结构电容等于绝缘层电容 C_0,则有

$$C = C_0 = \frac{\varepsilon_{r0}\varepsilon_0}{d_0} = \frac{3.9 \times 8.854 \times 10^{-14}}{0.2 \times 10^{-4}} = 1.73 \times 10^{-8} F/cm^2$$

(3) MOS 结构的单位面积平带电容为

$$C_{FBS} = \frac{\varepsilon_{rs}\varepsilon_0}{L_D} = \frac{11.9 \times 8.854 \times 10^{-14}}{35 \times 10^{-7}} = 3.01 \times 10^{-7} F/cm^2$$

(4) 当 V_G 增加到反型时,高频 C-V 特性的电容继续降低,而低频 C-V 特性的电容开始升高。因为信号频率较高时,反型层中的电子产生和复合跟不上高频信号的变化,也即反型层中电子的数量不能随高频信号变化,反型层中电子对电容没有贡献,因此空间电荷层的电容仍由耗尽层的电荷变化决定;当 V_G 增加时,耗尽层宽度增加、电容继续降低。在信号频率较低条件下,V_G 增加导致大量电子集聚在半导体表面处,绝缘层两边堆积电荷导致电容增加,如同只有绝缘层电容。

6. 【解】(1) 由图 8-6 可知,半导体为 p 型半导体。

(2) 由图 8-6 可知 $C_0 \approx C_{FB} = 262 pF/mm^2$,则有

$$d_0 = \frac{\varepsilon_{r0}\varepsilon_0}{C_0} = \frac{3.9 \times 8.854 \times 10^{-14}}{262 \times 10^{-10}} = 1.32 \times 10^{-5} cm$$

(3) 由图 8-6 可知 $C_{min} = 100 pF/mm^2$,而强反型时,有

$$\frac{1}{C_{min}} = \frac{1}{C_0} + \frac{1}{C_s}$$

可得 $C_s = 162 pF/mm^2$,又知最大耗尽层电容

$$C_s = \frac{\varepsilon_{rs}\varepsilon_0}{x_{dm}}$$

可得刚反型时耗尽层宽度为

$$x_{dm} = \frac{11.9 \times 8.854 \times 10^{-14}}{162 \times 10^{-10}} = 6.5 \times 10^{-5} cm$$

(4) 同一种半导体材料,归一化电容 C/C_0 为绝缘层厚度、衬底杂质浓度的函数。当绝缘层厚度一定时,衬底杂质浓度越大,C_{FB}/C_0 和 C'_{min}/C_0 的值也越大,如图 8-14 所示。

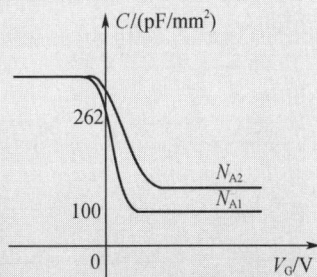

图 8-14   答案 8.5-6 图

7.【解】(1) 由图 8-7 可知,此半导体为 p 型半导体。当采用高频信号测试时,曲线变化如图 8-15 所示。

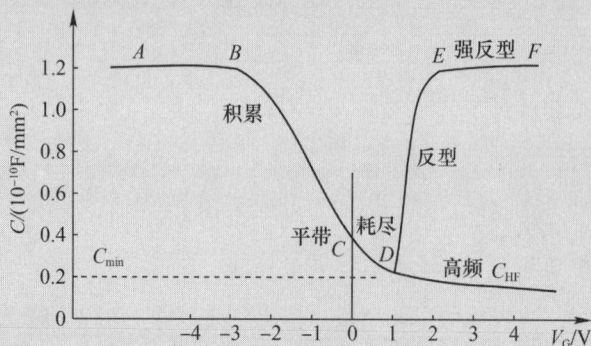

图 8-15 答案 8.5-7 图

(2) ①积累:AB,BC 段;②平带:C 点;③耗尽:CD 段;④反型:DE 段;⑤强反型:EF 段。

(3) 由图 8-7 可知 $C_0 = 1.2 \times 10^{-10}$ F/mm²,根据绝缘层电容的计算公式

$$C_0 = \frac{\varepsilon_{r0}\varepsilon_0}{d_0}$$

可得,氧化层厚度为

$$d_0 = \frac{\varepsilon_{r0}\varepsilon_0}{C_0} = \frac{3.9 \times 8.854 \times 10^{-14}}{1.2 \times 10^{-10} \times 10^2} = 2.878 \times 10^{-5} \text{cm}$$

由图 8-7 可知 $C_{min} = 0.2 \times 10^{-10}$ F/mm²,而强反型时,有

$$\frac{1}{C_{min}} = \frac{1}{C_0} + \frac{1}{C_s}$$

可得 $C_s = 0.24 \times 10^{-10}$ F/mm²,又知最大耗尽层电容

$$C_s = \frac{\varepsilon_{rs}\varepsilon_0}{x_{dm}}$$

可得刚反型时耗尽层宽度为

$$x_{dm} = \frac{11.9 \times 8.854 \times 10^{-14}}{0.24 \times 10^{-10} \times 10^2} = 4.39 \times 10^{-4} \text{cm}$$

8.【解】(1) 根据发生强反型的临界条件

$$V_s = 2V_B = \frac{2k_0 T}{q}\ln\frac{N_A}{n_i}$$

将第一个器件结构 p 型硅的杂质浓度 $N_{A1} = 2 \times 10^{15}$ cm⁻³ 和第二个器件结构中 p 型硅的杂质浓度 $N_{A2} = 2 \times 10^{16}$ cm⁻³ 分别代入上式,可得两个器件各自达到强反型的条件为

$$\begin{cases} V_{s1} = 2 \times 0.026\ln\dfrac{2 \times 10^{15}}{1.02 \times 10^{10}} = 0.63\text{V} \\[3mm] V_{s2} = 2 \times 0.026\ln\dfrac{2 \times 10^{16}}{1.02 \times 10^{10}} = 0.75\text{V} \end{cases}$$

(2) 已知

$$V_{FB} = -V_{ms} = \frac{W_m - W_s}{q}$$

可得这两种器件结构的平带电压差为

$$V_{FB1}-V_{FB2}=\frac{W_{s2}-W_{s1}}{q}=\frac{E_{F1}-E_{F2}}{q}$$

根据价带中空穴的计算公式

$$p_0=N_A=N_v\exp\left(\frac{E_v-E_F}{k_0T}\right)=N_v\exp\left(\frac{E_v-E_i+E_i-E_F}{k_0T}\right)=n_i\exp\left(\frac{E_i-E_F}{k_0T}\right)$$

可得

$$E_F=E_i-k_0T\ln\frac{N_A}{n_i}$$

那么有

$$V_{FB1}-V_{FB2}=\frac{k_0T}{q}\ln\frac{N_{A1}}{n_i}+\frac{k_0T}{q}\ln\frac{N_{A2}}{n_i}=\frac{k_0T}{q}\ln\frac{N_{A2}}{N_{A1}}=0.026\ln\frac{2\times10^{16}}{2\times10^{15}}=0.060V$$

9.【解】(1) 表面处于强反型状态,则电场分布曲线与电势分布曲线如图8-16所示。

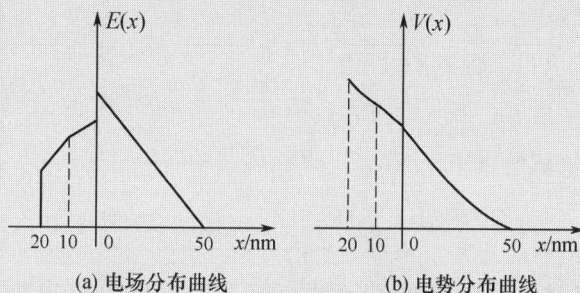

(a) 电场分布曲线　　(b) 电势分布曲线

图8-16　答案8.5-9图

(2) 根据题中图8-8所示坐标系,对于二氧化硅层有

$$\begin{cases}\rho_1(x)=qN_1=1.602\times10^{-19}\times3\times10^{16}=4.81\times10^{-3}C/cm^3\\C_{01}=\dfrac{\varepsilon_{r01}\varepsilon_0}{d_{01}}=\dfrac{8.854\times10^{-14}\times3.4}{10\times10^{-7}}=3.01\times10^{-7}F/cm^2\end{cases}$$

则二氧化硅层引起的平带电压为

$$V_{FB1}=-\frac{1}{C_{01}}\int_0^{10\times10^{-7}}\frac{x\rho_1(x)}{d_{01}}dx=-\frac{1}{3.01\times10^{-7}}\times\frac{4.81\times10^{-3}}{10\times10^{-7}}\times\frac{1}{2}x^2\Big|_0^{10\times10^{-7}}$$

$$=-8.0\times10^{-3}V$$

对于富硅 SiO_x 层有

$$\begin{cases}\rho_2(x)=qN_2=1.602\times10^{-19}\times1\times10^{16}=1.602\times10^{-3}C/cm^3\\C_{02}=\dfrac{\varepsilon_{r02}\varepsilon_0}{d_{02}}=\dfrac{8.854\times10^{-14}\times3.4}{10\times10^{-7}}=3.01\times10^{-7}F/cm^2\end{cases}$$

则富硅 SiO_x 层引起的平带电压为

$$V_{FB2}=-\frac{\rho_2(x)d_{02}}{C_{01}}-\frac{1}{C_{02}}\int_0^{10\times10^{-7}}\frac{x\rho_2(x)}{d_{02}}dx$$

$$=-\frac{1.602\times10^{-19}\times10^{16}\times10\times10^{-7}}{3.01\times10^{-7}}-\frac{1}{3.01\times10^{-7}}\times\frac{1.602\times10^{-3}}{10\times10^{-7}}\times\frac{1}{2}x^2\Big|_0^{10\times10^{-7}}$$

$$=-7.99\times10^{-3}V$$

绝缘层电容为二氧化硅和富硅 SiO_x 串联产生的电容,则有

$$C = 1 / \left(\frac{1}{C_{01}} + \frac{1}{C_{02}} \right) = 1 / \left(\frac{1}{3.01 \times 10^{-7}} + \frac{1}{3.01 \times 10^{-7}} \right) = 1.505 \times 10^{-7} \text{F/cm}^2$$

界面电荷引起的平带电压为

$$V_{FB3} = -\frac{Q_{fc}}{C} = -\frac{1.602 \times 10^{-19} \times 1 \times 10^{11}}{1.505 \times 10^{-7}} = -1.06 \times 10^{-1} \text{V}$$

总平带电压为

$$V_{FB} = V_{FB1} + V_{FB2} + V_{FB3} = -8.0 \times 10^{-3} - 7.99 \times 10^{-3} - 1.06 \times 10^{-1} = -0.122 \text{V}$$

10.【解】因为二氧化硅的固定表面电荷分布在硅-二氧化硅界面处,则有

$$\Delta V_{FB|fc} = \frac{qN_{fc}}{C_0}$$

式中,C_0 为绝缘层电容,可得

$$C_0 = \frac{qN_{fc}}{\Delta V_{FB|fc}} = \frac{1 \times 10^{11} \times 1.602 \times 10^{-19}}{1.2} = 1.34 \times 10^{-8} \text{F/cm}^2$$

可得二氧化硅中每单位面积上钠离子电荷量为

$$Q_{Na} = \Delta V_{FB|Na} C_0 = 1.65 \times 1.34 \times 10^{-8} = 2.21 \times 10^{-8} \text{C/cm}^2$$

那么,二氧化硅中单位面积的钠离子数为

$$N_{Na} = \frac{Q_{Na}}{q} = \frac{2.21 \times 10^{-8}}{1.602 \times 10^{-19}} = 1.38 \times 10^{11} \text{cm}^{-2}$$

11.【解】(1) 半导体表面空间电荷区特性用耗尽层近似,根据泊松方程

$$\frac{d^2 V(x)}{dx^2} = -\frac{\rho(x)}{\varepsilon_{rs}\varepsilon_0} = -\frac{qN_D}{\varepsilon_{rs}\varepsilon_0}$$

对上式进行积分得

$$\frac{dV(x)}{dx} = -\frac{qN_D}{\varepsilon_{rs}\varepsilon_0}x + C$$

对上式进行积分,半导体内部电场强度为零时,得边界条件 $x = x_d$,$dV/dx = 0$,可得

$$\frac{dV(x)}{dx} = -\frac{qN_D}{\varepsilon_{rs}\varepsilon_0}(x - x_d)$$

再对上式进行积分,设体内电势为零,即 $x = x_d$,$V = 0$,可得

$$V(x) = -\frac{qN_D}{2\varepsilon_{rs}\varepsilon_0}(x - x_d)^2$$

令 $x = 0$,半导体表面势 V_s 的表达式为

$$V_s = -\frac{qN_D x_d^2}{2\varepsilon_{rs}\varepsilon_0}$$

(2) 当表面势 $V_s = -0.4$V 时,可得

$$x_d = \left(\frac{2\varepsilon_{rs}\varepsilon_0 |V_s|}{qN_D} \right)^{1/2} = \left(\frac{2 \times 11.9 \times 8.854 \times 10^{-14} \times 0.4}{1.602 \times 10^{-19} \times 10^{16}} \right)^{1/2} = 2.29 \times 10^{-5} \text{cm}$$

$$Q_s = qN_D x_d = 1.602 \times 10^{-19} \times 10^{16} \times 2.29 \times 10^{-5} = 3.67 \times 10^{-8} \text{C/cm}^2$$

当表面势 $V_s = 2V_B$ 时,耗尽层宽度达到最大值 x_{dm},根据费米势 V_B 的定义,则有

$$V_s = 2V_B = -2 \times \frac{k_0 T}{q} \ln \frac{N_D}{n_i} = -2 \times 0.026 \ln \frac{10^{16}}{1.02 \times 10^{10}} = -0.717 \text{V}$$

$$x_{dm} = \left(\frac{2\varepsilon_{rs}\varepsilon_0|V_s|}{qN_D}\right)^{1/2} = = \left(\frac{2\times11.9\times8.854\times10^{-14}\times0.717}{1.602\times10^{-19}\times10^{16}}\right)^{1/2} = 3.07\times10^{-5}\,\text{cm}$$

（3）忽略金属和半导体的功函数差，外加电压 V_G 为
$$V_G = V_0 + V_s = V_0 + 2V_B$$

其中
$$V_0 = -\frac{qN_D x_{dm}}{\dfrac{\varepsilon_{ra}\varepsilon_0}{d_0}} = -\frac{qN_D x_{dm} d_0}{\varepsilon_{ra}\varepsilon_0} = -\frac{1.602\times10^{-19}\times10^{16}\times3.07\times10^{-5}\times0.4\times10^{-4}}{1\times8.854\times10^{-14}} = -22.22\,\text{V}$$

则有
$$V_G = V_0 + V_s = -22.22 - 0.717 = -22.937\,\text{V}$$

12.【解】（1）当表面势 $V_s = V_B$ 时，可得耗尽层宽度为
$$x_d = \left[\frac{2\varepsilon_{rs}\varepsilon_0 V_B}{qN_A}\right]^{1/2} = \left[\frac{2\varepsilon_{rs}\varepsilon_0}{qN_A}\frac{k_0 T}{q}\ln\frac{N_A}{n_i}\right]^{1/2}$$
$$= \left[\frac{2\times11.9\times8.854\times10^{-14}\times0.026}{1.602\times10^{-19}\times10^{15}}\times\ln\left(\frac{10^{15}}{1.02\times10^{10}}\right)\right]^{1/2}$$
$$= 6.27\times10^{-5}\,\text{cm}$$

（2）当表面势 $V_s = V_B$ 时，根据电场强度定义，可得
$$E_s = -\frac{Q_s}{\varepsilon_{rs}\varepsilon_0} = \left(\frac{2qN_A}{\varepsilon_{rs}\varepsilon_0}\frac{k_0 T}{q}\ln\frac{N_A}{n_i}\right)^{1/2}$$
$$= \left(\frac{2\times1.602\times10^{-19}\times10^{15}\times0.026}{11.9\times8.854\times10^{-14}}\times\ln\frac{10^{15}}{1.02\times10^{10}}\right)^{1/2}$$
$$= 9.53\times10^3\,\text{V/cm}$$

（3）当表面势等于费米势时，外加电压为
$$V_G = V_0 + V_s = -\frac{Q_s}{C_0} + V_B$$
$$= \frac{\left(2\varepsilon_{rs}\varepsilon_0 qN_A\dfrac{k_0 T}{q}\ln\dfrac{N_A}{n_i}\right)^{1/2}}{\varepsilon_{rs}\varepsilon_0/d_0} + \frac{k_0 T}{q}\ln\frac{N_A}{n_i}$$
$$= \frac{\left(2\times11.9\times8.854\times10^{-14}\times1.602\times10^{-19}\times10^{15}\times0.026\ln\dfrac{10^{15}}{1.02\times10^{10}}\right)^{1/2}}{\dfrac{11.9\times8.854\times10^{-14}}{0.1\times10^{-4}}} +$$

$$0.026\ln\frac{10^{15}}{1.02\times10^{10}}$$
$$= 0.095 + 0.299$$
$$= 0.394\,\text{V}$$

13.【解】根据绝缘层电容的定义，可得
$$C_0 = \frac{\varepsilon_{r0}\varepsilon}{d_0} = \frac{3.9\times8.854\times10^{-14}}{1000\times10^{-8}} = 3.45\times10^{-8}\,\text{F/cm}^2$$

金属和半导体功函数差产生的电势为
$$V_{ms} = \frac{W_s - W_m}{q} = 4.97 - 4.2 = 0.77\,\text{V}$$

固定电荷产生的电势为

$$V_{fc}=\frac{Q_{fc}}{C_0}=\frac{5\times10^{10}\times1.602\times10^{-19}}{3.45\times10^{-8}}=0.232V$$

那么表面势为

$$V_s=V_{ms}+V_{fc}=0.77+0.232=1.002V$$

又知

$$V_B=\frac{k_0T}{q}\ln\frac{N_A}{n_i}=0.026\ln\frac{1.5\times10^{16}}{1.02\times10^{10}}=0.37V$$

可以看出 $V_s>2V_B$,半导体表面处于强反型状态。

14.【解】(1) 根据费米势的定义,则有

$$V_B=\frac{k_0T}{q}\ln\frac{N_A}{n_i}=0.026\ln\frac{1.5\times10^{15}}{1.02\times10^{10}}=0.31V$$

空间电荷层中单位面积的电量为

$$Q_s=qN_Ax_{dm}=-[2\varepsilon_{rs}\varepsilon_0qN_A(2V_B)]^{1/2}$$
$$=-[2\times11.9\times8.854\times10^{-14}\times1.602\times10^{-19}\times1.5\times10^{15}\times(2\times0.31)]^{1/2}$$
$$=-1.77\times10^{-8}C$$

二氧化硅层的单位面积电容为

$$C_0=\frac{\varepsilon_{r0}\varepsilon_0}{d_0}=\frac{3.9\times8.854\times10^{-14}}{0.2\times10^{-4}}=1.73\times10^{-8}F/cm^2$$

理想条件下的开启电压为

$$V_T=V_0+V_s=-\frac{Q_s}{C_0}+2V_B=\frac{1.77\times10^{-8}}{1.73\times10^{-8}}+2\times0.31\approx1.64V$$

(2) 开启电压变化,即固定正电荷产生的平带电压为

$$\Delta V_T=V_{FB}=-\frac{Q_{fc}}{C_0}=-2.6-1.64=-4.24V$$

单位面积上的固定电荷量为

$$Q_{fc}=-V_{FB}C_0=4.24\times1.73\times10^{-8}=7.34\times10^{-8}C/cm^2$$

15.【解】(1) 体内载流子数最少时,MOS结构处于耗尽状态,那么表面势 V_s 为

$$V_s=V_B=\frac{k_0T}{q}\ln\frac{N_A}{n_i}=\frac{qN_Ax_d^2}{2\varepsilon_{rs}\varepsilon_0}$$

解得空间电荷区宽度为

$$x_d=\left[\frac{2\varepsilon_{rs}\varepsilon_0k_0T}{q^2N_A}\ln\frac{N_A}{n_i}\right]^{1/2}$$

p型半导体的功函数为

$$W_s=\chi+\frac{E_g}{2}+k_0T\ln\frac{N_A}{n_i}=4.05+\frac{E_g}{2}+k_0T\ln\frac{N_A}{n_i}$$

功函数产生的平带电压为

$$V_{ms}=\frac{W_s-W_m}{q}=\frac{W_s}{q}-\frac{W_m}{q}=\left(\frac{E_g}{2q}+\frac{k_0T}{q}\ln\frac{N_A}{n_i}\right)-0.15$$

根据栅压的定义,可得

$$V_G = V_0 + V_s - V_{ms}$$

$$= \frac{\left[2\varepsilon_{rs}\varepsilon_0 q N_A\left(\dfrac{k_0 T}{q}\ln\dfrac{N_A}{n_i}\right)\right]^{1/2}}{\varepsilon_{r0}\varepsilon_0/d_0} + \frac{k_0 T}{q}\ln\frac{N_A}{n_i} + 0.15 - \left(\frac{E_g}{2q} + \frac{k_0 T}{q}\ln\frac{N_A}{n_i}\right)$$

$$= \frac{\left[2\varepsilon_{rs}\varepsilon_0 q N_A\left(\dfrac{k_0 T}{q}\ln\dfrac{N_A}{n_i}\right)\right]^{1/2} d_0}{\varepsilon_{r0}\varepsilon_0} + 0.15 - \frac{E_g}{2q}$$

在耗尽状态时,表面空间电荷层电容为

$$C_s = \frac{\varepsilon_{rs}\varepsilon_0}{x_d} = \frac{\varepsilon_{rs}\varepsilon_0}{\left[\dfrac{2\varepsilon_{rs}\varepsilon_0 k_0 T}{q^2 N_A}\ln\left(\dfrac{N_A}{n_i}\right)\right]^{1/2}}$$

则有

$$C_s = \sqrt{\frac{\varepsilon_{rs}\varepsilon_0 q^2 N_A}{2k_0 T}\ln\frac{n_i}{N_A}}$$

(2) 根据图 8-9,可知绝缘层电荷密度分布为

$$\rho(x) = \begin{cases} \dfrac{q N_t}{50\times 10^{-7}}x & (0 < x < 50\times 10^{-7}) \\[2mm] q N_t & (50\times 10^{-7} < x < d_0) \end{cases}$$

在绝缘层 $0\sim 50\times 10^{-7}$ cm 范围内产生的电位为

$$dV_{FB1} = -\frac{dQ(x)}{C(x)} = -\frac{\rho(x)dx}{\dfrac{\varepsilon_{r0}\varepsilon_0}{x}} = -\frac{x\rho(x)dx}{\varepsilon_{r0}\varepsilon_0}$$

故有

$$V_{FB1} = -\frac{1}{\varepsilon_{r0}\varepsilon_0}\int_0^{50\times 10^{-7}}\frac{q N_t}{50\times 10^{-7}}x^2 dx = -\frac{1}{3\varepsilon_{r0}\varepsilon_0}\left.\frac{q N_t}{50\times 10^{-7}}x^3\right|_0^{50\times 10^{-7}} = -\frac{q N_t (50\times 10^{-7})^2}{3\varepsilon_{r0}\varepsilon_0}$$

在绝缘层 50×10^{-7} cm $\sim d_0$ 范围内产生的电位为

$$dV_{FB2} = -\frac{dQ(x)}{C(x)} = -\frac{q N_t dx}{\dfrac{\varepsilon_{r0}\varepsilon_0}{50\times 10^{-7}+x}} = -\frac{q N_t(50\times 10^{-7}+x)dx}{\varepsilon_{r0}\varepsilon_0}$$

则有

$$V_{FB2} = -\frac{1}{\varepsilon_{r0}\varepsilon_0}\int_0^{50\times 10^{-7}}q N_t(50\times 10^{-7}+x)dx = -\frac{q N_t(50\times 10^{-7})^2}{\varepsilon_{r0}\varepsilon_0} - \frac{q N_t(50\times 10^{-7})^2}{2\varepsilon_{r0}\varepsilon_0}$$

$$= -\frac{3q N_t(50\times 10^{-7})^2}{2\varepsilon_{r0}\varepsilon_0}$$

根据 MOS 结构开启电压的定义,可知

$$V_T = V_0 + 2V_B + V_{FB1} + V_{FB2} - V_{ms}$$

$$= \frac{\left[2\varepsilon_{rs}\varepsilon_0 q N_A(2V_s)\right]^{1/2}}{\varepsilon_{r0}\varepsilon_0/d_0} + \frac{2k_0 T}{q}\ln\frac{N_A}{n_i} - \frac{q N_t(50\times 10^{-7})^2}{3\varepsilon_{r0}\varepsilon_0} -$$

$$\frac{3q N_t(50\times 10^{-7})^2}{2\varepsilon_{r0}\varepsilon_0} + 0.15 - \left(\frac{E_g}{2q} + \frac{k_0 T}{q}\ln\frac{N_A}{n_i}\right)$$

$$= \frac{\left[2\varepsilon_{rs}\varepsilon_0 q N_A\left(\dfrac{2k_0 T}{q}\ln\dfrac{N_A}{n_i}\right)\right]^{1/2} d_0}{\varepsilon_{r0}\varepsilon_0} + \frac{k_0 T}{q}\ln\frac{N_A}{n_i} - \frac{11q N_t(50\times 10^{-7})^2}{6\varepsilon_{r0}\varepsilon_0} + 0.15 - \frac{E_g}{2q}$$

16.【解】假设靠近半导体一侧电荷的密度为 ρ_{SiO_2}，因在二氧化硅中存在三角形分布（靠金属一侧为 0，靠半导体一侧高），其电荷分布函数为

$$\rho(x) = \frac{\rho_{SiO_2}}{d_0}x$$

相应的平带电压为

$$V_{FB1} = -\frac{1}{C_0 d_0}\int_0^{d_0}\frac{\rho_{SiO_2}}{d_0}x^2 dx = -\frac{\rho_{SiO_2}}{3C_0}d_0$$

又有 $C_0 = \varepsilon_{r0}\varepsilon_0/d_0$，则有

$$V_{FB1} = -\frac{\rho_{SiO_2}}{3\varepsilon_{r0}\varepsilon_0}d_0^2$$

根据 p 型半导体功函数的定义，可得

$$W_s = \chi + \frac{E_g}{2} + \frac{k_0 T}{q}\ln\frac{N_A}{n_i} = 4.05 + \frac{1.12}{2} + 0.026\ln\frac{10^{16}}{1.02\times10^{10}} = 4.97\,\text{eV}$$

功函数差产生的平带电压为

$$V_{ms} = \frac{W_s - W_m}{q} = \frac{W_s}{q} - \frac{W_m}{q} = 4.97 - 4.05 = 0.92\,\text{V}$$

平带电压为

$$V_{FB} = -V_m + V_{FB1} = -0.92 - \frac{\rho_{SiO_2}}{3\varepsilon_{r0}\varepsilon_0}d_0^2$$

由图 8-10 可知，平带电压为 $V_{FB} = -1.4\,\text{V}$，则有

$$-1.4 = -V_{ms} + V_{FB1} = -0.92 - \frac{\rho_{SiO_2}}{3\varepsilon_{r0}\varepsilon_0}d_0^2 = -0.92 - \frac{\rho_{SiO_2}}{3\times3.9\times8.854\times10^{-14}}\times(0.1\times10^{-4})^2$$

解得

$$\rho_{SiO_2} = 4.97\times10^{-3}\,\text{C/cm}^3$$

单位面积的二氧化硅中固定正电荷数目为

$$N_{fc} = \frac{\rho_{SiO_2}d_0}{2q} = \frac{4.97\times10^{-3}\times0.1\times10^{-4}}{2\times1.602\times10^{-19}} = 1.55\times10^{11}\,\text{cm}^{-2}$$

17.【解】由图 4-5 可查，电阻率为 $5\Omega\cdot\text{cm}$ 的 p 型硅杂质浓度为 $10^{15}\,\text{cm}^{-3}$。根据 p 型半导体价带空穴的计算公式

$$p_0 = N_v\exp\left(\frac{E_v - E_F}{k_0 T}\right)$$

可得

$$E_F - E_v = -k_0 T\ln\frac{p_0}{N_v} = -0.026\ln\frac{10^{15}}{1.1\times10^{19}} = 0.242\,\text{eV}$$

该 p 型硅的功函数为

$$W_s = \chi + E_g - (E_F - E_v) = 4.05 + 1.12 - 0.242 = 4.93\,\text{eV}$$

二氧化硅层中，可动钠离子产生的平带电压为

$$V_{FB1} = -\frac{Q_{Na}}{C_0} = -\frac{qN_{Na}}{\varepsilon_{r0}\varepsilon_0/d_0} = -\frac{10^{11}\times1.602\times10^{-19}\times1000\times10^{-7}}{3.9\times8.854\times10^{-14}} = -4.64\,\text{V}$$

固定表面电荷产生的平带电压为

$$V_{FB2}=-\frac{Q_{fc}}{C_0}=-\frac{qN_{fc}}{\varepsilon_{r0}\varepsilon_0/d_0}=-\frac{10^{11}\times1.602\times10^{-19}\times1000\times10^{-7}}{3.9\times8.854\times10^{-14}}=-4.64V$$

$$(\Delta V_{FB})_{max}=|V_{FB1}|=4.64V$$

功函数差产生的平带电压为

$$V_{ms}=\frac{W_s-W_m}{q}=4.93-4.25=0.68V$$

该 MOS 电容的平带电压为

$$V_{FB}=V_{FB1}+V_{FB2}-V_{ms}=-4.64-4.64-0.68=-9.96V$$

如果进行偏压温度实验,最大平带电压变化量就是纳离子引起的平带电压,即

$$(\Delta V_{FB})_{max}=|V_{FB1}|=4.64V$$

18.【解】根据 MOS 器件的开启电压定义,可知表面势为

$$V_s=2V_B=\frac{2k_0T}{q}\ln\frac{N_A}{n_i}=2\times0.026\ln\frac{3\times10^{16}}{1.02\times10^{10}}=0.775V$$

假设绝缘层厚度为 d_0,降落在绝缘层上的电势为

$$V_0=-\frac{Q_s}{C_0}=\frac{[2\varepsilon_{rs}\varepsilon_0qN_A(2V_B)]^{1/2}}{\varepsilon_{r0}\varepsilon_0/d_0}$$

$$=\frac{[2\times3.9\times8.854\times10^{-14}\times1.602\times10^{-19}\times3\times10^{16}\times0.775]^{1/2}}{3.9\times8.854\times10^{-14}}d_0$$

$$=1.47\times10^5d_0$$

假设绝缘层二氧化硅中电荷均匀分布,为抵消绝缘层内电荷影响所需加的平带电压为

$$V_{FB1}=\int_0^{d_0}\frac{-x\rho(x)}{d_0C_0}dx=\int_0^{d_0}\frac{-x\rho(x)}{\varepsilon_{r0}\varepsilon_0}dx=\int_0^{d_0}\frac{-x\times\frac{10^{11}\times1.602\times10^{-19}}{d_0}}{3.9\times8.854\times10^{-14}}dx$$

$$=-2.32\times10^4d_0$$

已知 n 型 MOS 器件的开启电压为

$$V_T=V_0+2V_B+V_{FB}=V_0+2V_B+V_{FB1}+V_{ms}$$

则有

$$0.65=1.47\times10^5d_0+0.775-2.32\times10^4d_0-1.13$$

解得二氧化硅的厚度为

$$d_0=8.12\times10^{-6}cm$$

19.【解】(1) 当 $V_s>V_B$ 时,表面出现反型层;根据费米势的定义有

$$V_B=\frac{k_0T}{q}\ln\frac{N_A}{n_i}=0.026\ln\frac{3\times10^{15}}{1.02\times10^{10}}=0.327V$$

当弱反型时,得空间电荷层中单位面积的电量为

$$Q_s\leqslant-(2\varepsilon_{rs}\varepsilon_0qN_AV_B)^{1/2}=-(2\times11.9\times8.854\times10^{-14}\times1.602\times10^{-19}\times3\times10^{15}\times0.327)^{1/2}$$

$$=-1.82\times10^{-8}C/cm^2$$

当强反型时,得空间电荷层中单位面积的电量为

$$Q'_s \leqslant -[2\varepsilon_{rs}\varepsilon_0 qN_A(2V_B)]^{1/2} = -[2\times 11.9\times 8.854\times 10^{-14}\times 1.602\times 10^{-19}\times 3\times 10^{15}\times 2\times 0.327]^{1/2}$$
$$= -2.57\times 10^{-8}\,\text{C/cm}^2$$

(2) 若要表面不出现反型层,则硅-二氧化硅之间单位面积的有效电荷数目为

$$N_{eff} \leqslant -\frac{Q_s}{q} = \frac{(2\varepsilon_{rs}\varepsilon_0 qN_A V_B)^{1/2}}{q} = \frac{(2\times 11.9\times 8.854\times 10^{-14}\times 1.602\times 10^{-19}\times 3\times 10^{15}\times 0.327)^{1/2}}{1.602\times 10^{-19}}$$
$$= 1.14\times 10^{11}\,\text{cm}^{-2}$$

因此,当单位面积的有效电荷数目小于 $1.14\times 10^{11}\,\text{cm}^{-2}$ 时,表面不出现反型层。

(3) 当二氧化硅的厚度为 1000Å 时,MOS 电容为

$$C_0 = \frac{\varepsilon_0\varepsilon_{r0}}{d_0} = \frac{3.9\times 8.854\times 10^{-14}}{1000\times 10^{-7}} = 3.45\times 10^{-9}\,\text{F/cm}^2$$

若半导体空间电荷层中单位面积的电量为 0,则有

$$V_G = \frac{Q_M}{C_0} = \frac{-Q_s}{C_0} = -\frac{1.82\times 10^{-8}}{3.45\times 10^{-9}} = -5.3\text{V}$$

因此,栅极相对硅衬底应加电压为 -5.3V 时达到平带,空间电荷层中单位面积的电量为 0。

20.【解】(1)根据费米势的定义,则有

$$V_B = \frac{k_0 T}{q}\ln\frac{N_A}{n_i} = 0.026\times\ln\frac{3\times 10^{16}}{1.02\times 10^{10}} = 0.39\text{V}$$

则强反型时表面势为

$$V_s = 2V_B = 0.78\text{V}$$

(2) 理想条件下的开启电压为

$$V_T = V_0 + V_s = -\frac{Q_s}{C_0} + V_s$$

而空间电荷层中单位面积的电量为

$$Q_s = qN_A x_{dm} = -\sqrt{2\varepsilon_0\varepsilon_{rs}qN_A(2V_B)}$$
$$= -\sqrt{2\times 8.854\times 10^{-14}\times 11.9\times 1.602\times 10^{-19}\times 3\times 10^{16}\times 0.78}$$
$$= -8.89\times 10^{-8}\,\text{C/cm}^2$$

二氧化硅层的单位面积电容为

$$C_0 = \frac{\varepsilon_{r0}\cdot\varepsilon_0}{d_0} = \frac{3.9\times 8.854\times 10^{-14}}{100\times 10^{-7}} = 3.45\times 10^{-8}\,\text{F/cm}^2$$

则绝缘层中的电压为

$$V_0 = -\frac{Q_s}{C_0} = \frac{8.89\times 10^{-8}}{3.45\times 10^{-8}} = 2.58\text{V}$$

解得

$$V_T = V_0 + V_s = 2.58 + 0.78 = 3.36\text{V}$$

(3) 根据 MOS 结构开启电压的定义,可知

$$V_T = V_0 + V_s + V_{FB} = V_s - V_{ms} - \frac{Q_s + Q_{ss}}{C_0} = V_s - \frac{W_{ms}}{q} - \frac{Q_s + Q_{ss}}{C_0}$$

若保持开启电压不变,则有

$$3.36 - 0.78 - 0.9 = -\frac{-8.89\times 10^{-8} + 10^{11}\times 1.602\times 10^{-19}}{C_0}$$

可得

$$C_0 = \frac{-8.89 \times 10^{-8} + 10^{11} \times 1.602 \times 10^{-19}}{3.36 - 0.78 - 0.9} = 4.39 \times 10^{-8} \, \text{F/cm}^2$$

氧化层厚度为

$$d_0 = \frac{\varepsilon_{r0} \cdot \varepsilon_0}{C_0} = \frac{3.9 \times 8.854 \times 10^{-14}}{4.39 \times 10^{-8}} = 7.96 \times 10^{-6} \, \text{cm}$$

21.【解】(1)由图 8-11 可知,半导体衬底是 n 型,纵轴右侧的半导体处于堆积状态。

(2) 由图 8-11 可知 $V_G > 0$,$Q_s \propto \exp\left(\dfrac{qV_s}{2k_0 T}\right)$,$C_s = \dfrac{\mathrm{d}Q_s}{\mathrm{d}V_s} \propto \exp\left(\dfrac{q|V_s|}{2k_0 T}\right) \gg C_0$,$C \approx C_0$,又因

$C_0 = \dfrac{A\varepsilon_{r0}\varepsilon_0}{d_0} = 200\text{pF}$,所以氧化层厚度为

$$d_0 = \frac{A\varepsilon_{r0}\varepsilon_0}{C_0} = \frac{4 \times 10^{-3} \times 3.9 \times 8.854 \times 10^{-14}}{200 \times 10^{-12}} = 6.91 \times 10^{-6} \, \text{cm}$$

(3) 根据平带电压的计算公式,可知

$$V_{FB} = V_{ms} - \frac{Q_{ss}A}{C_0} = \frac{W_{ms}}{q} - \frac{Q_{ss}A}{C_0}$$

从图中可以看出平带电压 $V_{FB} = -0.8\text{V}$,则固定电荷面密度为

$$Q_{ss} = \frac{C_0(W_{ms}/q - V_{FB})}{A}$$

$$= \frac{200 \times 10^{-12} \times (-0.5 + 0.8)}{4 \times 10^{-3}}$$

$$= 1.5 \times 10^{-8} \, \text{C} \cdot \text{cm}^{-2}$$

(4) 根据 MIS 结构电容公式

$$C = \frac{C_0 C_s}{C_0 + C_s}$$

已知表面层电容为

$$C_s = AC_{FBS} = A\sqrt{\frac{\varepsilon_{Si}\varepsilon_0 q^2 N}{k_0 T}}$$

$$= 4 \times 10^{-3} \times \sqrt{\frac{11.9 \times 8.854 \times 10^{-14} \times (1.602 \times 10^{-19})^2 \times 2 \times 10^{16}}{0.026 \times 1.602 \times 10^{-19}}}$$

$$= 1.44 \times 10^{-9} \, \text{F}$$

所以 MIS 结构电容为

$$C = \frac{C_0 C_s}{C_0 + C_s} = \frac{200 \times 10^{-12} \times 1.44 \times 10^{-9}}{200 \times 10^{-12} + 1.44 \times 10^{-9}} = 1.34 \times 10^{-11} \, \text{F}$$

(5) 根据开启电压公式

$$V_T = \frac{Q_s}{C_0} + 2V_B - V_{ms} - \frac{Q_{ss}}{C_0} = \frac{Q_s}{C_0} + 2V_B - \frac{W_{ms}}{q} - \frac{Q_{ss}}{C_0}$$

可知氧化层正电荷数目稍微减少,则该结构的开启电压的绝对值会减小。

8.6 证明题

1.【证明】取 x 轴由绝缘体指向半导体,零点在绝缘体-半导体界面处。在空间电荷区的电势分布由泊松方程得

$$\frac{\mathrm{d}^2 V}{\mathrm{d}x^2} = -\frac{\rho(x)}{\varepsilon_{rs}\varepsilon_0}$$

势垒区的电荷密度 $\rho(x) = -qN_A$，则有

$$\frac{\mathrm{d}^2 V}{\mathrm{d}x^2} = \frac{qN_A}{\varepsilon_{rs}\varepsilon_0} (0 < x < x_d)$$

对上式进行积分得

$$\frac{\mathrm{d}V(x)}{\mathrm{d}x} = \frac{qN_A}{\varepsilon_{rs}\varepsilon_0} x + C$$

假设体内电势为零，在 $x = x_d$ 处，电势为 0，那么

$$\frac{\mathrm{d}V(x)}{\mathrm{d}x} = \frac{qN_A}{\varepsilon_{rs}\varepsilon_0} x - \frac{qN_A}{\varepsilon_{rs}\varepsilon_0} x_d = \frac{qN_A}{\varepsilon_{rs}\varepsilon_0} (x - x_d)$$

则有

$$V(x) = \frac{qN_A}{2\varepsilon_{rs}\varepsilon_0} (x - x_d)^2 = \frac{qN_A x_d^2}{2\varepsilon_{rs}\varepsilon_0} \left(\frac{x}{x_d} - 1\right)^2 = V_s \left(1 - \frac{x}{x_d}\right)^2$$

因此，电势按抛物线上升。

第9章 半导体异质结构

9.1 名词解释

同质结 异质结 反型异质结 同型异质结 突变异质结 缓变异质结 突变反型异质结 突变同型异质结 调制掺杂异质结 应变异质结 量子阱 二维电子气 量子尺寸效应 半导体超晶格

9.2 计算题

1. 非简并的 p 型硅和某 n 型氧化物-半导体 MO 形成突变异质结 p-Si/n-MO 结构，p 型硅和 n 型 MO 的禁带宽度分别为 1.12eV 和 3.2eV，亲和能分别为 4.05eV 和 3.9eV，相对介电常数分别为 ε_1 和 ε_2，且 $\varepsilon_1 > \varepsilon_2$，杂质浓度分别为 N_1 和 N_2。

（1）不考虑界面态，在耗尽层近似下，假设硅一侧的耗尽区边界为电势零点，求该突变异质结在饱和电离情况下的内建电场和电势，并画出示意图；

（2）假如异质结有高密度的受主型界面态，画出此时的能带示意图；

（3）假如异质结有高密度的施主型界面态，画出此时的能带示意图。（中国科学院大学 2018 年考研真题）

2. 如果量子势阱的厚度足够薄，可以近似认为量子阱中的电子（或空穴）是二维电子（或空穴）气。采用紧束缚近似方法计算，可得到单个量子阱中的导带电子能量状态为

$$E = \frac{\hbar^2(k_x^2 + k_y^2)}{2m^*} + E_z = \frac{\hbar^2 k_\eta^2}{2m^*} + E_z$$

其中，m^* 为电子有效质量，所有子能带的电子有效质量都相等。试求量子阱中的能态密度 $D(E)$，并画出其与 E 的曲线关系。（中国科学院大学 2010 年考研真题）

3. n 型锗和 p 型砷化镓各自的能带结构，以真空能级为基准 $E_{g1} = 0.67\text{eV}$，$E_{g2} = 1.42\text{eV}$；功函数 $W_1 = 4.31\text{eV}$，$W_2 = 5.32\text{eV}$；电子亲和能 $\chi_1 = 4.13\text{eV}$，$\chi_2 = 4.07\text{eV}$；画出这两种半导体材料接触后形成 pn 结后的能带图及电势分布图，在图上标出 ΔE_c、ΔE_v、E_F、W_1、W_2、χ_1、χ_2 以及内建电势 V_D 的位置，并求出 ΔE_c、ΔE_v 的数值。（浙江大学 2005 年考研真题）

第 9 章习题答案及详解

9.1 名词解释

同质结：由导电类型相反的同一种半导体单晶材料形成的 pn 结。

异质结：由两种不同的半导体单晶材料形成的结。

反型异质结：由导电类型相反的两种不同的半导体单晶材料形成的异质结。

同型异质结:由导电类型相同的两种不同的半导体单晶材料形成的异质结。

突变异质结:如果从一种半导体材料向另一种半导体材料的过渡只发生在几个原子距离范围内,则称为突变异质结。

缓变异质结:如果从一种半导体材料向另一种半导体材料的过渡发生在几个扩散长度范围内,则称为缓变异质结。

突变反型异质结:从一种半导体材料向另一种半导体材料的过渡只发生在几个原子间距范围内的 pn 异质结。

突变同型异质结:从一种半导体材料向另一种半导体材料的过渡只发生在几个原子间距范围内的 nn(或 pp)异质结。

调制掺杂异质结:是在一侧掺杂、另一侧不掺杂的异质结;对于突变调制掺杂异质结,其中的载流子具有很多特殊的性能,在器件应用中有很大的价值。

应变异质结:在一种材料衬底上外延另一种晶格常数不匹配的材料时,只要两种材料的晶格常数相差不太大,外延层的厚度不超过某个临界值,仍可获得晶格匹配的异质结。但生长的外延层发生了弹性形变,在平行于结平面方向产生张应变或压缩应变,使其晶格常数改变,为与衬底的晶格常数相匹配,同时在与结平面垂直的方向也产生相应应变,这种异质结称为应变异质结。

量子阱:有着三明治一样的结构,中间是很薄的一层半导体膜,外侧是两个隔离层。

二维电子气:用量子限制等物理方法使电子群在一个方向上的运动被局限于很小的范围内,而在另外两个方向上可以自由运动的系统称为二维电子气。

量子尺寸效应:是指当粒子尺寸下降到某一数值时,费米能级附近的电子能级由准连续能级变为离散能级或者能隙变宽的现象。

半导体超晶格:是指由交替生长两种半导体材料薄层组成的一维周期性结构,而其薄层厚度的周期小于电子的平均自由程的人造材料。

9.2 计算题

1. 【解】(1) 取 $x=0$ 为交界面,得交界面两边的势垒区中的电荷密度为

$$\begin{cases} \rho_1(x) = -qN_1 & (-x_1 < x < 0) \\ \rho_2(x) = qN_2 & (0 < x < x_2) \end{cases}$$

其中,$-x_1$ 为 p 型硅一侧的耗尽层宽度,x_2 为 n 型 MO 一侧的耗尽层宽度。该突变反型异质结势垒区的泊松方程为

$$\begin{cases} \dfrac{d^2 V_1(x)}{dx^2} = \dfrac{qN_1}{\varepsilon_1 \varepsilon_0} & (-x_1 < x < 0) \\ \dfrac{d^2 V_2(x)}{dx^2} = -\dfrac{qN_2}{\varepsilon_2 \varepsilon_0} & (0 < x < x_2) \end{cases}$$

对上式积分得

$$\begin{cases} \dfrac{dV_1(x)}{dx} = \dfrac{qN_1 x_1}{\varepsilon_1 \varepsilon_0} + C_1 & (-x_1 < x < 0) \\ \dfrac{dV_2(x)}{dx} = -\dfrac{qN_2 x_2}{\varepsilon_2 \varepsilon_0} + C_2 & (0 < x < x_2) \end{cases}$$

由边界条件,势垒区外呈电中性,可得

$$\begin{cases} E_1(-x_1) = -\dfrac{\mathrm{d}V_1(x)}{\mathrm{d}x}\bigg|_{x=-x_1} = 0 \\ E_2(x_2) = -\dfrac{\mathrm{d}V_2(x)}{\mathrm{d}x}\bigg|_{x=x_2} = 0 \end{cases} \Rightarrow \begin{cases} C_1 = \dfrac{qN_1x_1}{\varepsilon_1\varepsilon_0} \\ C_2 = \dfrac{qN_2x_2}{\varepsilon_2\varepsilon_0} \end{cases}$$

则有

$$\begin{cases} \dfrac{\mathrm{d}V_1(x)}{\mathrm{d}x} = \dfrac{qN_1(x+x_1)}{\varepsilon_1\varepsilon_0} \\ \dfrac{\mathrm{d}V_2(x)}{\mathrm{d}x} = \dfrac{qN_2(x_2-x)}{\varepsilon_2\varepsilon_0} \end{cases} \qquad ①$$

电场分布为

$$\begin{cases} E_1(x) = -\dfrac{qN_1(x+x_1)}{\varepsilon_1\varepsilon_0} & (-x_1 < x < 0) \\ E_2(x) = \dfrac{qN_2(x-x_2)}{\varepsilon_2\varepsilon_0} & (0 < x < x_2) \end{cases}$$

由于不考虑界面态,在势垒区中正空间电荷数等于负空间电荷数,则有

$$qN_1|-x_1| = qN_2x_2$$

其中,$E_1(0) = -\dfrac{qN_1x_1}{\varepsilon_1\varepsilon_0}$,$E_2(0) = -\dfrac{qN_2x_2}{\varepsilon_2\varepsilon_0}$。

因为 $\varepsilon_1 > \varepsilon_2$,则 $|E_1(0)| < |E_2(0)|$,则电场分布如图 9-1(a)所示。对式①进行积分,得

$$\begin{cases} V_1(x) = \dfrac{qN_1x^2}{2\varepsilon_1\varepsilon_0} + \dfrac{qN_1x_1x}{\varepsilon_1\varepsilon_0} + D_1 \\ V_2(x) = -\dfrac{qN_2x^2}{2\varepsilon_2\varepsilon_0} + \dfrac{qN_2x_2x}{\varepsilon_2\varepsilon_0} + D_2 \end{cases}$$

由题意得 $V_1(-x_1) = 0$,$V_D = V_2(x_2) - V_1(-x_1) = V_2(x_2)$,解得

$$D_1 = \dfrac{qN_1x_1^2}{2\varepsilon_1\varepsilon_0},\ D_2 = V_D - \dfrac{qN_2x_2^2}{2\varepsilon_2\varepsilon_0}$$

则电势分布为

$$\begin{cases} V_1(x) = \dfrac{qN_1(x+x_1)^2}{2\varepsilon_1\varepsilon_0} & (-x_1 < x < 0) \\ V_2(x) = V_D - \dfrac{qN_2(x-x_2)^2}{2\varepsilon_2\varepsilon_0} & (0 < x < x_2) \end{cases}$$

由于在交界面处电势连续变化,即 $V_1(0) = V_2(0)$,解得

$$V_D = \dfrac{qN_1x_1^2}{2\varepsilon_1\varepsilon_0} + \dfrac{qN_2x_2^2}{2\varepsilon_2\varepsilon_0}$$

则电势分布如图 9-1(b)所示。

已知 p 型硅禁带宽度 $E_{g1} = 1.12\text{eV}$,亲和能 $\chi_1 = 4.05\text{eV}$,n 型 MO 禁带宽度 $E_{g2} = 3.2\text{eV}$,亲和能 $\chi_2 = 3.9\text{eV}$,可解得

$$\Delta E_c = \chi_1 - \chi_2 = 4.05 - 3.9 = 0.15\text{eV}$$

$$\Delta E_v = (E_{g2} - E_{g1}) - (\chi_1 - \chi_2) = 1.93\text{eV}$$

能带图如图 9-1(c)所示。

（2）若在交界面处的界面态为受主型，如图 9-1(d)所示。

（3）若在交界面处的界面态为施主型，如图 9-1(e)所示。

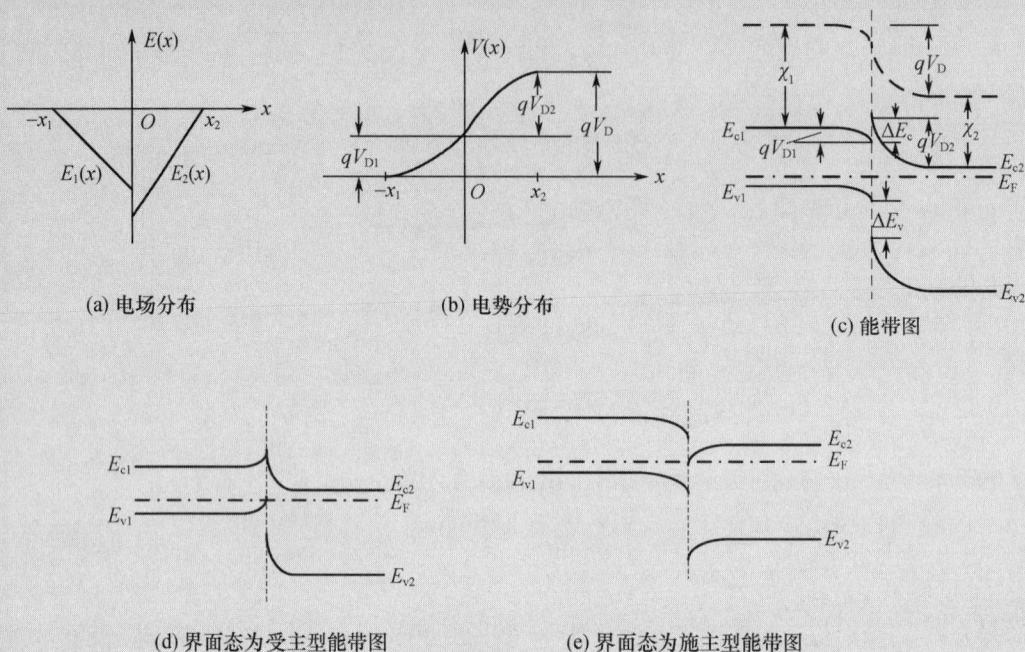

(a) 电场分布

(b) 电势分布

(c) 能带图

(d) 界面态为受主型能带图

(e) 界面态为施主型能带图

图 9-1　答案 9.2-1 图

2.【解】根据二维电子气的定义可知，势阱中的电子在与结平行的平面内做自由电子运动，实际就是在量子阱区的准二维运动，那么

$$\frac{\hbar^2(k_x^2+k_y^2)}{2m^*}=E_{xy}$$

则有

$$E=E_{xy}+E_z$$

电子在 z 方向被局限在几到几十个原子层范围内的量子阱中，故能量 E_z 发生了量子化，分别用 $E_1,E_2,\cdots,E_i$ 表示，即

$$E=E_{xy}+E_i$$

当 i 值取定后，电子能值因 k_x 和 k_y 取值不同而取不同的能值，这些 E_i 相同，(k_x,k_y) 取值不同的电子能态组成一个带，称为子带。在二维电子气的 x-y 平面内，分别加上周期同为 L 的边界条件，可得 k_x 和 k_y 的取值分别为

$$k_x=\frac{2\pi n_x}{L},k_y=\frac{2\pi n_y}{L}$$

n_x 和 n_y 取整数。由上式可得每个 (k_x,k_y) 态在二维波矢平面中所占的面积为 $(2\pi/L)^2$。在二维波矢平面内做一个半径为 $k_\eta=\sqrt{k_x^2+k_y^2}$、宽为 $\mathrm{d}k_\eta$ 的环，求得 k_η 与 $k_\eta+\mathrm{d}k_\eta$ 间的电子数为

$$\mathrm{d}N=\frac{2\pi k_\eta \mathrm{d}k_\eta}{(2\pi/L)^2}=\frac{L^2 k_\eta \mathrm{d}k_\eta}{2\pi}$$

根据题意可知

$$E = \frac{\hbar^2(k_x^2 + k_y^2)}{2m^*} + E_z = \frac{\hbar^2 k_\eta^2}{2m^*} + E_z$$

可得

$$dE = \frac{\hbar^2}{m^*} k_\eta dk_\eta$$

则有

$$\frac{dN}{dE} = \frac{m^* L^2}{2\pi\hbar^2}$$

而在二维电子气单位面积单位能量间隔的子带能态密度为

$$D_i(E) = \frac{1}{L^2} \frac{dN}{dE} = \frac{m^*}{2\pi\hbar^2}$$

异质结二维电子气的电子能态密度为

$$D(E) = \sum D_i(E)$$

能态密度 $D(E)$ 与 E 的曲线图如图 9-2 所示。

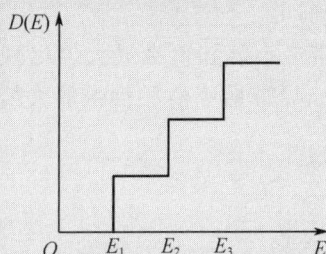

图 9-2   答案 9.2-2 图

3. 【解】形成 pn 结后的能带图如图 9-3 所示。

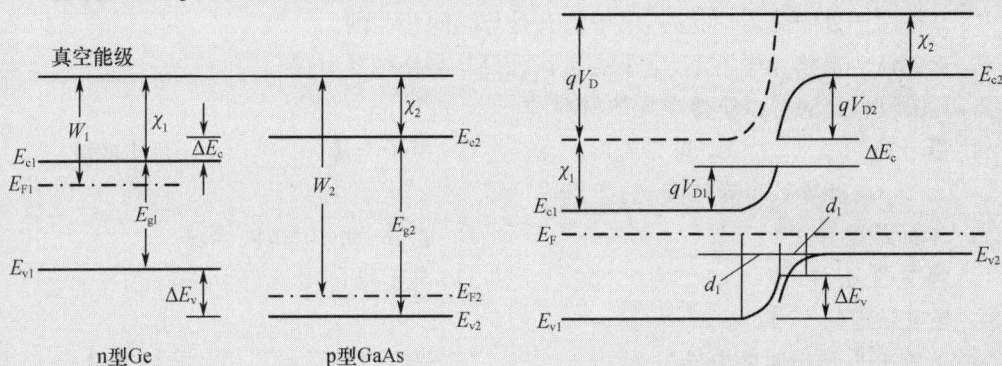

图 9-3   答案 9.2-3 图

如图 9-3 所示，d_1、d_2 分别为内建电势 V_D 所在位置。根据导带阶 ΔE_c、价带阶 ΔE_v 的定义，可得

$$\Delta E_c = \chi_1 - \chi_2 = 4.13 - 4.07 = 0.06\text{eV}$$

$$\Delta E_v = (E_{g2} - E_{g1}) - (\chi_1 - \chi_2) = (1.42 - 0.67) - 0.06 = 0.69\text{eV}$$

第10章　半导体的光学性质和光电与发光现象

10.1　名词解释

本征吸收　直接跃迁　间接跃迁　光生伏特效应　自发辐射　受激辐射

10.2　填空题

1. 导体中,最主要的光吸收为_____,其中,直接跃迁的特征是_____,间接跃迁的特征是_____。

2. 硅和锗的能带结构中,导带最小值和价带最大值出现在_____的 k 值处,称为_____跃迁能带;而砷化镓的能带结构中,导带最小值和价带最大值出现在_____的 k 值处,称为_____跃迁能带。

10.3　选择题

1. 何为绝热近似?（　　）

A. 考虑晶格中电子运动状态时,忽略晶格与外界的相互作用。

B. 晶格原子处于热运动状态,电子状态是与时间相关的。

C. 近似认为晶格原子不动,电子能量状态只与晶格位置有关。

2. 利用吸收光谱可以获得半导体材料的(　　)。

A. 跃迁机制　　　　B. 禁带宽度　　　　C. 声子能量　　　　D. 杂质能级

3. (　　)可能导致半导体发光。

A. 本征跃迁　　　　　　　　　B. 能带-杂质能级间辐射

C. 施主-受主对　　　　　　　　D. 激子复合

4. 光电导指(　　)。

A. 光在介质传播时的电导　　　　B. 光在半导体材料中的传播速度

C. 光照引起的电导率增加　　　　D. 光照产生激子引起的电导率增加

10.4　简答题

1. 什么是直接带隙半导体和间接带隙半导体? 请各举一例并对其能带结构加以描述。

2. 说明直接跃迁和间接跃迁时跃迁前后电子波矢所遵守的选择定则。(西安交通大学 2001 年考研真题)

3. 为什么一般不用硅材料制造半导体发光器件? 大多采用何种半导体材料? 为什么?
(中国科学院大学 2010 年考研真题)

4. 画出热平衡状态和光照状态下的 pn 结能带图，并画出光照下 pn 结的伏安特性曲线。（西安交通大学 2004 年考研真题）

5. 图 10-1 是 pn 结硅光电池的示意图，分别绘图或用语言说明下列要求内容：

(1) pn 结内建电场方向；

(2) 光生载流子的运动方向；

(3) 光生电流的方向；

(4) pn 结正向电流的方向；

(5) 产生电压的正、负极。（西安交通大学 2004 年考研真题）

6. 对于硅材料和砷化镓材料，砷化镓材料在高频器件或者激光器等发光器件具有更优良的特点。试分析说明砷化镓材料相对于硅材料用在高频器件或激光器等发光器件时的优势。（东南大学 2013 年考研真题）

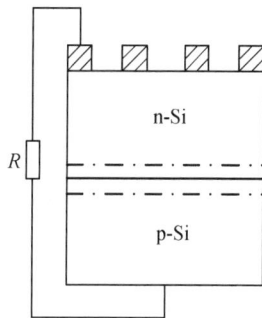

图 10-1　题 10.4-5 图

10.5　计算题

1. 硅 pn 结，两边杂质浓度分别为 $N_A = 10^{18}\,\text{cm}^{-3}$，$N_D = 10^{14}\,\text{cm}^{-3}$，若空穴寿命为 $\tau_p = 1\mu\text{s}$，电子寿命为 $\tau_n = 10\mu\text{s}$，扩散系数 $D_p = 13\,\text{cm}^2/\text{s}$，$D_n = 35\,\text{cm}^2/\text{s}$，结面积 $A = 2\,\text{mm}^2$。室温下计算：

(1) 在正向偏压下空穴电流和电子电流之比；

(2) 饱和电流密度；

(3) 施加 234mV 正向偏压时流过 pn 结的电流；

(4) 若该 pn 结用作太阳能电池，在开路条件下要产生 26mV 的光生电动势，光电流应为多少？（中国科学院大学 2001 年考研真题）

第 10 章习题答案及详解

10.1　名词解释

本征吸收：理想半导体在热力学温度零度时，价带是完全被电子占满的，因此价带内的电子不可能被激发到更高的能级。唯一可能的吸收是足够能量的光子使电子激发，越过禁带跃迁入空的导带，而在价带中留下一个空穴，形成电子-空穴对。这种因电子由能带与能带之间的跃迁所形成的吸收过程称为本征吸收。

直接跃迁：满足选择定则，电子在跃迁过程中波矢保持不变，原来在价带中状态 A 的电子只能跃迁到导带中的状态 B；状态 A 与状态 B 在 $E(k)$ 曲线上位于同一垂线上，因而这种跃迁称为直接跃迁。

间接跃迁：跃迁前后波矢改变，即非垂直跃迁，除吸收光子外，还与晶格交换能量，在跃迁过程中发射或吸收一个声子。

光生伏特效应：当用适当波长的光照射非均匀半导体（pn 结等）时，由于内建电场的作用（不加外电场），半导体内部产生电动势（光生电压），这种内建电场引起的光电效应称为光生伏特效应。

自发辐射:不受外界因素的作用,原子自发地从激发态回到基态引起光子发射过程,称为自发辐射。

受激辐射:在外来辐射的刺激下,受激原子从激发态向低能态或基态跃迁时辐射光子的现象,称为受激辐射。

10.2 填空题

1. 本征吸收 遵守选择定则,电子吸收光子产生跃迁时波矢保持不变 电子不仅吸收光子,同时还和晶格交换一定的能量,即放出或吸收光子,波矢发生变化

2. 不同 间接 相同 直接

10.3 选择题

1. C 2. B 3. ABCD 4. C

10.4 简答题

1.【答】间接带隙半导体材料是指导带最小值和价带最大值在 k 空间中处于不同位置的半导体,例如硅的价带顶 E_v 都位于布里渊区中心,而导带底 E_c 则位于<100>方向的布里渊区中心到布里渊区边界的 0.85 倍处,即导带底与价带顶对应的波矢不同。直接带隙半导体材料是指导带最小值 E_c 和价带最大值 E_v 在 k 空间中处于同一位置的半导体,例如砷化镓导带最小值和价带最大值均位于波矢 $k=0$ 处。

2.【答】所谓选择定则,是指在光照下电子吸收光子的跃迁过程,除能量必须守恒外,还必须满足动量守恒。直接跃迁也就是垂直跃迁,电子吸收光子产生跃迁时波矢不变,电子能量的增加等于光子的能量;间接跃迁也就是非垂直跃迁,电子不仅吸收光子,同时还和晶格交换一定的振动能量,即放出或吸收一个声子,因此有

电子的动量差±声子动量=光子动量

因此,间接跃迁前后波矢发生改变。

3.【答】硅为间接带隙半导体材料,导带和价带极值对应在不同的波矢,这时发生带与带之间的跃迁,除发射光子外,还有声子参与,这种跃迁比直接跃迁的概率小得多,发光比较弱,因此一般不用硅材料制造半导体发光器件。直接带隙半导体材料的导带和价带极值都在 k 空间原点,本征跃迁为直接跃迁,发光过程只涉及一个电子-空穴对和一个光子,其辐射效率较高,发光器件大多采用直接带隙半导体材料,如Ⅱ-Ⅳ族、Ⅲ-Ⅴ族化合物。

4.【答】具体能带及 pn 结的伏安特性曲线如图 10-2 所示。

5.【答】(1) 由 n 区指向 p 区;

(2) 势垒区及 n 型扩散区中的光生空穴流向 p 区,势垒区及 p 型扩散区中的光生电子流向 n 区;

(3) 光电流通过 pn 结由 n 型区流向 p 型区;

(4) pn 结正向电流由 p 区流向 n 区;

(5) p 型一端为正,n 型一端为负。

6.【答】相对硅材料,砷化镓材料具有高的电子迁移率,可以提高载流子的传输速度;禁带宽度大,工作温度高,具有更高的阈值电流;直接带隙,电子跃迁的概率较高,因此在高频器件或激光器等发光器件具有更大的优势。

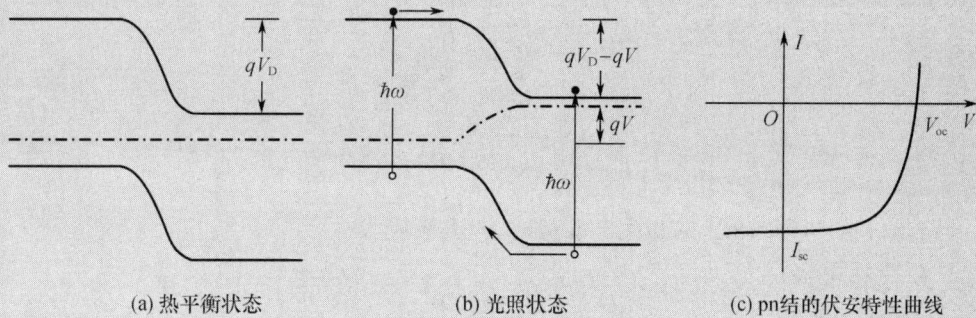

(a) 热平衡状态　　　　　(b) 光照状态　　　　　(c) pn结的伏安特性曲线

图 10-2　答案 10.4-4 图

10.5　计算题

1.【解】(1) 如图 10-3 所示,根据扩散电流的计算公式,可得

$$\begin{cases} I_p(x_n) = -AqD_p\dfrac{\mathrm{d}p_n(x)}{L_p}\bigg|_{x=x_n} = A\dfrac{qp_{n0}D_p}{L_p}\left[\exp\left(\dfrac{qV}{k_0T}\right)-1\right] \\ I_n(-x_p) = AqD_n\dfrac{\mathrm{d}n_p(x)}{L_n}\bigg|_{x=-x_p} = A\dfrac{qn_{p0}D_n}{L_n}\left[\exp\left(\dfrac{qV}{k_0T}\right)-1\right] \end{cases}$$

式中,x_n 为空间电荷区和 n 型区边界,$-x_p$ 为空间电荷区和 p 型区边界。空穴电流和电子电流之比为

$$\frac{I_p(x_n)}{I_n(-x_p)} = \frac{p_{n0}}{L_p}\frac{D_p}{n_{p0}}\frac{L_n}{D_n}$$

已知

$$L_p = \sqrt{D_p\tau_p}, \quad L_n = \sqrt{D_n\tau_n}, \quad p_{n0} = \frac{n_i^2}{N_D}, \quad n_{p0} = \frac{n_i^2}{N_A}$$

则有

$$\frac{I_p(x_n)}{I_n(-x_p)} = \frac{N_A}{N_D}\frac{\sqrt{D_p}}{\sqrt{\tau_p}}\frac{\sqrt{\tau_n}}{\sqrt{D_n}} = \frac{10^{18}}{10^{14}}\times\frac{\sqrt{13}}{\sqrt{1\times10^{-6}}}\times\frac{\sqrt{10\times10^{-6}}}{\sqrt{35}} = 1.93\times10^4$$

(2) 根据反向饱和电流密度计算公式,可得

$$J = -J_s = -q\left(\frac{D_n n_{p0}}{L_n} + \frac{D_p p_{n0}}{L_p}\right) = -q\left[\frac{n_i^2}{N_A}\frac{\sqrt{D_n}}{\sqrt{\tau_n}} + \frac{n_i^2}{N_D}\frac{\sqrt{D_p}}{\sqrt{\tau_p}}\right]$$

$$= -1.602\times10^{-19}\left[\frac{(1.02\times10^{10})^2\times\sqrt{35}}{10^{18}\times\sqrt{10\times10^{-6}}} + \frac{(1.02\times10^{10})^2\times\sqrt{13}}{10^{14}\times\sqrt{1\times10^{-6}}}\right]$$

$$= -6.01\times10^{-10}\,\mathrm{A/cm^2}$$

(3) 施加 234mV 正向偏压时,流过 pn 结的电流为

$$I = I_s\left[\exp\left(\frac{qV}{k_0T}\right)-1\right] = J_sA\left[\exp\left(\frac{qV}{k_0T}\right)-1\right]$$

$$= 6.01\times10^{-10}\times2\times10^{-2}\times\left[\exp\left(\frac{234\times10^{-3}}{0.026}\right)-1\right]$$

$$= 9.74\times10^{-8}\,\mathrm{A}$$

（4）根据开路电压的计算公式

$$V_{OC}=\frac{k_0 T}{q}\ln\left(\frac{I_L}{I_s}+1\right)$$

可得

$$I_L=I_s\left[\exp\left(\frac{qV_{OC}}{k_0 T}\right)-1\right]$$

那么，开路条件下产生 26mV 的光生电动势时，光电流应为

$$
\begin{aligned}
I_L &= I_s\left[\exp\left(\frac{qV_{OC}}{k_0 T}\right)-1\right]=J_s A\left[\exp\left(\frac{qV_{OC}}{k_0 T}\right)-1\right]\\
&=6.01\times10^{-10}\times2\times10^{-2}\times\left[\exp\left(\frac{26\times10^{-3}}{0.026}\right)-1\right]\\
&=2.07\times10^{-11}\,\text{A}
\end{aligned}
$$

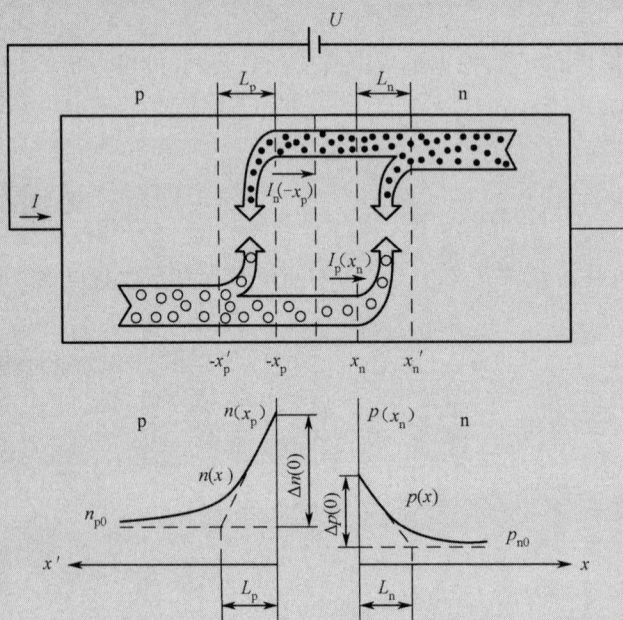

图 10-3　答案 10.5-1 图

第 11 章　半导体的热电性质

11.1　名词解释

塞贝克效应　珀耳帖效应　汤姆逊效应　晶体的热导率

第 11 章习题答案及详解

11.1　名词解释

塞贝克效应:也称为第一热电效应,是指由于两种不同导体或半导体两端相接,组成一个闭合回路,若两个接头具有不同的温度,则回路中便有电流,产生电流的电动势称为温差电动势,这种热电现象称为塞贝克效应。

珀耳帖效应:两种不同导体连接后通以电流,在接头处便有吸热、放热的现象,称为珀耳帖效应。

汤姆逊效应:是指当存在温度梯度的均匀导体中通有电流时,导体中除产生和电阻有关的焦耳热外,还要吸收或放出热量,这种吸收或放出热量的效应称为汤姆逊效应。

晶体的热导率:当晶体的某一部分温度升高时,能量将由晶体的高温部分传导到低温部分,使整个晶体的温度趋于一致,通常将单位温度梯度、单位时间通过单位面积的热量称为晶体的热导率。

第 12 章　半导体磁和压阻效应

12.1　名词解释

霍耳效应　霍耳角　霍耳迁移率　霍耳迁移率与电导迁移率的关系　光磁电效应

12.2　填空题

1. 纯净半导体的霍耳系数通常_____于零,若一种半导体材料的霍耳系数等于零,该材料极性是_____型。

2. p 型材料的霍耳系数为_____,具有两种载流子的半导体中,当其霍耳系数为 0 时,电子浓度与空穴浓度的关系是_____。

3. 硅和锑化铟相比,_____是制作霍耳器件的较好材料,因为它的电子迁移率较_____。

12.3　选择题

1. 下列(　　)参数不能由霍耳效应确定。
A. 迁移率 μ　　　B. 载流子浓度　　　C. 有效质量 m^*

2. n 型半导体的霍耳系数随温度的变化(　　)。
A. 从正变到负　　　B. 从负到正　　　C. 始终为负

3. 可以由霍耳系数的值判断半导体材料的特性,如一种半导体材料的霍耳系数为负值,该材料通常是(　　)。
A. n 型　　　　B. p 型　　　　C. 本征型　　　　D. 高度补偿型

4. 利用霍耳效应可以研究半导体的(　　)。
A. 电阻率　　　　　　　　　　B. 载流子浓度
C. 载流子的导电类型　　　　　D. 载流子的有效质量

5. 测知某半导体的霍耳系数随温度升高由正值变为零然后变为负值,该半导体可能是(　　)。(浙江理工大学 2011 年考研真题)
A. 纯净半导体　　　　　　　　B. p 型半导体
C. n 型半导体　　　　　　　　D. 以上 3 种都有可能

12.4　简答题

1. 什么是半导体的霍耳效应?利用霍耳效应,可以判别和测量半导体材料的什么性质或参数?(北京工业大学 2019 年考研真题)

2. 对于仅含一种杂质的锗样品,应用霍耳效应可确定其掺杂类型,且可近似地得知杂质浓度、杂质电离能和禁带宽度,简述如何通过霍耳效应实验测量得到上述物理量。(简述及给出相关公式即可,不需要叙述测量原理)(中国科学院大学 2007 年考研真题)

★3. 把通有电流的半导体样品放在均匀磁场中,如图 12-1 所示,磁场的方向与 z 轴的正方向相同,磁感应强度的大小为 B_z,电流 I_x 沿 x 方向(样品的长度为 l、宽度为 b、厚度为 d)。

(1) 说明由洛仑兹力引起的电子电流和空穴电流的方向;

(2) 说明电子和空穴产生的霍耳电场的方向;

(3) 用霍耳电压 V_H、磁感应强度 B_z、电流 I_x 和样品的宽度 b 写出霍耳系数 R_H 的表达式;

(4) 若半导体为 n 型,且假定所有的电子都具有相同的速度,试推导实验中计算电子浓度的表达式。(中国科学院半导体研究所 2002 年考研真题)

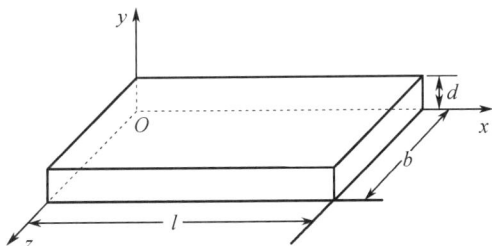

图 12-1　题 12.4-3 图

4. 两块外观完全相同的硅片,其中一块为 n 型,另一块为 p 型,如何利用霍耳效应设计实验来判别其类型? 说明其原理。(北京工业大学 2016 年考研真题)

5. 在霍耳效应实验中,由于样品中电子和空穴在磁场作用下分别向不同方向偏转,因此导致霍耳电场是相互反向的,分析该说法是否正确。(北京工业大学 2021 年考研真题)

6. 图 12-2(a) 和 (b) 分别是光照在半导体一侧表面和外加电场下的半导体样品。

(1) 两个样品中电子和空穴的运动有何不同?

(2) 如果在图 12-2(a)中,电子和空穴的有效质量不同,电子和空穴之间会出现什么情况?

(3) 在上述两个样品中,如果在垂直样品的 z 方向施加一个磁场,分析两个样品中电子和空穴在磁场作用下如何偏转? 对霍耳效应的影响如何?(北京工业大学 2012 年考研真题)

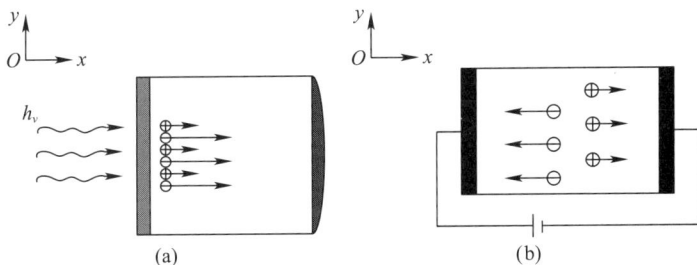

图 12-2　题 12.4-6 图

7. (1) 一个样品如图 12-3(a)所示。当注入一个光脉冲后(能被吸收产生载流子),通过示波器测量,发现电流脉冲波形向右移动。该样品是 n 型还是 p 型? 为什么?

(2) 如图 12-3(b)所示,当样品表面均匀施加光照,非平衡电子和空穴向下表面扩散并达到稳定状态,沿 y 方向上施加一个磁场 **B** 后,该样品会在哪个方向端面产生电荷积累? 分析与霍耳效应的异同。(北京工业大学 2018 年考研真题)

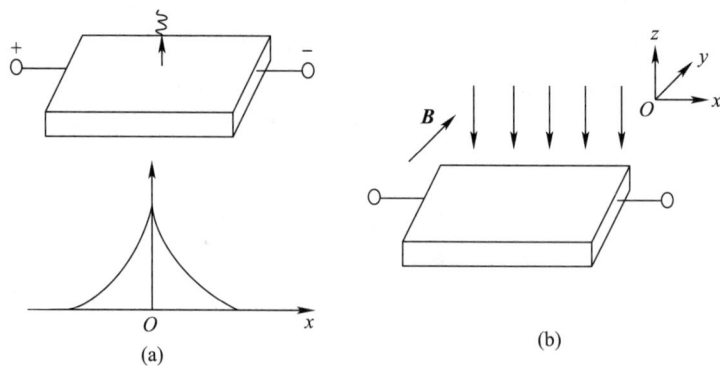

(a)　　　　　　　　　　　　　(b)

图 12-3　题 12.4-7 图

8. 热探针法是判断半导体导电类型的方法之一。测试系统由两个探针和一块显示电流方向的安培表组成。一个探针加热,另一个探针保持室温,如图 12-4 所示。在没有外加电压的情况下,当探针接触半导体时,也将产生电流。解释热探针法的原理,并分别说出用 n 型和 p 型半导体样品所测出的电流表指针偏转方向。(北京工业大学 2013 年考研真题)

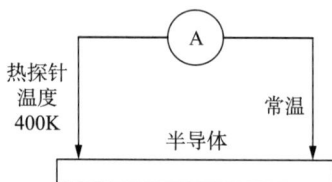

图 12-4　题 12.4-8 图

9. 简述半导体的几何磁阻效应。

10. 简述半导体的压阻效应。

11. 解释光磁电效应、作用机理、用途及其与霍耳效应的主要区别。

12.5　计算题

1. 如图 12-5 所示,在硅样品 x 方向加 1.5V 的电压,得到 12mA 的电流,若同时在 z 方向加 0.1Wb/m^2 的磁场,在 $+y$ 方向可测得 1.3mV 的电压,设材料主要是一种载流子导电。

(1) 材料是什么导电类型?

(2) 载流子浓度是多少?

(3) 载流子迁移率为多少? (西北大学 2003 年、北京工业大学 2013 年考研真题)

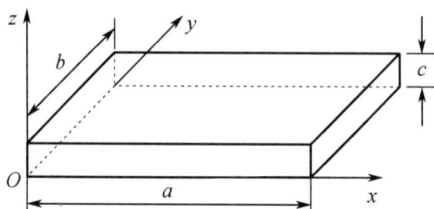

图 12-5　题 12.5-1 图

2. 锑化铟(InSb)半导体的电子迁移率为 $7800cm^2/(V \cdot s)$,空穴迁移率为 $780cm^2/(V \cdot s)$,本征载流子浓度为 $n_i = 1.6 \times 10^{16} cm^{-3}$,求 300K 时:

(1) 本征材料的霍耳系数是多少?

(2) 室温时测得 $R_H = 0$,载流子浓度是多少?

(3) 本征电阻率是多少?(西北大学 2003 年考研真题)

第 12 章习题答案及详解

12.1 名词解释

霍耳效应:把通有电流的半导体放在均匀磁场中,若磁场的方向与电流的方向相垂直,则在磁场的作用下,载流子(电子或空穴)的运动方向发生偏转。这样,在垂直于电流和磁场的方向上就会形成电荷积累,出现电势差(电场),这种现象称为霍耳效应。

霍耳角:横向霍耳电场的存在说明,在有垂直磁场时,电场和电流不在同一个方向,两者之间的夹角 θ 称为霍耳角。

霍耳迁移率:霍耳系数 R_H 与电导率 σ 的乘积,即 $|R_H|\sigma$,具有迁移率的量纲,故特别称为霍耳迁移率,表示为 $\mu_H = |R_H|\sigma$。

霍耳迁移率与电导迁移率的关系:两者从比值的角度上看,对于球形等能面的非简并半导体,长声学波散射、杂质电离散射将导致比值大小不同;对于高度简化的半导体,两者相等。

光磁电效应:在垂直光照方向再加以磁场,由于洛仑兹力的作用,电荷发生偏转,引起与霍耳效应类似的效应,在横向(垂直光及磁场方向)引起电场,产生电势差,这个效应称为光磁电效应。

12.2 填空题

1. 小　p

2. $1/pq$　$p\mu_p^2 = n\mu_n^2$

3. 锑化铟　高

12.3 选择题

1. C　　2. C　　3. A C　　4. A B C　　5. B

12.4 简答题

1.【答】对半导体通以电流并把它放在磁场中,如果磁场的方向与电流的方向相垂直,则在磁场的作用下,载流子(电子或空穴)的运动方向发生偏转。这样,在垂直于电流和磁场的方向上就会形成电荷积累,形成横向电场,这种现象称为霍耳效应。该电场强度与电流密度和磁感应强度成正比,其比例系数称为霍耳系数。霍耳效应可以测得半导体的导电类型、载流子浓度和电导率等。

2.【答】从霍耳电压 V_H 的正负判断掺杂类型;假设样品的电流密度 J、磁感应强度 B 和样品宽度,测出霍耳电压 V_H,计算出霍耳电场,即可得霍耳系数 $R_H = E_H/JB$;根据 n 型半导体

$R_H = 1/pq$ 或 p 型半导体 $R_H = -1/nq$,可近似求出杂质浓度 N_D 或 N_A。以 n 型锗为例,根据低温弱电离区的电子浓度计算公式

$$n_0 = \left(\frac{N_D N_c}{2}\right)^{1/2} \exp\left(-\frac{\Delta E_D}{2k_0 T}\right)$$

由于 $N_c \propto T^{3/2}$,对上式两边取对数,得

$$\ln n_0 = \frac{1}{2}\ln\left(\frac{N_D N_c}{2}\right) - \frac{\Delta E_D}{2k_0 T} = \ln A T^{3/4} - \frac{\Delta E_D}{2k_0 T}$$

式中,A 为常数。

在 $\ln n_0 T^{-3/4}$-$1/T$ 关系图中,其斜率为 $-\Delta E_D/2k_0 T$,因此可通过霍耳效应实验测定 n_0-T 关系,确定施主杂质电离能 ΔE_D。同理,可求得受主杂质电离能 ΔE_A。

根据本征载流子的定义

$$n_i = (N_c N_v)^{1/2} \exp\left(-\frac{E_g}{2k_0 T}\right) = A T^{3/2} \exp\left(-\frac{E_g(0)}{2k_0 T}\right) \exp\left[\frac{\alpha T}{2k_0 (T+\beta)}\right]$$

式中,A 为常数;$E_g(0)$ 为外推到 $T=0K$ 时的禁带宽度。

由实验测定高温下的霍耳系数和电导率,从而得到很宽温度范围内本征载流子浓度和温度的关系,作出 $\ln n_i T^{-3/2}$-$1/T$ 关系直线,从直线斜率可求得 $T=0K$ 时禁带宽度为

$$E_g(0) = 2k_0 \times 斜率$$

3.【答】(1)根据左手定则,电子和空穴受到洛仑兹力均向 $-y$ 方向运动,因此形成电子电流沿 $+y$ 方向,空穴电流沿 $-y$ 方向。

(2)电子产生的霍耳电场沿 $-y$ 方向,空穴产生的霍耳电场沿 $+y$ 方向。

(3)从图 12-1 可以看出

$$\begin{cases} E_y = V_H/d \\ J_x = I_x/bd \end{cases}$$

根据霍耳系数的定义,可得

$$R_H = \frac{E_y}{J_x B_z} = \frac{V_H b}{I_x B_z}$$

(4)如图 12-1 所示,n 型半导体中载流子电子在垂直磁场 B_z 方向以 $-v$ 速度漂移受到磁场力后,向 $-y$ 方向侧面积聚;积聚的电荷产生 $-y$ 方向的电场,又产生电场力。随着积聚电荷的增加,电场不断增强,载流子受到的电场力与磁场力相等、方向相反,有

$$E_y q = -qvB_z$$

在霍耳电场方向产生的霍耳电压为

$$V_H = E_y b = -vB_z d$$

已知 $I_x = J_x bd$ 和 $J_x = qnv$,那么有

$$E_y = -\frac{I_x B_z}{nqbd} = -\frac{1}{nq} J_x B_z$$

相比较霍耳电场定义,可得

$$R_H = -\frac{1}{nq}$$

那么,电子浓度为

$$n = -\frac{1}{R_H q}$$

4.【答】可以将半导体通电并放入均匀磁场中,设电场强度为 E_x(x 方向),磁场方向垂直于电场方向,为 z 方向,磁感应强度为 B_z,则在垂直于电场和磁场方向的 $+y$ 或 $-y$ 方向将产生一个横向电场,若方向为 $+y$,则为 p 型半导体,若为 $-y$ 方向,则为 n 型半导体。

原理:根据左手定则,电子和空穴受洛伦兹力作用,向相同方向偏转,产生的电场方向相反,据此可以判断类型。

5.【答】这种说法是错误的。因为根据左手定则,电子和空穴受洛仑兹力作用,向相同方向偏转,电子和空穴受到洛仑兹力均向 $-y$ 方向运动,因此形成电子电流沿 $+y$ 方向,空穴电流沿 $-y$ 方向。

6.【答】(1)图 12-2(a)中,左侧光注入产生电子-空穴对,由于存在浓度梯度,两种载流子均做扩散运动,且空穴和电子同向运动;图 12-2(b)中,电子-空穴对在理论上由于存在浓度梯度做扩散运动,方向均由左向右,但是在外加电压产生从左向右的电场作用下,电子逆着电场方向做漂移运动,和电子的扩散方向相反,若电场较大,将导致电子从右向左运动;空穴顺着电场方向做漂移运动,和空穴的扩散方向相同,加快空穴从左向右运动。

(2)图 12-2(a)中,产生主要作用的是非平衡载流子。若半导体为 n 型,空穴的扩散运动和漂移运动达到动态平衡;若半导体为 p 型,电子的扩散运动和漂移运动达到动态平衡。扩散电流密度主要和扩散系数、浓度梯度成正比,与电场无关。扩散运动和漂移运动达到动态平衡,扩散电流密度不变,即漂移电流密度也不变,电子和空穴的有效质量不同;根据其迁移率的定义可知,有效质量大迁移率低、电场强度大,根据爱因斯坦关系式可知其扩散系数小;反之亦然。

(3)图 12-2(a)在垂直磁场的作用下,由于电场和空穴的运动方向相同,二者受到洛伦兹力方向相反,在样品中的 $-y$ 方向积累空穴,在样品中的 y 方向积累电子;图 12-2(b)中电子和空穴的运动方向相反,电子和空穴的偏转方向相同,在样品中的 $-y$ 方向同时积累电子和空穴。图 12-2(a)中形成的霍耳效应更明显。

7.【答】(1)该样品是 n 型的,因为光注入后产生的非平衡少数载流子起主要作用,其运动方向和电场方向一致,即少数载流子是空穴,所以该半导体为 n 型的。

(2)空穴和电子都向下运动,由左手定则,空穴向右运动,电子向左运动,所以右侧表面有空穴积累,左侧表面有电子积累。

与霍耳效应不同:霍耳效应中的电子和空穴受洛伦兹力作用,向相同方向偏转,产生的电场方向相反。

8.【答】当温度增加时,载流子浓度和速度都增加,载流子由热端扩散到冷端,如果载流子是空穴,则热端缺少空穴,冷端有过剩空穴,冷端电势高,形成由冷端指向热端的电场。如果载流子是电子,则热端缺少电子,冷端有过剩电子,产生由热端指向冷端的电场,热端电势高,冷端电势低。因此,相同条件下 p 型半导体的温差电动势的方向与 n 型相反,由半导体的温差电动势的正负可以判断半导体的导电类型。对于 n 型半导体,指针向右偏转;对于 p 型半导体,指针向左偏转。

9.【答】在与电流垂直的方向加磁场后,沿外电场方向的电流密度有所降低,即由于磁场的存在,半导体的电阻增大,这种现象称为磁阻效应。该效应与样品的形状有关,不同几何形状的样品,在同样大小的磁场作用下,其电阻不同,这个效应称为几何磁阻效应。

10.【答】对半导体施加应力时,除产生形变外,能带结构也要发生变化,因而材料的电阻率(或电导率)就要改变,这种由于应力的作用使电阻率发生改变的现象,称作压阻效应。

11.【答】如果在垂直光照方向再加以磁场,由于洛仑兹力的作用,电荷发生偏转,引起与霍耳效应类似的效应,在横向(垂直光及磁场方向)引起电场,产生电势差,这个效应称为光磁电效应。与霍耳效应类似,横向方向的电流分为由洛仑兹力引起的电流和由于电荷积累后形成横向方向电场引起的电流。稳定时,两种电流抵消,横向方向电场引起的电流为零,样品内部产生横向电场。但是,光磁电效应和霍耳效应有一个主要的区别,霍耳效应中定向运动是由于外加电场引起的,两种载流子运动方向相反,电流方向相同,垂直磁场使两种载流子向同一方向偏转,效果相互减弱;而光磁电效应中,定向运动是由于扩散引起的,两种载流子扩散方向相同,电流方向相反,在垂直磁场作用下,效果是相互加强的。光磁电效应常用来测定非平衡载流子寿命,还可以制备红外探测器件。霍耳效应可以测得半导体的导电类型、载流子浓度和电导率等。

12.5 计算题

1.【解】(1)因为在$+y$方向可测得 1.3mV 的电压,所以电场方向为$+y$方向,在$-y$方向的侧面积满正电荷,故该半导体为 p 型。

(2)根据霍耳电场和霍耳系数定义,可得

$$E_H = R_H J_x B_z = \frac{1}{pq} J_x B_z = \frac{1}{pq} \frac{I_x}{bc} B_z$$

已知 $E_H = V_H/b$,那么

$$p = \frac{I_x B_z}{V_H q c} = \frac{12 \times 10^{-3} \times 0.1 \times 10^{-4}}{1.3 \times 10^{-3} \times 1.602 \times 10^{-19} c} = \frac{5.76}{c} \times 10^{14} \text{cm}^{-3}$$

(3)根据迁移率的定义

$$\mu = \left| \frac{v_x}{E_x} \right| = \left| \frac{a}{V_x} v_x \right|$$

稳定时,霍耳电场 E_y 满足

$$-qE_y - qv_x B_z = 0$$

则

$$v_x = -\frac{E_y}{B_z} = -\frac{V_y}{bB_z}$$

$$\mu = \left| \frac{a}{V_x} \frac{1}{B_z} \frac{V_y}{b} \right| = \left| \frac{a}{1.5} \times \frac{1}{0.1 \times 10^{-4}} \times \frac{1.3 \times 10^{-3}}{b} \right| = 86.7 \frac{a}{b} \text{cm}^2/(\text{V} \cdot \text{s})$$

2.【解】(1)根据两种载流子的霍耳系数计算公式

$$R_H = \frac{1}{q} \frac{(p\mu_p^2 - n\mu_n^2)}{(p\mu_p + n\mu_n)^2}$$

在本征半导体中,$n = p = n_i$,则有

$$R_H = \frac{1}{q} \frac{(n_i\mu_p^2 - n_i\mu_n^2)}{(n_i\mu_p + n_i\mu_n)^2} = \frac{1}{q} \frac{(\mu_p^2 - \mu_n^2)}{n_i(\mu_p + \mu_n)^2}$$

$$= \frac{1}{1.602 \times 10^{-19}} \times \frac{(780^2 - 7800^2)}{1.6 \times 10^{16} \times (780 + 7800)^2}$$

$$= -3.19 \times 10^2 \text{cm}^3/\text{C}$$

（2）当测得 $R_H = 0$ 时，可得

$$p\mu_p^2 = n\mu_n^2$$

又知 $np = n_i^2$，那么有

$$n = n_i \frac{\mu_p}{\mu_n} = 1.6 \times 10^{16} \times \frac{780}{7800} = 1.6 \times 10^{15}\,\text{cm}^{-3}$$

$$p = \frac{n_i^2}{n} = \frac{(1.6 \times 10^{16})^2}{1.6 \times 10^{15}} = 1.6 \times 10^{17}\,\text{cm}^{-3}$$

（3）根据本征电阻率的定义，可得

$$\rho_i = \frac{1}{\sigma_i} = \frac{1}{n_i q(\mu_n + \mu_p)} = \frac{1}{1.6 \times 10^{16} \times 1.602 \times 10^{-19} \times (7800 + 780)} = 4.55 \times 10^{-2}\,\Omega \cdot \text{cm}$$

附录 A　计算可能涉及的物理常数

表 A-1　普通物理常数表

名称	数值	名称	数值
电子电量 q	1.602×10^{-19}C	阿伏加德罗常数 N_A	6.025×10^{23}mol^{-1}
普朗克常量 h	6.625×10^{-34}J·s	玻耳兹曼常数 k_0	1.38×10^{-23}J/K$=8.62 \times 10^{-5}$eV/K
$\hbar = h/(2\pi)$	1.054×10^{-34}J·s	电子的惯性质量 m_0	9.1×10^{-31}kg
室温(300K)的 $k_0 T$	0.026eV	真空介电常数 ε_0	8.854×10^{-12}F/m$=8.854 \times 10^{-14}$F/cm
电子伏 eV	1.602×10^{-19}J	真空光速 c	2.998×10^8m/s

表 A-2　半导体物理常数表

名称	数值	名称	数值
0K 锗禁带宽度 E_g	0.7437eV	300K 锗空穴迁移率 μ_p	1800cm^2/(V·s)
0K 硅禁带宽度 E_g	1.170eV	300K 硅电子迁移率 μ_n	1450cm^2/(V·s)
300K 锗禁带宽度 E_g	0.67eV	300K 硅空穴迁移率 μ_p	500cm^2/(V·s)
300K 硅禁带宽度 E_g	1.12eV	二氧化硅相对介电常数 ε_{r0}	3.9
300K 砷化镓禁带宽度 E_g	1.43eV	锗相对介电常数 ε_{r0}	16.2
300K 锗本征载流子浓度 n_i	2.33×10^{13}cm^{-3}	硅相对介电常数 ε_{r0}	11.9
300K 硅本征载流子浓度 n_i	1.02×10^{10}cm^{-3}	氮化硅相对介电常数 ε_{r0}	7.5
500K 锗本征载流子浓度 n_i	2.5×10^{16}cm^{-3}	300K 锗导带底状态密度 N_c	1.05×10^{19}cm^{-3}
500K 硅本征载流子浓度 n_i	3.5×10^{14}cm^{-3}	300K 锗价带顶状态密度 N_v	3.9×10^{18}cm^{-3}
磷在锗中电离能 ΔE_D	0.0126eV	300K 硅导带底状态密度 N_c	2.8×10^{19}cm^{-3}
磷在硅中电离能 ΔE_D	0.044eV	300K 硅价带顶状态密度 N_v	1.1×10^{19}cm^{-3}
硼在锗中电离能 ΔE_A	0.01eV	锗的电子亲和能 χ	4.13eV
硼在硅中电离能 ΔE_A	0.045eV	硅的电子亲和能 χ	4.05eV
300K 锗电子迁移率 μ_n	3800cm^2/(V·s)		

参 考 文 献

[1] 曹全喜,雷天民,黄云霞. 固体物理基础[M]. 2 版. 西安:西安电子科技大学出版社,2018.

[2] 刘恩科,朱秉升,罗晋生. 半导体物理学[M]. 8 版. 北京:电子工业出版社,2023.

[3] 刘树林,商世广,柴常春. 半导体器件物理[M]. 2 版. 北京:电子工业出版社,2015.

[4] [美] Danald A. Neamen. 半导体物理与器件[M]. 赵毅强,姚素英,解晓东,译. 北京:电子工业出版社,2008.

[5] [美]施敏. 现代半导体器件物理[M]. 北京:科学出版社,2002.

[6] 贾护军. 固体物理基础教程[M]. 西安:西安电子科技大学出版社,2012.

声　明

我们为正版新书用户准备了丰富的增值资源，您可以扫描图书封底的二维码并输入兑换码，免费访问本资源。如果您手中的不是新书，也可以扫描图书封底的二维码并付费以获取本资源，由于数字化商品的特殊属性，您支付成功后不支持退货退款。

兑换码只可使用一次，绑定成功后不支持取消操作。为了您的利益不受损失，请您拿到书后的第一时间绑定兑换码。如果您发现拿到手的新书兑换码被刮开、破损或者缺失，请及时联系买方退换。如无特殊说明，增值资源只提供在线观看服务，不提供下载服务。